工业和信息化
精品系列教材

Java Web
开发技术
项目式教程

微课版
（AIGC拓展版）

董蕾◎主编　郭建磊 刘秋兰 王蒙 崔玉松◎副主编
刘学◎主审

人民邮电出版社
北　京

图书在版编目（CIP）数据

Java Web 开发技术项目式教程：微课版：AIGC 拓展版 / 董蕾主编. -- 北京：人民邮电出版社，2025.（工业和信息化精品系列教材）. -- ISBN 978-7-115-66472-3

Ⅰ．TP312.8

中国国家版本馆 CIP 数据核字第 2025MH2801 号

内 容 提 要

本书涵盖 JSP、Servlet、MVC 设计模式、项目公有云发布等关键技术，旨在帮助读者掌握 Java Web 开发的核心技术，提升项目实战技能。

本书以企业真实项目——新闻发布系统为主导，以黄河云之旅网站项目为拓展，将 Java Web 开发的核心知识点进行分解，知识讲解与实践指导并重，同时融入职业技能等级证书的考核点，培养读者的服务器端开发能力与岗位职业素养。本书内容丰富，融入了编者多年的教学与实践经验，并配有丰富的教学资源。

本书适合作为应用型本科、职业本科、高职高专院校计算机类专业的教材，也适合有意愿转型进入 Java Web 开发领域的程序员，以及对 Java Web 技术感兴趣的读者阅读。

◆ 主　编　董　蕾

副 主 编　郭建磊　刘秋兰　王　蒙　崔玉松

责任编辑　马小霞

责任印制　王　郁　焦志炜

◆ 人民邮电出版社出版发行　　北京市丰台区成寿寺路 11 号

邮编　100164　电子邮件　315@ptpress.com.cn

网址　https://www.ptpress.com.cn

山东华立印务有限公司印刷

◆ 开本：787×1092　1/16

印张：13　　　　　　　　2025 年 7 月第 1 版

字数：321 千字　　　　　　2025 年 7 月山东第 1 次印刷

定价：49.80 元

读者服务热线：(010)81055256　印装质量热线：(010)81055316

反盗版热线：(010)81055315

前言

随着互联网技术的迅猛发展，Java Web 开发已成为构建动态网站和互联网应用的核心技术之一。无论是企业级应用、电子商务平台，还是社交媒体网站，Java Web 技术都扮演着非常重要的角色。本书内容深入浅出、理论与实践并重，旨在帮助读者掌握 Java Web 开发的核心技术，为未来的职业生涯奠定坚实的基础。

一、本书特色

1. 以"守正、固基、精技、创新"思想为引领，融入科学精神、工匠精神与创新精神

为了加快推进党的二十大精神进教材、进课堂、进头脑，编者认真贯彻"加快建设教育强国、科技强国、人才强国"的思想，对本书的内容进行精心策划和编写。本书以立德树人为宗旨，以"守正、固基、精技、创新"思想为引领，融入科学精神、工匠精神与创新精神等，提升读者综合素养。

2. 校企合作开发，以企业真实项目为载体，岗课证融通

本书以企业真实项目"新闻发布系统"为载体，遵循企业开发标准和技术要求，结合具体应用领域，对 Web 服务器端开发中所使用的 JDBC 技术、JSP 技术、Servlet 技术、MVC 设计模式、项目公有云发布等重要内容进行知识讲解和实践指导，同时融入 Java Web 应用开发职业技能等级证书的考核点，以培养读者的服务器端开发能力与岗位职业素养。

3. 紧密对接 Java Web 开发工程师工作领域的任务，构建"项目化+迭代性"的递进式教材内容

以具有典型 Web 项目特色的"新闻发布系统"为主项目，以"黄河云之旅网站"为拓展项目，由 JSP 技术、Servlet 技术、MVC 设计模式迭代实现，设计 7 个工作单元作为一级任务，一级任务下设 16 个二级任务。

4. 素质拓展，AI 赋能开发

本书创新融入 AIGC 技术应用场景，在各工作单元特设 AI 技能拓展专项模块。通过代码自动化生成、代码智能优化、单元测试案例构建、Shell 脚本智能生成等典型 AI 开发场景的实践教学，系统构建人工智能时代的技术认知体系。

5. 山东省职业教育在线精品课程配套教材，支持在线学习与资源下载

教学中用到的整体设计方案、课程标准、教学计划、PPT 课件、教学视频、电子教案、题库、项目代码等资源，均可通过访问学银在线课程网站获取，相关资源 500 余条，为院校提供"教、学、做、导、考"一站式课程解决方案。

6. 面向读者群体广泛

本书面向的读者群体广泛，无论是计算机类专业的学生、希望转型进入 Java Web 开发领域的程序员，还是对 Java Web 技术感兴趣的自学爱好者，通过本书的学习，都能够独立完成 Java Web 应用的开发，并具备进一步学习和探索 Java Web 领域的能力。

二、学时分配

全书共 7 个工作单元，参考学时为 64 学时，建议采用"理论实践一体化"教学模式，各工作单元的参考学时见工作单元任务清单与学时分配表。

工作单元任务清单与学时分配表

项目名称	工作领域	工作任务	工作单元清单	子任务编号与名称	参考学时
新闻发布系统	软件工程项目需求分析与设计	项目需求分析	工作单元 1　初识项目	1.1　新闻发布系统需求分析	2
		项目系统设计		1.2　新闻发布系统设计	2
	服务器端开发	环境搭建	工作单元 2　搭建开发环境	2.1　安装 JDK 与 Tomcat	1
				2.2　安装与使用 IDEA	2
				2.3　安装与配置 MySQL	1
			工作单元 3　访问数据库	3.1　应用 JDBC 实现新闻信息添加	4
				3.2　应用数据库连接池实现新闻信息修改	4
		JSP Web 服务器端开发	工作单元 4　JSP 技术实现	4.1　实现新闻发布系统首页的新闻显示功能	4
				4.2　实现新闻详情显示与新闻搜索功能	8
		Servlet Web 服务器端开发	工作单元 5　Servlet 技术实现	5.1　实现新闻发布系统用户注册功能	8
				5.2　实现新闻发布系统用户登录功能	6
				5.3　统计访问新闻发布系统用户数量	6
		Web 服务器端开发——MVC 设计模式	工作单元 6　MVC 设计模式	6.1　实现新闻发布系统注册验证功能	4
				6.2　实现新闻发布系统后台管理功能	8
	项目发布	项目发布	工作单元 7　项目发布	7.1　新闻发布系统公有云环境部署	2
				7.2　新闻发布系统项目发布	2
合计					64

本书由教学经验丰富的高校教师与具有多年开发经验的企业技术人员共同编写，董蕾任主编，郭建磊、刘秋兰、王蒙、崔玉松任副主编。其中，工作单元 1、工作单元 4 由董蕾编写，工作单元 2、工作单元 3 由郭建磊编写，工作单元 5、工作单元 6 由刘秋兰编写，工作单元 7 由王蒙编写，书中配套企业项目案例及"来自软件工程师的声音"板块由雷音云计算（山东）有限公司软件工程师崔玉松完成。全书由董蕾统稿，刘学主审。本书在编写过程中得到了雷音云计算（山东）有限公司的大力支持，在此表示衷心感谢。

希望本书能成为您 Java Web 开发学习之旅的得力助手，引领您走进充满挑战与机遇的领域，开启一段精彩的编程之旅。

由于编者水平有限，书中难免有欠妥之处，恳请读者批评指正。

编者

2024 年 12 月

目录

工作单元 5

新闻发布系统——Servlet 技术实现 ·············· 116

工作单元 6

新闻发布系统——MVC 设计 模式 ····················· 162

工作单元1
新闻发布系统
——初识项目

01

【任务背景】

某高职院校为了帮助学生及时了解国家时政要闻、先进技术、科普知识、升学政策、行业动态等，提高学生对时政、科技、教育类新闻的关注度，提出建设新闻发布系统。

本任务以新闻发布系统项目为例，带领大家熟悉软件开发流程，明晰并完成软件项目需求分析与系统设计阶段的工作任务，撰写新闻发布系统的需求分析说明书与系统设计报告，为开发新闻发布系统打好基础。

【学习目标】

- **知识目标**
  - ✓ 了解软件开发流程
  - ✓ 理解需求分析与系统设计概念
  - ✓ 掌握需求分类
  - ✓ 掌握需求获取方法与需求分析方法
  - ✓ 理解软件系统设计通用原则
  - ✓ 掌握数据库设计步骤与规范
  - ✓ 掌握使用 AI 工具辅助完成需求分析与系统设计的方法
- **能力目标**
  - ✓ 具备学习与开发任务相关业务的能力
  - ✓ 具备梳理、分析与实现需求的能力
  - ✓ 具备能根据需求进行项目系统设计的能力
  - ✓ 具备撰写需求分析说明书与系统设计报告的能力
  - ✓ 具备借助 AI 工具完成项目需求与设计的能力
- **素养目标**
  - ✓ 具备沟通交流能力
  - ✓ 具备认识问题、分析问题与解决问题的能力
  - ✓ 具备团队协作能力
  - ✓ 具备文档撰写能力
  - ✓ 具备互联网思维
  - ✓ 具备创新思维
  - ✓ 具备 AI 基本素养

任务 1.1　新闻发布系统需求分析

【任务描述】

软件工程师王小康收到公司开发部经理下发的设计开发新闻发布系统的工作任务。作为项目经理，王小康迅速组建开发团队，团队成员包括项目经理、需求分析师、系统设计师、前端开发工程师、后端开发工程师、软件测试工程师等。为了完成第一阶段需求分析的任务，团队成员采用市场调研、问卷调查、用户访谈等方法收集用户需求，梳理系统功能架构、建立系统模型，并完成新闻发布系统需求分析说明书的撰写。

【知识准备】

1.1.1　软件开发流程

1-1　软件开发流程

软件开发流程是指软件设计思路和方法的一般过程，包含需求分析、系统设计（包括概要设计和详细设计）、软件开发（编程）、软件测试、软件交付、软件验收等环节，如图 1-1 所示。

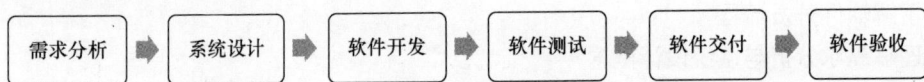

需求分析 ➡ 系统设计 ➡ 软件开发 ➡ 软件测试 ➡ 软件交付 ➡ 软件验收

图 1-1　软件开发流程

新闻发布系统项目开发流程如下。

（1）需求分析：在此阶段明确用户的具体需求，形成需求分析说明书。

（2）系统设计：完成系统架构搭建、功能模块设计、非功能性设计、接口设计、后台数据库设计以及界面设计。

（3）软件开发：软件编程阶段，在该阶段将用户的需求真正转换为能运行的程序，实现软件的具体功能。

（4）软件测试：在此阶段使用相应的软件测试技术对软件进行全面的测试，以确保软件符合预期。

（5）软件交付：在软件测试证明软件达到预期要求后，软件开发者向用户提交软件安装程序、《用户安装手册》《用户使用指南》、测试报告等双方合同约定的产物。

（6）软件验收：用户根据软件试运行效果进行软件验收，验收通过后整个软件开发流程结束。

1.1.2　需求分析概念

需求分析也称为系统需求分析、需求分析工程等，在该阶段需经过深入、细致的调研和分析，准确理解用户和项目在功能、性能、可靠性等方面的具体要求，将用户非形式化的需求表述转化为完整的需求定义，从而清楚项目的主干业务和支线业务，并了解除开发工作以外的项目背景和项目意义（如解决了什么痛点、改善了行业的什么现状），进而促进业务的精准性。需求分析是整个软件开发流程的基础。在此阶段，所有利益相关者（包括用户、项目负责人）会收集目标用户对待开发软件的需求信息，把需求分解并梳理出不同需求之间的逻辑关系，确定项目计划、质量、效果、风险等方面的预测和控制解决方案，形成需求分析说明书。

需求分析需要以用户为中心，站在用户的角度考虑问题，而不是单纯地以开发角度看待项目，这样才能更好地完成项目，得到用户的认可。需求分析从用户出发，挖掘出用户真正的需求并将其转化为清晰、完整的软件目标，然后将需求分析结果作为软件开发的基础，最终做出满足用户需求的软件产品。

1.1.3 需求分类

需求分析的目的是针对待开发软件提出清晰、完整、具体的要求，确定软件必须实现的功能。此阶段不关注项目的具体实现细节，而是要充分理解用户的需求，确定软件必须完成哪些工作。需求主要分为功能性需求、非功能性需求与设计约束 3 种。

1. 功能性需求

功能性需求是指软件需要实现的功能，以及为用户提供功能所需执行的动作，是需求分析中非常重要的组成部分。功能性需求是软件需求的主体，开发人员需要与用户进行有效交流，核实用户需求，从软件帮助用户完成事务的角度充分描述外部行为，说明软件应该做什么，涉及软件的功能特征。

2. 非功能性需求

非功能性需求是对功能性需求的补充，主要包括软件运行环境要求、数据需求、性能需求、安全需求、软件必须遵循的相关标准和规范、用户界面设计的具体细节、未来的扩充方案等。其中，数据需求用于对系统中的数据（包括输入数据、输出数据、加工中的数据、保存在存储设备上的数据等）进行详细用途的说明与规格定义，性能需求用于对系统所需存储容量、响应时间等进行说明。

3. 设计约束

设计约束也称为设计限制条件，通常用于对一些设计或实现方案的约束进行说明。例如，根据具体业务要求，说明待开发软件需使用的数据库系统、运行时基于的操作系统环境等。

1.1.4 需求获取方法

需求获取是需求分析的重要环节，其直接影响到需求建模和软件开发效果。需求的获取方法主要包括用户访谈、市场调研、问卷调查等。

1. 用户访谈

用户访谈是指围绕特定主题，与受访者进行交流谈话，获取受访者对软件的需求等信息。访谈需要技巧，访谈次数根据需求获取情况而定，访谈方式包括面对面沟通、电话沟通、视频沟通等。

1-2 需求获取方法

2. 市场调研

市场调研一般分为业务需求调研和技术调研。业务需求调研的目标是了解市场现有软件产品功能，明确用户对项目的需求以及业务路径。技术调研是根据项目需求调研相关技术点，如用户需要的是一个直播平台，则需要提取出直播、录播、视频处理等方面的技术点并展开调研。

3. 问卷调查

问卷调查是制作详细、周密的问卷，让被调查者回答问卷问题，根据回答收集需求。进行问卷调查的第一步是根据软件主题明确问卷调查的目标。第二步是确定问卷调查的目标群体，不同的调查目标应选择不同的群体。第三步是设计问卷，问卷内容主要包括问卷名称、问卷问题等。第四步是投放问卷，明确投放渠道、投放数量等，常用的投放渠道包括邮件、微信、社群、自媒体平台等。最后一步是撰写调查报告，包括调查目的、调查对象、调查总结与分析等。表 1-1 所示为旅游网站问卷调查表。

表 1-1　旅游网站问卷调查表

部门		问卷填写人姓名		岗位		联系方式	
1	您使用过旅游网站吗？			□ 经常使用 □ 偶尔使用 □ 从未使用			
2	您认为是否需要建设城市旅游网站？			□ 很有必要 □ 不需要 □ 无所谓			
3	您认为一个城市的旅游网站应该包括哪些类别的主题？			□ 红色游　　　□ 文化游 □ 户外游　　　□ 自驾游 □ 随心游　　　□ 其他_____			
4	作为普通用户，您认为旅游网站应包括的功能有哪些？			□ 展示主要旅游景点的列表 □ 展示旅游主题的列表 □ 搜索旅游景点 □ 在旅游景点介绍下面发表评论 □ 用户注册与登录 □ 其他_____			
5	作为管理员用户，您认为旅游网站应包括的功能有哪些？			□ 旅游景点的增、删、改、查 □ 旅游主题类别的增、删、改、查 □ 对用户的管理 □ 其他_____			
6	您最担心旅游网站出现哪些问题？			□ 访问过程中出现卡顿、崩溃等情况 □ 数据安全性方面的问题 □ 误操作 □ 其他_____			

1.1.5　需求分析方法

常用的需求分析方法有结构化分析和面向对象的分析两种。

（1）结构化分析（Structured Analysis，SA）是一种传统的需求分析方法，是面向数据流的分析方法。结构化分析方法的基本思想是"自顶向下、逐步分解"，使用"分解"和"抽象"两种基本手段把一个复杂问题阶段化，使每个阶段的问题都变得容易理解和处理。使用结构化分析方法时会借助一些工具搭建系统的模型，其中，数据流图可用于搭建系统的功能模型，数据字典用于对数据流图中的各个元素做出详细的说明，实体关系图用于搭建系统的数据模型。

（2）面向对象的分析（Object-Oriented Analysis，OOA）是面向对象软件开发过程中的一种需求分析方法，是理解用户需求并建立**功能模型、对象模型和动态模型**的过程。其中，功能模型描述系统的功能，对象模型描述系统的类与对象，动态模型描述系统的状态变化过程。这 3 个模型从不同角度反映了系统的需求。

1.1.6　UML 建模

统一建模语言（Unified Modeling Language，UML）是一种面向对象的标准建模语言，是国际软件界广泛承认的标准。

面向对象的分析为目前主流的系统分析方法，其与 UML 建模技术结合能够帮助开发人员对软件进行面向对象的描述和建模，可以描述从需求分析、软件开发到软件验收的全过程。UML 的建模机制包括静态建模机制和动态建模机制，静态建模机制包括用例图（Use Case Diagram）、类图（Class Diagram）、对象图（Object Diagram）、包图（Package Diagram）、组件图（Component Diagram）和配置图（Deployment Diagram），动态建模机制包括状态图（State Diagram）、时序图（Sequence Diagram）、协作图（Collaboration Diagram）和活动图（Activity Diagram）。UML 的建模机制如图 1-2 所示。

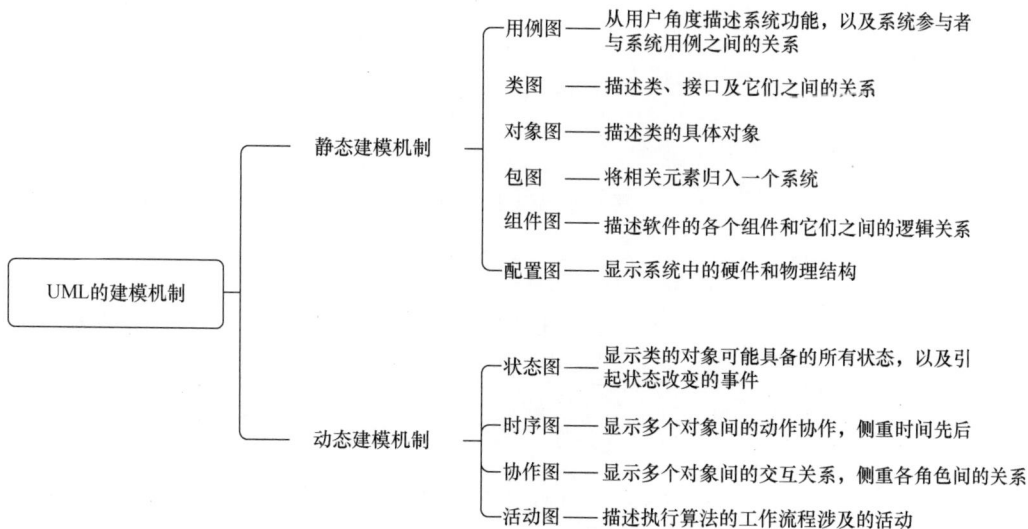

图 1-2　UML 的建模机制

用例图是从用户角度描述系统功能，以及系统参与者与系统用例之间的关系，**功能模型**通常用用例图来描述，例如，管理员登录用例图如图 1-3 所示。类图是构建**对象模型**的核心工具，例如，用户类图如图 1-4 所示。**动态模型**主要通过状态图、时序图、协作图或活动图来构建。时序图用于显示多个对象间的动作协作与时间先后顺序，例如，网上购物时序图如图 1-5 所示。UML 中的活动图本质上就是流程图，用于描述执行算法的工作流程涉及的活动，例如，用户发表新闻评论活动图如图 1-6 所示。

用户类

- 用户ID
- 用户姓名
- 密码

+为用户姓名赋值
+为密码赋值
+获取用户姓名
+获取密码

登录

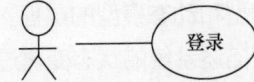

图1-3 管理员登录用例图　　　　图1-4 用户类图

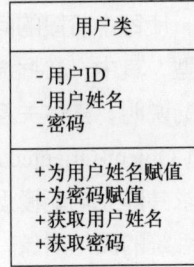

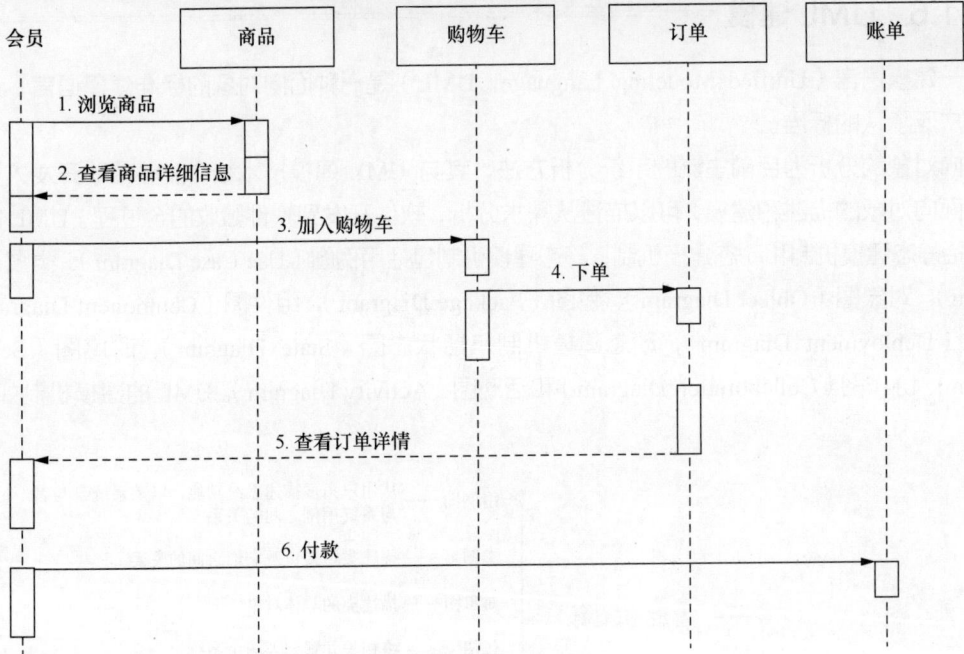

| 会员 | 商品 | 购物车 | 订单 | 账单 |

1. 浏览商品

2. 查看商品详细信息

3. 加入购物车

4. 下单

5. 查看订单详情

6. 付款

图1-5 网上购物时序图

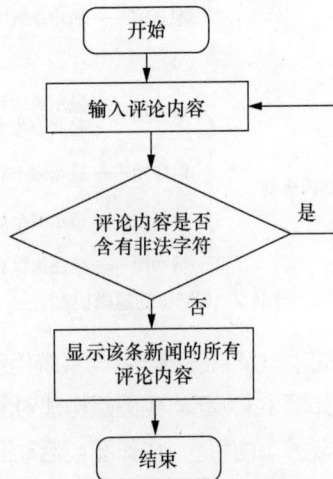

开始

输入评论内容

评论内容是否
含有非法字符

是

否

显示该条新闻的所有
评论内容

结束

图1-6 用户发表新闻评论活动图

1.1.7　需求分析说明书

需求分析说明书是需求分析阶段需要撰写的基本文档，是需求分析阶段的最终结果。该文档涉及引言、系统架构、系统需求等方面的内容，与软件系统相关的一系列需求结论都需要写进需求分析说明书中。

需求分析说明书的作用是使软件用户和软件开发者双方在软件正式开发之前能够对需要开发的软件有共同认识，为下一步的软件设计与编程打好基础，同时给后期软件测试和验收提供基本依据。与软件项目有关的人员（包括软件用户、项目管理人员、软件开发人员、系统测试人员、系统维护人员）都需要阅读需求分析说明书。需求分析说明书的主要内容如图 1-7 所示。

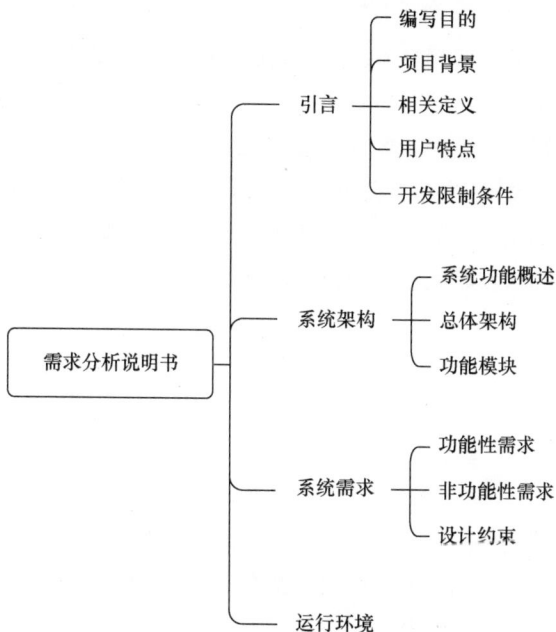

图 1-7　需求分析说明书的主要内容

📖**知识拓展：需求分析规范**

需求分析必须遵循一定的规范。

（1）清晰：需要对需求分析使用的语言做好限制。

① 尽量采用"主语+动作"的简单表述方式。

② 需求分析中的描述一定要简单，不要使用疑问句、修饰词等。

③ 不能有二义性。

④ 需求分析面对的可能是非专业人士，尽量使用简单、易懂的术语。

（2）完整：需求分析必须保证功能的完整性，避免返工。

（3）一致：用户需求必须和业务需求一致，功能需求必须和用户需求一致。在需求分析过程中，开发人员需要细化一致性关系，确保用户需求不超出预期的范围，且不偏离任务目标。

（4）可测试：需求是测试计划的输入和参照，要确保需求是可测试的。

（5）流程化：在做需求分析时（尤其是初期），会存在一些需要确认的业务，一般在相关的需求条目中加入确认内容和确认结果，有时需求需要多次确认才能确定最终业务形态，流程化可以提高业务走向的追溯过程。如普通用户和管理员的登录页面是否需要设计得不同？流程中明确：用户方（业务负责人）确认，普通用户和管理员使用同一个页面登录。

【任务实施】

1. 获取用户需求

利用前面介绍的方法，获取用户对新闻发布系统的需求。

（1）用户访谈

通过实地走访、电话沟通、视频交流等方式与用户群体进行交流沟通，根据前期调查问卷的分析数据，结合访谈，明确用户对新闻发布系统的综合需求，以及需求应该达到的标准，同时提出需求的实现条件。用户需求具体包括功能需求、性能需求、环境需求（机型、操作系统、软件运行所需内存、CPU 等）、可靠性需求（发生故障的概率）、安全保密需求、用户界面需求、软件成本控制与开发进度需求等。用户访谈的次数根据需求获取情况而定，在明确用户需求的过程中需要多次与用户进行确认，确保用户需求收集完整、清晰、具体。

（2）市场调研

充分了解国家关于数字经济建设的相关政策，分析新闻发布系统项目的政策可行性。上网浏览新华网、人民网、光明网等官方媒体网站，查看这些网站的主要功能、界面设计特点，熟悉业务逻辑。

（3）问卷调查

设计调查问卷，该系统主要面向的用户群体为学校管理人员、辅导员、学生，将调查问卷通过邮件、QQ 群发送给这些群体。用户填写后收集调查问卷，分析调查数据并撰写调查报告。新闻发布系统用户需求调查问卷如表 1-2 所示。

表 1-2　新闻发布系统用户需求调查问卷

部门		岗位		联系方式	
1	您使用过新闻网站吗？	□ 经常使用　　□ 偶尔使用　　□ 从未使用			
2	您喜欢什么风格的新闻网站？	□ 整体布局清晰简洁　　　□ 色彩对比明显 □ 以文字说明为主　　　　□ 以图片展示为主 □ 以用户阅读兴趣为主布局新闻内容 □ 以新闻内容的重要性为主布局新闻内容 □ 其他_____			
3	您认为新闻网站应该包括哪些新闻类别？	□ 时政新闻　　　□ 教育新闻 □ 军事新闻　　　□ 体育新闻 □ 科技新闻　　　□ 升学政策 □ 文化新闻　　　□ 其他_____			

续表

4	作为普通用户，您认为新闻网站应具有哪些功能？	☐ 首页显示头条新闻　　☐ 首页显示热点新闻 ☐ 首页显示新闻列表　　☐ 显示新闻类别 ☐ 新闻搜索功能　　　　☐ 新闻评论功能 ☐ 其他＿＿＿＿＿＿＿＿＿＿＿＿＿＿＿＿
5	作为管理员用户，您认为新闻网站应具有哪些功能？	☐ 管理员注册与登录 ☐ 新闻类别的增、删、改、查 ☐ 新闻的增、删、改、查 ☐ 管理用户对新闻发表的评论 ☐ 其他＿＿＿＿＿＿＿＿＿＿＿＿＿
6	您最担心新闻网站出现哪些问题？	☐ 访问过程中出现卡顿、崩溃等情况 ☐ 数据安全性方面的问题 ☐ 其他＿＿＿＿＿＿＿＿＿＿＿＿＿

2. 梳理系统功能架构

根据所获取的用户需求，梳理新闻发布系统的功能架构、角色用例、硬件环境及性能需求等。

（1）功能架构

新闻发布系统的功能架构如图 1-8 所示。

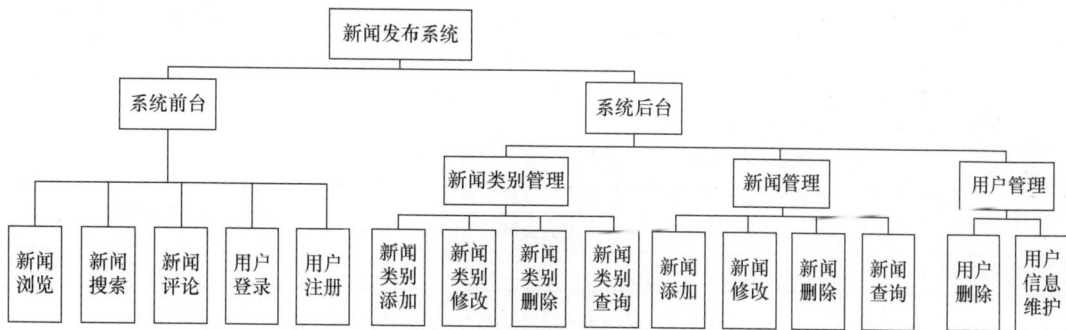

图 1-8　新闻发布系统的功能架构

新闻发布系统由系统前台和系统后台两部分组成。

系统前台的功能包括新闻浏览、新闻搜索、新闻评论、用户登录与用户注册。

系统后台的功能包括新闻类别管理、新闻管理与用户管理，新闻类别管理包括新闻类别的添加、修改、删除和查询，新闻管理包括新闻的添加、修改、删除和查询，用户管理包括用户的删除和用户信息的维护。

（2）角色用例

用户角色可以分为管理员、普通用户两类。

管理员负责新闻发布系统的管理与运维，具有添加、修改、删除及查询新闻类别和新闻的权限，后期可以具体分为平台超级管理员和平台运维管理员。管理员用例图如图 1-9 所示。

需为普通用户提供注册、登录、浏览新闻、搜索新闻、评论新闻的功能，普通用户用例图如图 1-10 所示。

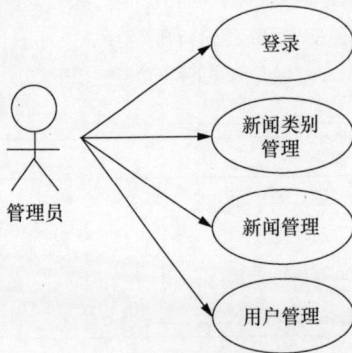

图 1-9 管理员用例图

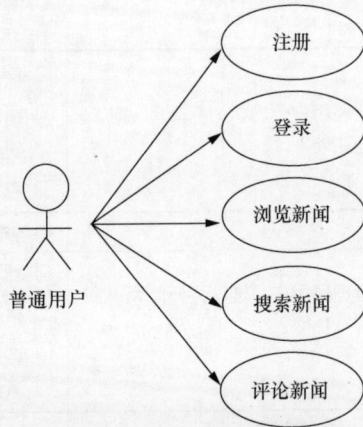

图 1-10 普通用户用例图

（3）硬件环境

系统硬件环境如表 1-3 所示。

表 1-3 系统硬件环境

项目名称	新闻发布系统				
需求名称	硬件环境		模块	总体需求	
版本	V1.1.0				
需求描述	**服务器**	**数量**	**CPU**	**内存**	**磁盘**
	平台服务器	2	单核	≥1GB	10～20GB
	➢ 支持虚拟机 ➢ 服务器数量：推荐 2 个节点以上的高可用部署 ➢ 服务器磁盘：新闻数据、用户数据均存储于数据库中，不占用本地磁盘空间				
	跟踪关系				
用户需求					

（4）性能需求

系统性能需求如表 1-4 所示。

表 1-4 系统性能需求

项目名称	新闻发布系统		
需求名称	性能需求	优先级	高
版本	V1.1.0		
需求描述	➢ 常规页面响应时间：＜1s ➢ 复杂页面响应时间：＜3s ➢ 接口请求耗时：＜2s ➢ 登录、退出耗时：＜1s		
	跟踪关系		
用户需求			

3. 需求描述

根据系统功能分别对每个具体功能进行需求描述，下面以登录功能为例进行需求描述，如表 1-5 所示。

表 1-5　登录功能需求描述

项目名称	新闻发布系统		
需求名称	登录	优先级	高
模块	登录	版本	V1.1.0
需求描述	操作角色：管理员 输入

字段表格（需求描述单元格内）：

字段名	输入方式	是否必填	备注
用户名	文本框	是	请输入账号信息
密码	文本框	是	密码框展示密文

参考页面：

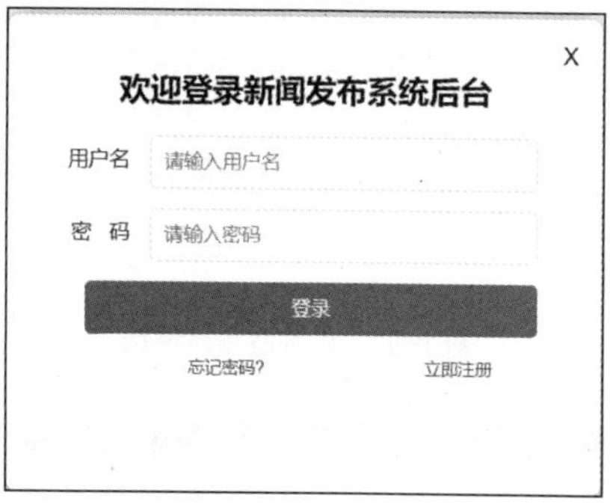

欢迎登录新闻发布系统后台

用户名　请输入用户名

密　码　请输入密码

登录

忘记密码？　　　　　立即注册

一、正常流程
用户名与密码登录
（1）用户输入用户名、密码（密码加密后传输）。
（2）单击登录按钮后，服务器端验证输入信息。
（3）登录成功，进入系统首页。
二、异常流程：登录失败，显示错误信息。
用户名或密码填写错误，均提示："用户名或密码不匹配，请重新输入"。

验收标准	1. 正确填写登录信息 2. 验证登录信息，验证成功则登录平台，验证失败则提示错误信息
跟踪关系	
用户需求	

4. 撰写需求分析说明书

按照前面讲述的对需求分析说明书的要求，结合新闻发布系统项目实际需求撰写文档，包括引言部分（编写目的、项目背景、主要用户、文档概述等）、系统架构、功能性需求（功能模块、前台管理、后台管理等）、非功能性需求、设计约束、运行环境等。需求分析说明书样例如图 1-11 所示。

目 录

一、引言

1.1 编写目的

当今社会是信息化的社会，掌握信息越多、越全面的人，就会在各方面的竞争中占据优势。信息的时效性越来越重要，传统的报纸等新闻媒介早已不能满足人们的需求。新闻网站是将网络上经常变化的信息（如时事政治、产品发布和体育比赛等）收集起来，然后进行分类化的处理，最后发布到网页上的一种系统应用。新闻网站的出现，使得新闻信息的更新、发布速度大大加快，新闻信息的时效性得到了很大的保障。建设新闻网站并且做到及时更新数据，可以满足用户对新闻浏览的需求。

本说明书将全面描述新闻发布系统的各种功能、运行环境，使客户和开发者双方对本系统的初始规定有一个共同的理解，为整个开发工作打好基础。

1.2 项目背景

本文档适用于小型新闻网站前台展示和后台管理，帮助用户及时了解国家时政要闻、先进技术、科普知识、升学政策、行业动态等，提高用户对时政、科技、教育类新闻的关注度。

1.3 相关定义

本文档主要用于对用户需求进行分析描述，对需求进一步系统化。本文档的目标读者为系统需求人员、项目设计开发人员及软件测试人员。本文档将分章节描述各种需求以及运行环境。

1.4 用户特点

系统管理员：负责新闻发布系统的部署与运行维护，负责新闻类别以及新闻内容的数据录入、编辑、修改、删除的管理人员，负责对新闻网站前台页面的展示进行控制的人员。

普通用户：浏览各种信息，并对新闻进行评论。

1.5 开发限制条件

新闻发布系统无开发限制条件。

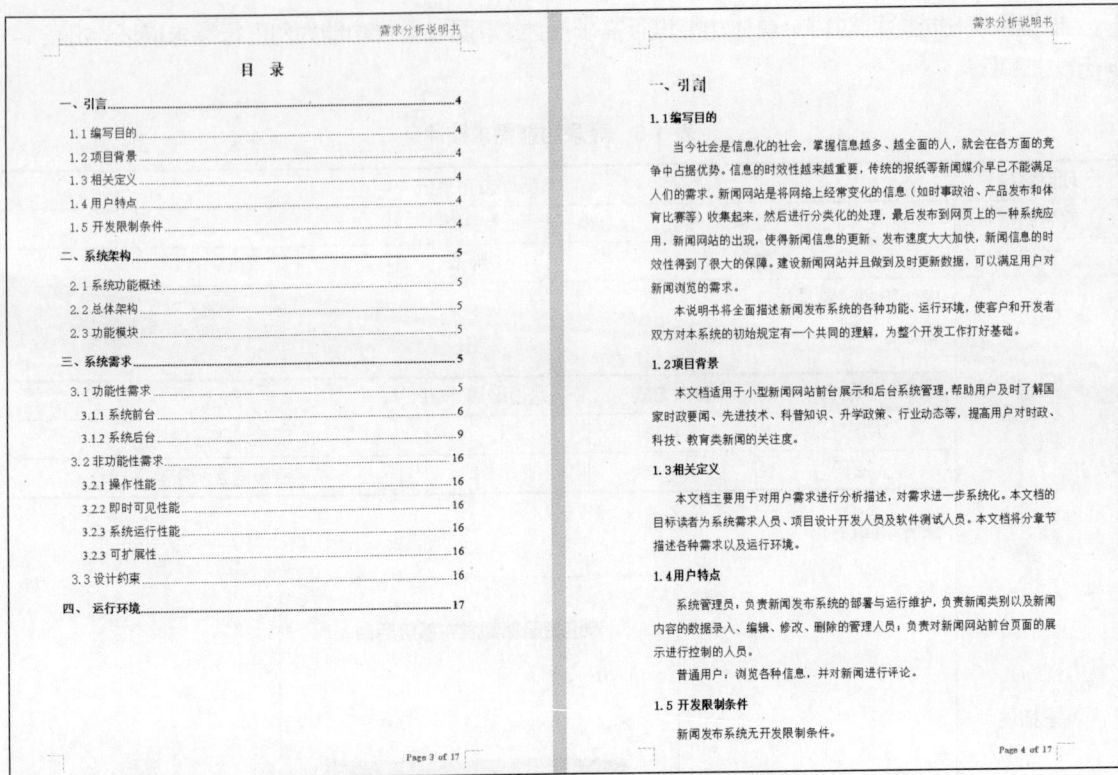

图 1-11　新闻发布系统需求分析说明书样例

【任务实训】完成注册功能和前端新闻浏览等功能的需求分析

任务要求：

（1）以登录功能需求分析为例，完成新闻管理系统注册功能的需求分析；

（2）完成前端新闻浏览功能、新闻搜索功能的需求分析。

> ①✉**来自软件工程师的声音**
>
> **耐心细致、善于反思总结、对工作精益求精**
>
> 需求分析具有决策性、方向性、策略性的作用，在软件开发的过程中具有举足轻重的地位。在一个大型软件系统的开发中，需求分析的作用要远远大于程序设计。良好的需求分析活动有助于避免或尽早剔除早期错误，从而提高软件生产效率，降低开发成本，改进软件质量。合格的需求分析师需要具备能听懂并深刻理解用户、开发人员、测试人员的诉求的能力，具有良好的语言表达能力、良好的文档阅读和撰写能力，以及把用户的业务需求翻译成开发人员能听懂、看懂的内容的能力。同时，还需要具备耐心细致、善于反思总结、对工作精益求精的素质。需求分析师的技能和素质要求如图 1-12 所示。
>
> 如何确定软件需求？需求分析师需要以"实现用户正确的需求"为原则，对用户提出的需求进行严格的分析、甄别。

将抽象、概略、随意的用户需求转化成具体、详细、结构化的软件需求是需求分析的重点，通常从以下几点着手认清和控制需求，如图 1-13 所示。

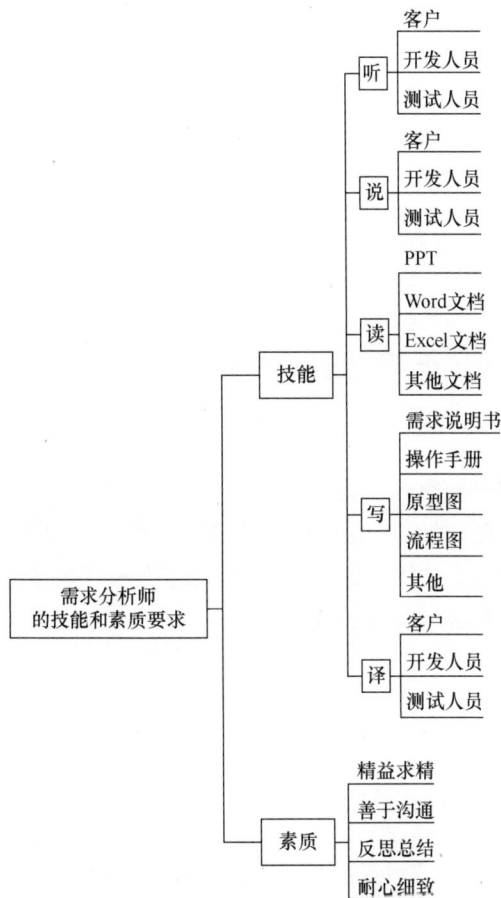

图 1-12　需求分析师的技能和素质要求　　　　图 1-13　认清与控制需求要点

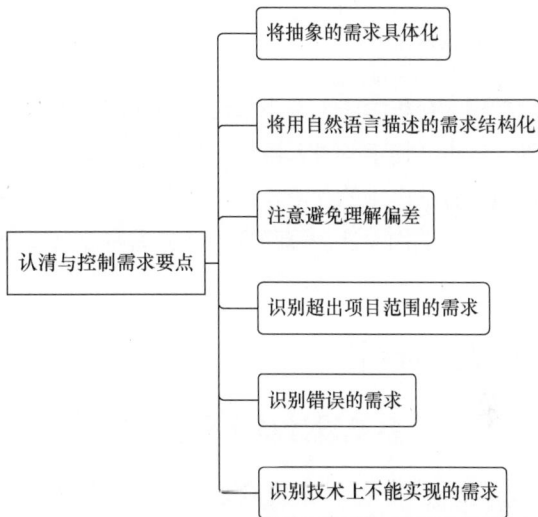

1. 将抽象的需求具体化

在需求调研的时候会发现，用户提出自己的需求时往往不会按照你希望的方式提出来，有的人描述不清晰，有的人习惯从宏观的角度去讲问题，我们在整理需求的时候要将抽象的需求具体化。

2. 将用自然语言描述的需求结构化

用户对需求的描述通常较口语化、不严谨，开发者不能直接处理这种需求，因为需求描述必须明确、精准、无歧义。在需求分析阶段要将用户用自然语言描述的需求结构化，将用户的描述转换成更精确、更能为开发人员所理解的内容。

3. 注意避免理解偏差

理解偏差主要是需求分析者对用户所提的需求没有理解到位。要避免出现这样的问题，可以从 3 个方面入手。一是多从用户的立场与角度思考用户的描述；二是提高沟通频次，就不理解的或者觉得理解起来有困难的内容多询问，并让用户确认；三是学习用户业务领域的知识，以便业务层面的沟通。

4. 识别超出项目范围的需求

项目在启动时开发者与用户经过讨论达成共识，确定好项目目标，用户需求应该在项目范围之内，而不能漫无边际。现阶段的目标实现了以后再设置新目标，不要不停地修改目标。

5. 识别错误的需求

需求分析时需要识别出毫无逻辑、前后矛盾的错误需求。

6. 识别技术上不能实现的需求

在需求分析阶段需要对自己团队的技术能力与技术边界有清楚的认识，从而准确识别出技术上不能实现的需求。

任务 1.2　新闻发布系统设计

【任务描述】

在需求分析阶段，王小康带领团队明确了系统的开发目标、功能需求等，完成了新闻发布系统的需求分析。接下来进入系统设计阶段，这一阶段团队将解决"新闻发布系统如何做"的问题，包括如何将分析出来的需求与系统实现进行对应，采用哪些技术手段落实用户需求，如何根据设计目标做好体系结构设计、界面设计、数据设计、接口设计等，并完成系统设计报告的撰写。让我们与王小康的团队一起完成系统设计阶段的任务。

【知识准备】

1.2.1　系统设计基本概念

1-3　系统设计

系统设计是从软件需求说明书出发，根据需求分析阶段确定的功能设计软件系统的整体结构、划分功能模块、确定每个模块的实现算法，形成软件的具体设计方案。

系统设计的基本目标是用比较抽象、概括的方式确定目标系统如何完成预定的任务，系统设计旨在确定系统的物理模型，是软件开发流程中非常重要的环节。

从技术上看，软件系统设计包括体系结构设计、界面设计、数据设计、接口设计、过程设计。

（1）体系结构设计定义软件系统各主要部件之间的关系。

（2）界面设计明确系统与外界交互的图形用户界面形式。

（3）数据设计是明确数据结构、存储方式、访问方式及各数据之间的关系等。

（4）接口设计描述软件内部、软件和协作系统之间及软件与人之间如何通信。

（5）过程设计则把系统结构部件转换为软件的过程性描述。

软件系统设计的工作内容如图 1-14 所示。

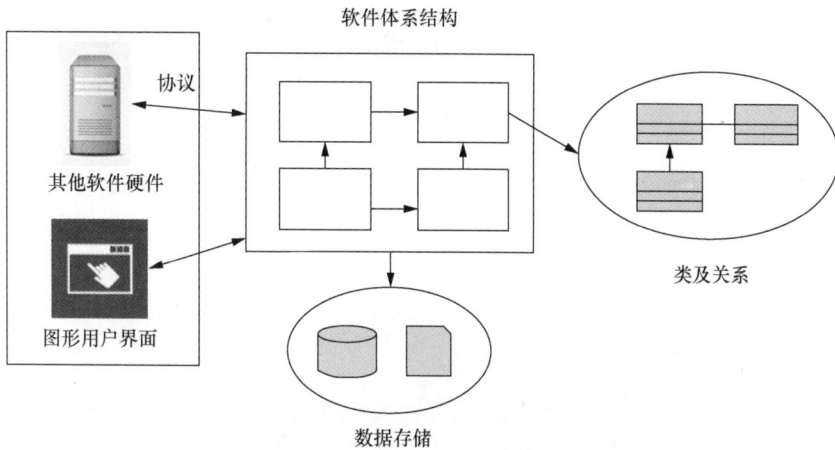

图 1-14　软件系统设计的工作内容

1.2.2　软件系统设计阶段

软件系统设计通常分为概要设计和详细设计。

1. 概要设计

概要设计也称总体设计，其基本目标是针对软件需求分析中提出的一系列软件问题，概要地回答问题如何解决。概要设计主要包括软件系统体系结构设计、功能模块设计、数据结构与数据库设计、系统接口设计等。

软件系统体系结构设计是软件系统设计重要的组成部分，常用的体系结构模型包括客户端/服务器（Client/Server，C/S）模型和浏览器/服务器（Browser/Server，B/S）模型。

2. 详细设计

详细设计是指软件各模块内部的具体设计，即确定每个模块的实现算法和数据结构，并用某种工具描述出来。

软件系统设计阶段的主要工作任务如图 1-15 所示。

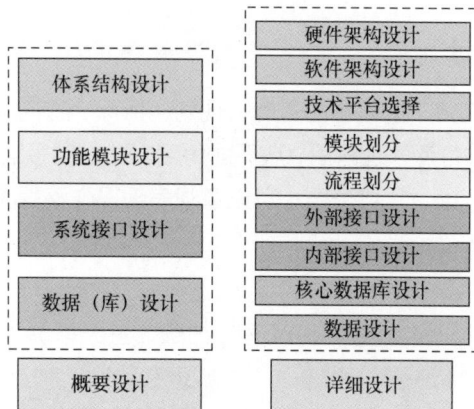

图 1-15　软件系统设计阶段的主要工作任务

1.2.3　软件系统设计通用原则

软件系统设计通用原则是系统分解和模块设计的基本标准，应用这些原则可以使代码更加灵活，更易于维护和扩展。软件系统设计的通用原则包括以下几点。

1. 抽象性

软件系统设计考虑模块化解决方案时，可以定义多个抽象级别。抽象级别从概要设计到详细设计逐步降低。

2. 模块化及模块独立性

模块是指一个待开发的软件分解成的若干小而简单的部分。模块化是指解决一个复杂问题时自顶向下逐层把软件系统划分成若干模块的过程。

模块独立性是指每个模块只完成系统要求的独立子功能，并且与其他模块的联系最少且接口简单。模块的独立程度是评价设计好坏的重要度量标准。常使用耦合性和内聚性两个定性的度量标准来衡量软件的模块独立性。

3. 高内聚、低耦合

内聚性是指一个模块或子系统内部的依赖程度。如果一个模块或子系统含有许多彼此相关的元素，并且它们执行类似任务，那么其内聚性比较高，一个模块的内聚性越高，独立性便越强。内聚的程度由低到高可分为 7 种：偶然内聚、逻辑内聚、时间内聚、过程内聚、通信内聚、顺序内聚、功能内聚。

耦合性是指模块之间或子系统之间相互依赖的程度。如果模块之间或子系统之间是松散耦合的，两者相互独立，那么其中一个发生变化对另一个产生的影响就很小。耦合性取决于各个模块之间或子系统之间接口的复杂度、调用方式等。耦合的程度由高到低可分为 7 种：内容耦合、公共耦合、外部耦合、控制耦合、标记耦合、数据耦合、非直接耦合。

一般较优秀的软件设计应尽量做到高内聚、低耦合，即提高模块的内聚性和减弱模块之间的耦合性，这样有利于提高模块的独立性。

4. 信息隐蔽性

信息隐蔽是指隐藏一个模块的实现细节来降低其对软件系统其他部分的影响。模块内的信息对不需要这些信息的其他模块来说是不允许访问的。

1.2.4　界面原型设计

在需求分析阶段，需要充分了解需求的背景、规划、目标、方向以及场景等，充分了解业务更利于界面原型设计。对业务进行深入理解后，从页面角度出发做出思维导图。对于大多数新手而言，梳理原型结构是第一个难题。通过思维导图，可以直观表现操作流程和层级，更有利于原型结构的梳理及纵深后的原型设计。界面原型设计步骤如下。

1. 梳理原型结构

（1）明确根页面（主页面/一级页面）、子页面（二级、三级等）。初始页面及初始页面打开的页面均为一级页面，是要梳理的第一部分内容，其次就是按层级梳理二级、三级子页面。梳理完所有层级的页面后，可直观看到一个系统的完整框架结构。

（2）梳理每个页面上的内容（即功能模块）。如新闻类别列表、新闻列表两组内容构成了整个页面，则功能模块就是这两组内容，一般可用业务标题来直观表述。

（3）梳理模块的组成元素。如对于新闻列表模块，其具体构成有标题、详情入口、发布时间等，那么这些就是该模块的组成元素。

（4）梳理模块不同状态的呈现形式。有些页面会存在状态不同、显示不同的情况，对于此类内容要考虑充分，把相同点和不同点明确出来。如未登录时，首页右上角显示的是登录、注册的功能入口，登录后则变成用户的头像、昵称。

综上所述，原型结构的梳理是从顶到底、从大到小、从全局到局部再到单元的过程，即页面→模块→元素，也存在状态变化整个页面模块发生变化的情况。

2. 明确原型尺寸

明确系统的使用终端，如果仅有 PC，则设计选用尺寸从 Web 角度考虑；如果还有移动设备，就需要另外考虑移动设备尺寸。

3. 建立页面结构

页面结构基于原型结构搭建而成，通过原型工具，建立与原型结构基本一致的树级结构。

4. 明确页面布局

明确页面布局是对页面中的功能模块进行划分，不管是整体区域划分还是局部区域划分，页面都可以划分为上、中、下、左、右 5 个部分，但在实际设计中一般很少这样划分这 5 个部分，大多是上中下、左中右结构，然后每个局部再划分。

5. 绘制线框草图

明确页面布局后，即可先通过线框方式完成草图绘制，以便项目组内部的业务沟通及确认（同需求确认阶段一致，过程确认成本最低）。

6. 填充设计

此阶段一般进行高保真页面呈现，系统的字体、颜色、间隔相关参数等需要明确，一级、二级、三级字体大小，主色调、副色调、辅助色、底色等需要有专门的参数说明。最终效果要能够使用户感受到界面的成品效果。

7. 样式与交互设计

实现页面的互动效果，此阶段除了呈现的数据不是从真实数据库获取的数据，其他页面效果应与成品网页交互一致。

1.2.5 数据库设计步骤与规范

数据库设计是软件设计的重要组成部分，其结果直接影响软件设计的质量。在给定的硬件环境、操作系统及数据库管理系统等软件环境下，创建一个性能良好的数据库模式，建立数据库及其应用系统来有效存储和管理数据，是实现能满足用户需求的软件系统的根基。

1. 数据库设计步骤

数据库设计包含概念结构设计、逻辑结构设计和物理结构设计三大步骤。

（1）概念结构设计。此阶段设计的概念模型是对用户需求的客观反映，并不涉及具体的计算机软、硬件环境，开发团队应集中表述软件系统业务环境涉及的数据实体，以及这些数据实体之间的关系，无须考虑具体的实现问题。概念模型之前往往采用实体—关系图的形式来描述。随着面向对象技术的发展，UML 不仅可以完成实体—关系图能做的所有建模工作，而且可以描述其无法表示的关系。

（2）逻辑结构设计。逻辑结构设计是指将概念结构设计阶段完成的概念模型转换成能够被数据库管理系统支持的数据模型，大多转换成关系模型。UML 在对系统数据库进行逻辑建模时一般采用类模式来实现，类模式是 UML 建模技术的核心，数据库的逻辑视图衍生自 UML 类图。

（3）物理结构设计。物理结构设计是在逻辑数据模型基础上，细化并构建数据库物理模型的过程，涉及在选定 DBMS 中创建表、索引、视图等对象，选择适合的 DBMS，设计匹配且高效的物理结构，搭建应用环境，配置服务器，并精心规划存储布局、索引策略、数据分区等，以优化性能、降低成本，并确保数据的完整性和安全性。

下面以 UML 学生类图和专业类图为例，进行数据库逻辑结构设计和物理结构设计。

UML 学生类图与专业类图如图 1-16 所示。

逻辑结构设计如下。

学生（学生 ID，学生姓名，密码，邮箱地址，专业 ID）
专业（专业 ID，专业名称）

物理结构设计如表 1-6 和表 1-7 所示。

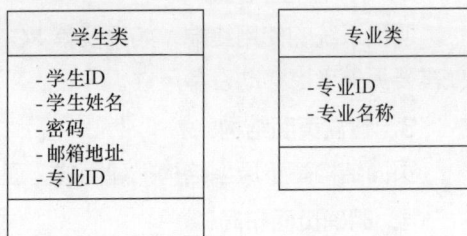

图 1-16　UML 学生类图与专业类图

表 1-6　学生表

字段名称	数据类型	是否允许为空	约束	含义
STU_ID	int	否	主键	学生 ID
STU_NAME	varchar(50)	否		学生姓名
STU_PWD	varchar(20)	否		密码
STU_EMAIL	varchar(50)	是		邮箱地址
M_ID	int	否		专业 ID

表 1-7　专业表

字段名称	数据类型	是否允许为空	约束	含义
M_ID	int	否	主键	专业 ID
M_NAME	varchar(50)	否		专业名称

2. 数据库设计规范

数据库设计需要遵循相应的规范，常见的数据库设计规范如下。

（1）遵循行业规范。当存在相关国家或行业强制性数据结构标准规范时，命名用于存储某业务数据的业务表原则上应该遵从标准规定。

（2）命名原则。

① 遵循字母全部大写原则，所有数据库对象名称字母全部大写。Oracle 对大小写不敏感，但是有些数据库对大小写敏感，统一大写有助于在多个数据库间移植。

② 只能使用英文字母、下画线、数字进行命名，首字符必须是英文字母。

③ 名称包含多个单词时遵循分段命名原则，多个单词之间用下画线分隔，以便阅读，同时方便某些工具对数据库对象的映射。

④ 不能使用保留字，命名数据库对象时，若非分段命名，不能使用数据库保留字。例如，USER 不能用作表名、列名等，但是 USER_NAME 可以用作列名，USER_INFO 可以用作表名。

⑤ 名称应尽可能简单，避免太长，且应能够体现对象的含义。数据库对象名称长度不应超过 30 字节，以免超过数据库名称长度限制（Oracle 有 30 字节的限制，MySQL 为 64 字节，SQL Server 也是 64 字节）。

⑥ 同义性原则。对于同一含义，尽量使用相同的单词命名，不管是使用英文单词、英文缩写还是使用拼音首字母，尽量避免用同一单词表示多个含义。例如，TELEPHONE 在 A 表中表示固定电话号码，在 B 表中就不应该用于表示移动电话号码。

⑦ 命名方式一致原则。在一个系统、一个项目中尽量采用一致的命名方式，如都采用英文单词或者拼音。

⑧ 扩展性原则。各系统或者项目在遵循基本规范的基础上可以根据需要制定更明确的规范细则，以满足项目管理需要。例如，对模块进行统一命名。

1.2.6 系统设计报告

系统设计报告是系统设计阶段需要撰写的基本文档，是系统设计阶段的成果。

系统设计报告需说明如何实现需求分析阶段所分析的系统功能和性能，主要从软件开发（程序员）角度描述软件需要实现的功能，阅读对象主要为项目开发人员。系统设计报告的内容有引言、概要设计与详细设计。引言包括编写目的、项目背景、相关定义和用户特点等内容。概要设计包括设计目标、设计决策、体系结构设计、接口设计、主框架界面设计、数据库设计、系统非功能性设计等内容。详细设计包括功能模块功能概述、类设计总图、界面设计、内部接口定义、程序逻辑处理说明等内容。系统设计报告的内容如图 1-17 所示。

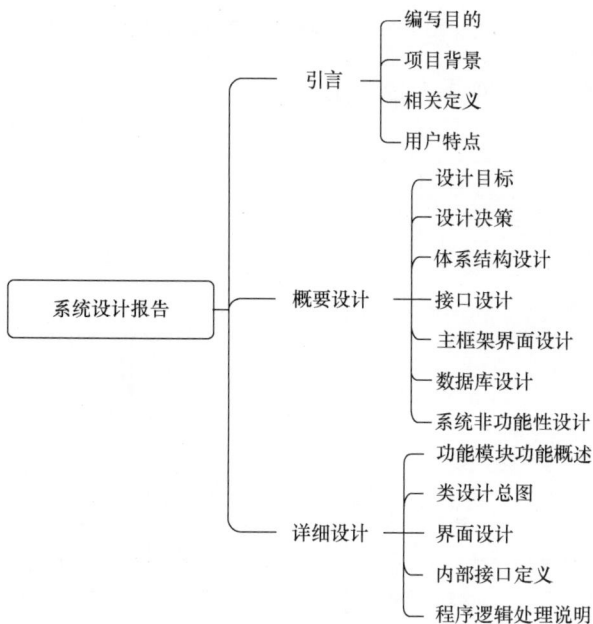

图 1-17　系统设计报告的内容

【任务实施】

1. 体系结构设计

按照新闻发布系统的功能特性与业务结构，设计体系结构。参照需求分析阶段确定的核心业务流程，按照系统功能可以将新闻发布系统分解为对应的子系统：后台新闻管理子系统与前台新闻展示子系统。为了确定系统的物理结构，明确以下关键内容。

（1）B/S 架构。基于目前普遍采用的移动办公的特点，分布式的体系结构可以最大限度地满足各种需求，考虑技术成熟度，系统采用 B/S 架构来实现。

（2）访问量。新闻发布系统最大的用户群是学生，在校生的规模在万人左右，初步估计系统集中上线的人数在千人左右。

（3）数据存储。为了保证数据存储的安全性、存取的高效性和良好的共享性，根据用户数据存储量和操作特点，选定 MySQL 为数据库服务器。

（4）系统开发技术。基于 Java Web 开发技术的成熟度，以及项目前期开发基础与开发经验，选定 Java Web 开发技术为系统实现技术。

综上考虑，构建图 1-18 所示的新闻发布系统物理结构。

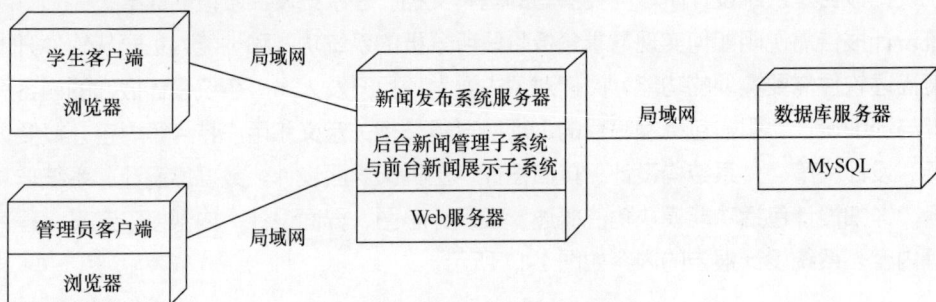

图1-18　新闻发布系统物理结构

新闻发布系统逻辑结构示意如图 1-19 所示。

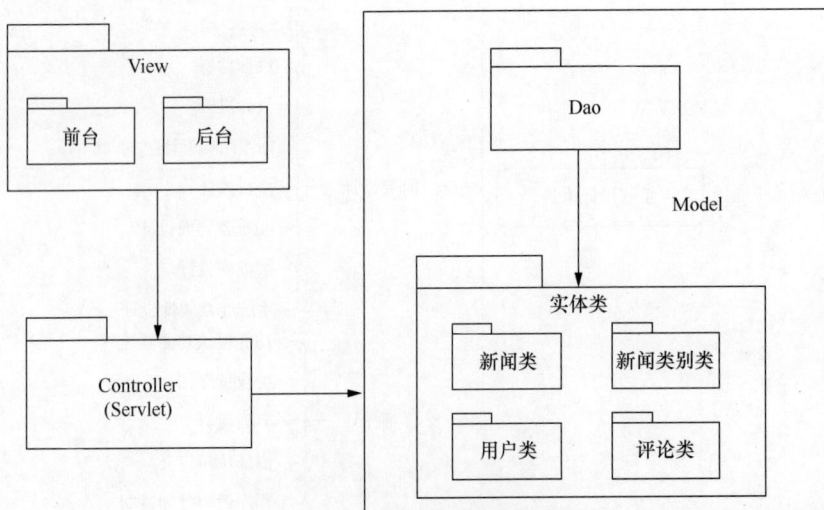

图1-19　新闻发布系统逻辑结构示意

在逻辑结构中，View 层包含的是用户界面，按照业务划分成两个包。页面上的数据通过 HTTP 请求传递给 Controller 层。Controller 层负责接收从用户界面传递过来的请求，进行界面数据的整合，并决定这个请求是否可以直接调用 Model 层以获取数据。Model 层主要包括实体对象和对实体对象进行操作的 Dao，Dao 负责与数据库打交道，负责数据的提取和存储，实体对象的结构与数据库的表结构基本一致。

2. 界面设计

新闻发布系统使用个人计算机（Personal Computer，PC），设计选用尺寸从 Web 角度考虑，通过梳理原型结构，明确新闻发布系统前台界面包括首页、新闻列表页、新闻详情页、新闻搜索页，新闻发布系统后台管理界面包括管理员登录页面、后台管理主页面、新闻管理与新闻类别管理页面等，使用界面原型设计工具构建页面结构，具体的页面布局、填充设计、交互设计等如下。

（1）新闻发布系统登录页面示例如图 1-20 所示。

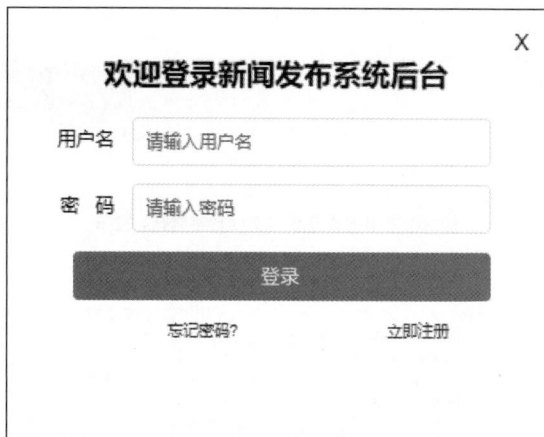

图 1-20 新闻发布系统登录页面示例

（2）新闻发布系统首页示例如图 1-21 所示。

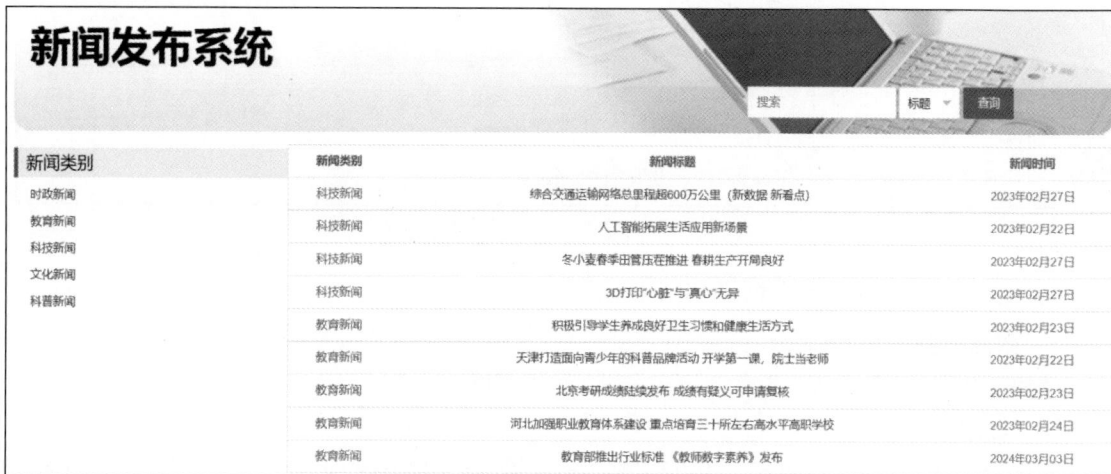

图 1-21 新闻发布系统首页示例

（3）新闻发布系统根据新闻类别显示新闻列表页示例如图 1-22 所示。

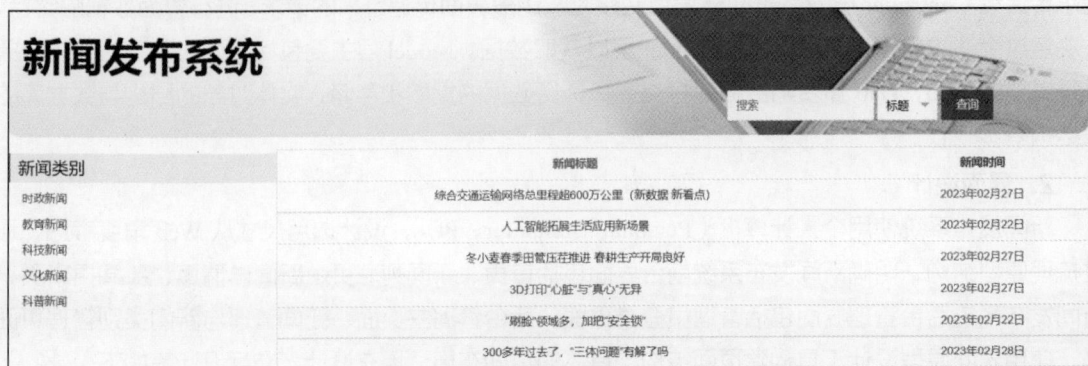

图 1-22　新闻发布系统新闻列表页示例

（4）新闻发布系统新闻详情页示例如图 1-23 所示。

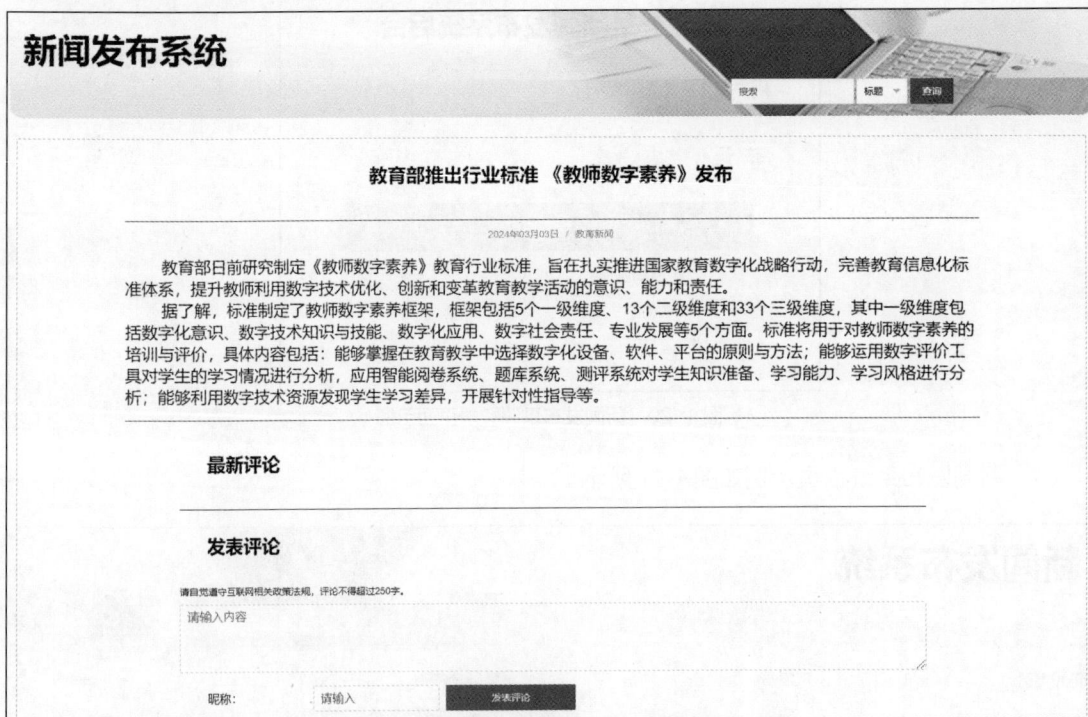

图 1-23　新闻发布系统新闻详情页示例

（5）新闻发布系统后台新闻管理页示例如图 1-24 所示。

3．数据库设计

根据新闻发布系统数据存储的实际需求进行数据库设计。

（1）数据库创建

采用 MySQL 数据库管理系统建立和维护新闻发布系统的数据库，在数据库设计过程中采用 UML 类图创建数据库对应数据表的结构，并创建数据库脚本文件 news.sql。

图 1-24　新闻发布系统后台新闻管理页示例

（2）数据库的命名规则

数据库名称中的字母全部大写，单词之间使用下画线分隔，如新闻发布系统后台数据库可命名为 NEWS。数据库表名称格式为 NRC_表义名（可以使用缩写），其中，表义名为字母大写的英文单词，单词之间以下画线分隔。

（3）数据库逻辑设计

NEWS 数据库共有 4 个数据表，分别是 NRC_NEWS、NRC_TYPE、NRC_REVIEW、NRC_USER。数据库逻辑图如图 1-25 所示。

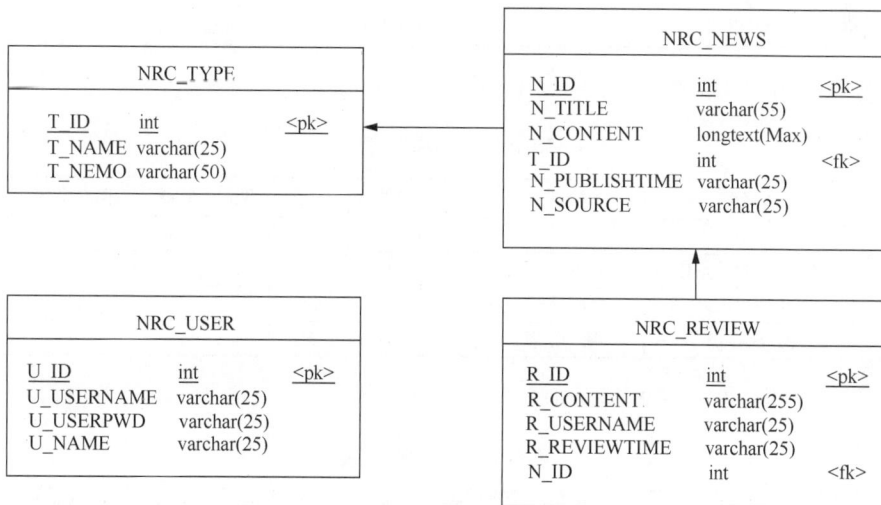

图 1-25　数据库逻辑图

（4）数据库物理设计

新闻发布系统包括的数据表如表 1-8 所示。

表 1-8　新闻发布系统数据表汇总

表名	功能说明
NRC_TYPE	新闻类别表，存储新闻类别的信息
NRC_NEWS	新闻表，存储新闻信息
NRC_USER	用户信息表，存储登录后台用户的信息
NRC_REVIEW	评论信息表，存储前台新闻详情页前台访问用户发表的评论信息

新闻类别表（NRC_TYPE 表）如表 1-9 所示。

表 1-9　新闻类别表

编号	主键	名称	描述	数据类型	长度	空	外键	自动递增	默认值
1	是	T_ID	类别编号	int	11	否	否	是	否
2	否	T_NAME	类别名称	varchar	25	否	否	否	否
3	否	T_MEMO	类别备注	varchar	50	否	否	否	否

新闻表（NRC_NEWS 表）如表 1-10 所示。

表 1-10　新闻表

编号	主键	名称	描述	数据类型	长度	空	外键	自动递增	默认值
1	是	N_ID	新闻编号	int	11	否	否	是	否
2	否	N_TITLE	新闻标题	varchar	55	否	否	否	否
3	否	N_CONTENT	新闻内容	longtext	500	否	否	否	否
4	否	T_ID	类别编号	int	11	否	是	否	否
5	否	N_PUBLISHTIME	新闻发布时间	varchar	25	否	否	否	否
6	否	N_SOURCE	新闻来源	varchar	25	否	否	否	否

用户信息表（NRC_USER 表）如表 1-11 所示。

表 1-11　用户信息表

编号	主键	名称	描述	数据类型	长度	空	外键	自动递增	默认值
1	是	U_ID	用户编号	int	11	否	否	是	否
2	否	U_USERNAME	登录用户名	varchar	25	否	否	否	否
3	否	U_USERPWD	登录密码	varchar	25	否	否	否	否
4	否	U_NAME	用户昵称	varchar	25	否	否	否	否

评论信息表（NRC_REVIEW 表）如表 1-12 所示。

表 1-12　评论信息表

编号	主键	名称	描述	数据类型	长度	空	外键	自动递增	默认值
1	是	R_ID	评论编号	int	11	否	否	是	否
2	否	R_CONTENT	评论内容	varchar	255	否	否	否	否
3	否	R_USERNAME	评论者昵称	varchar	25	否	否	否	否
4	否	R_REVIEWTIME	评论时间	varchar	25	否	否	否	否
5	否	N_ID	新闻编号	int	11	否	是	否	否

（5）安全性设计

新闻发布系统的安全性设计如下。

① 防止用户直接操作数据库。新闻发布系统的后台数据库应安装在指定服务器上，管理员只能通过登录客户端软件或新闻发布系统后台访问数据库数据。除上述方法外，不提供其他访问数据库数据的直接或间接途径。

② 用户账号密码的加密。存储在 NRC_USER 表中的密码字段（U_USERPWD）的值不能以明文显示，做适当的加密后再存入数据库。

4. 功能设计

以新闻管理功能为例，新闻管理功能包括新闻添加、新闻修改、新闻删除、新闻查询。

新闻管理功能类设计总图如图 1-26 所示。

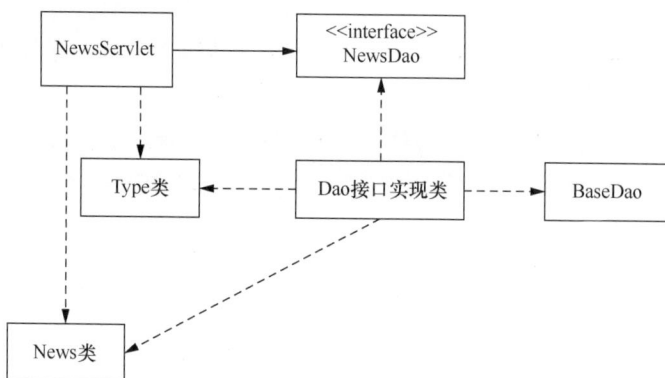

图 1-26　新闻管理功能类设计总图

新闻管理类图如图 1-27 所示。

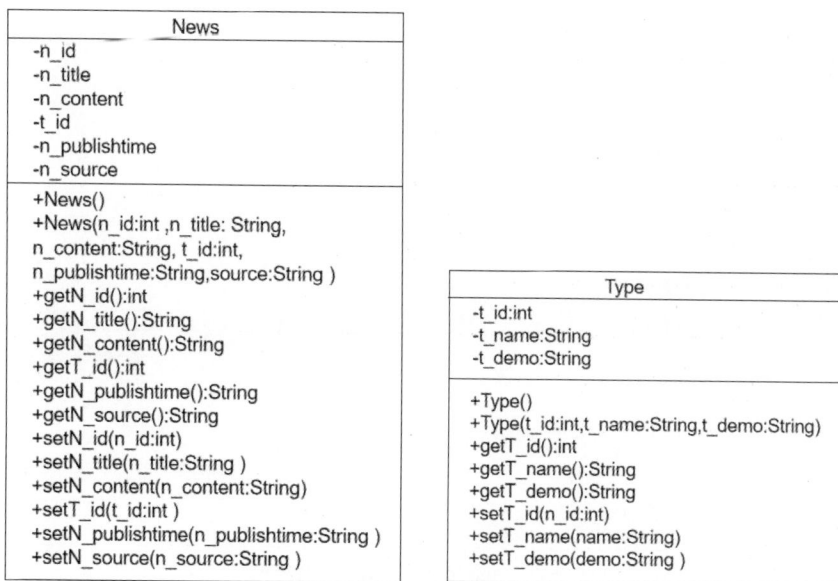

图 1-27　新闻管理类图

Java Web 开发技术项目式教程
（微课版）（AIGC 拓展版）

新闻管理接口图如图 1-28 所示。

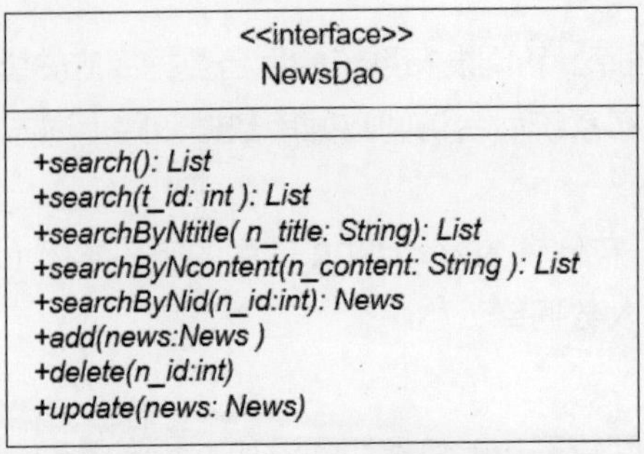

```
            <<interface>>
              NewsDao
─────────────────────────────────
+search(): List
+search(t_id: int ): List
+searchByNtitle( n_title: String): List
+searchByNcontent(n_content: String ): List
+searchByNid(n_id:int): News
+add(news:News )
+delete(n_id:int)
+update(news: News)
```

图 1-28　新闻管理接口图

5. 撰写系统设计报告

按照前面讲述的对系统设计报告的要求，结合新闻发布系统项目实际设计撰写文档，文档内容主要包括引言（编写目的、项目背景、相关定义和用户特点等）、概要设计（设计目标、设计决策、体系结构设计、数据库设计、主框架界面设计、系统非功能性设计等）、详细设计（新闻管理、新闻类别管理、用户管理、评论管理等）。新闻发布系统设计报告样例如图 1-29 所示。

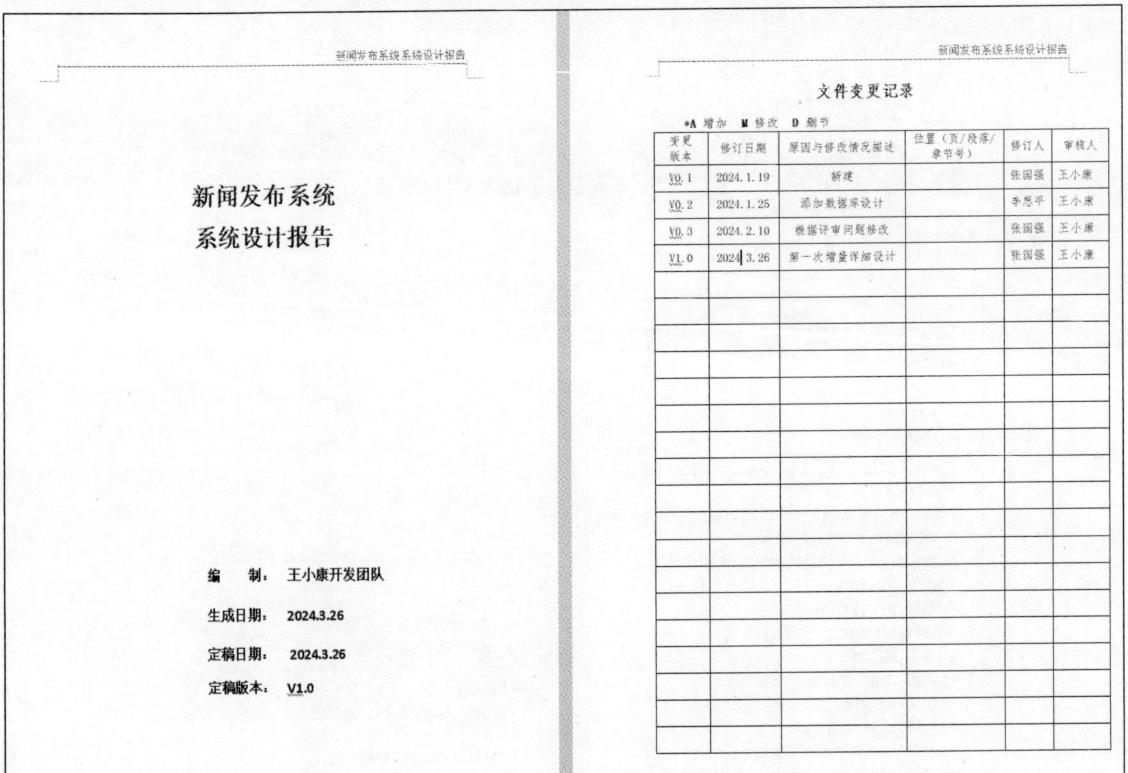

图 1-29　新闻发布系统设计报告样例

新闻发布系统系统设计报告

新闻发布系统系统设计报告

图 1-29　新闻发布系统设计报告样例（续）

【任务实训】完成新闻类别管理、评论管理功能的设计

任务要求：以新闻管理功能设计为例，完成新闻类别管理和评论管理功能的设计，包括类、类图、接口等的设计。

单元评价

1. 团队自评

根据团队成员分工，由项目经理根据需求分析要求、系统设计要求与文档规范，对团队完成的需求分析、系统设计，以及撰写的需求分析说明书和系统设计报告进行自评，自评并改进后提交需求分析说明书和系统设计报告，并填写自评记录。

2. 任务评审

团队展示需求分析说明书与系统设计报告，汇报任务完成过程，由开发部门主管、测试部门主管等共同完成考核评价。

完成内部评审后，向业务主管部门提交评审申请，由用户代表、开发部门主管、技术总监组成评审团队，针对需求分析中的需求描述与系统功能架构，系统设计中的体系结构设计、逻辑结构设计、功能模块设计、界面设计、数据库设计，以及技术点的实现难度和设计的合理性、完整

性实施任务评审，根据评审结果决定是否进入下一阶段，对于不符合要求的内容，需要重新进行系统设计。

3. 任务复盘

任务结束后，王小康带领团队成员召开项目总结会议，总结通过任务实施掌握了哪些理论知识与技能。汇总如下。

① 软件开发流程的 6 个阶段分别为需求分析、系统设计（包括概要设计和详细设计）、软件开发（编程）、软件测试、软件交付、软件验收。

② 需求分析阶段获取用户需求的方法包括用户访谈、市场调研与问卷调查，其中，为保证完整、清晰且全面获取用户需求，可多次进行用户访谈、多次确认用户需求。

③ 需求分析方法包括结构化分析方法和面向对象的分析方法，本任务采用了面向对象的分析方法。

④ 需求分析阶段需要明确的是功能性需求、非功能性需求与设计约束。具体包括功能需求（做什么）、性能需求（要达到什么指标）、环境需求（如机型、操作系统、软件运行所需的内存、CPU等）、可靠性需求（发生故障的概率）、安全保密需求、用户界面需求、软件成本控制、开发进度需求、系统达成的目标等。

⑤ 软件系统设计的概念，即从软件需求说明书出发，根据需求分析阶段确定的功能设计软件系统的整体结构、划分功能模块以及确定每个模块的实现算法，形成软件的具体设计方案。从技术上看，软件系统设计包括软件体系结构设计、界面设计、数据设计、接口设计与过程设计。

⑥ 软件系统设计通常分为概要设计和详细设计两个阶段。

⑦ 软件系统设计通用原则是系统分解和模块设计的基本标准，应用这些原则可以使代码更加灵活、更易于维护和扩展。软件设计通用原则包括抽象性，模块化及模块独立性，高内聚、低耦合，以及信息隐蔽性。

⑧ 界面原型设计步骤包括梳理原型结构、明确原型尺寸、建立页面结构、明确页面布局、绘制线框草图、填充设计、样式与交互设计。

⑨ 数据库设计包括概念结构设计、逻辑结构设计和物理结构设计三大步骤。

⑩ 数据库设计规范包括遵循行业规范与命名原则。

同时，项目需求分析与系统设计阶段总结会议对每一位团队成员在任务完成过程中遇到的问题进行概括，团队成员将具有代表性的问题和解决方案进行说明，团队中的新手发言，阐述个人成长及感悟。

单元小结

通过本任务的实践，王小康及团队成员熟悉了软件开发的流程，了解了需求获取方法与需求分析方法，熟悉了软件系统设计的基本概念，了解了系统设计的两个阶段及主要任务，熟悉了软件系统设计通用原则、界面原型设计步骤以及数据库设计步骤与规范，完成了新闻发布系统需求分析与系统设计的任务并撰写了需求分析说明书与系统设计报告，团队成员的理解能力、分析能力、设计能力、沟通交流能力以及团队协作能力都得到了提升。

② ✉ **来自软件工程师的声音**

能力与素质过硬、用户至上

企业实际开发团队包含系统设计师。系统设计师首先需要具备一定的工程能力；其次是要有良好的业务理解能力，对业务的理解、分析及处理方式决定了系统设计师的水平；第三，在完成项目需求分析之后，系统设计师对业务要有自己的理解，从系统设计师的角度对项目进行正向引导，帮助项目顺利落地。

系统设计阶段包括体系结构设计、界面设计、数据库设计、功能设计等内容，其中，良好的数据库设计与开发习惯是一名优秀系统设计师必备的基本素质。数据库设计必须遵循一定的规范，良好的数据库设计能够保证数据的准确性、一致性、完整性、安全性、减少数据冗余、方便进行数据库应用系统的开发，以及提高系统的使用性能。作为一名系统设计师，很多时候会面临紧急的项目，要做到"急用户之所急、想用户之所想"，帮用户"啃掉硬骨头"，只有通过项目解决用户燃眉之急的团队才能够被"口口相传"，打造良好口碑。

单元拓展　黄河云之旅网站需求分析与系统设计

黄河哺育了一代又一代的华夏儿女，是中国的母亲河。为了表达对黄河的热爱，更好地宣传黄河流域的旅游景点与诗词文化，王小康带领团队主动对接文化旅游部门，以公益项目的形式设计开发黄河云之旅网站。

在需求分析阶段，采用用户需求获取方法，面向大众收集需求，明确旅游网站面向的用户群体，梳理系统总体架构，明确前端展示需求与后台管理需求，以及旅游网站的非功能性需求与设计约束。黄河云之旅网站将旅游分为红色游、精品游、自驾游、诗词游等类别，前端展示旅游景点信息，后端管理旅游信息和用户信息。

在系统设计阶段，开发团队对旅游网站进行体系结构设计、数据库设计、界面设计和功能设计，明确 B/S 架构、访问量、数据存储技术和系统开发技术，针对红色游、精品游、自驾游、诗词游等类别，进行数据库设计，主要的数据表有旅游景点数据表、诗词表、旅游类别表、省份数据表、用户表等。

黄河云之旅网站包括网站首页（包括图片轮播图、导航栏、登录按钮、搜索框）、旅游景点列表页、旅游景点搜索结果页、管理员登录页、后台管理主页、旅游景点管理页、旅游景点类别管理页等。

AI 技能拓展　AI 助力软件开发从需求到设计实现智能升级

随着人工智能技术的飞速发展，AI 工具在医疗、交通、教育、制造等众多领域得到了广泛应用。在软件开发过程中，借助 AI 工具能够精准挖掘需求细节、智能规划系统架构、高效编写代码，并且全面细致地进行软件测试，极大提升了软件开发效率。

1. 需求分析阶段

通过智能语音识别与文本分析工具，开发团队可以便捷地与用户进行沟通，将用户访谈、市场调研中的语音或文本信息实时转换为结构化数据，并进行关键信息的提炼。例如，自动提取关键词、关键句、归纳主题，帮助需求分析师快速把握核心需求，避免遗漏重要信息。基于知识图谱技术，AI 可以构建不同需求之间的关联网络，清晰展现功能模块、业务流程，以及用户角色之间的交互关系，如果需求发生变更，能迅速分析相关影响范围，辅助决策变更的可行性与优先级。

2. 系统设计阶段

AI 根据需求分析说明书，可以辅助综合考量系统性能、可扩展性、成本等多方面因素，从海量的架构库中筛选出适配的架构方案。例如，针对高并发的电商系统，推荐微服务架构等。在数据库设计环节，AI 通过分析数据关系、读写频率等指标，自动优化表结构设计，推荐合适的索引策略，提升数据查询与存储效率。例如，识别频繁关联查询的字段，可以建立合理的联合索引，减少查询耗时。借助可视化 AI 工具，能够将系统设计图从草图阶段自动细化，规范图形布局、统一符号标准，甚至根据设计规则自动补充一些细节组件。

思考与练习

一、填空题

1. 软件开发的基本流程包括_____、_____、_____、_____、_____、_____。

2. 需求获取方法包括_____、_____、_____。

3. 需求分析方法包括_____、_____。

4. UML 的建模机制包括_____和_____。

5. 从技术上看，软件系统设计包括_____、_____、_____、_____。

6. 软件系统设计通常分为_____和_____两个阶段。

7. 系统设计通用原则包括_____、_____、_____、_____。

8. 数据库设计包括_____、_____和_____三大步骤。

二、选择题

1. 软件需求分析的主要任务是准确定义所开发的软件系统（　　　）。

  A. 如何做　　　　　B. 怎么做　　　　　C. 做什么　　　　　D. 对谁做

2. 需求分析的最终结果是形成（　　　）。

  A. 项目开发计划　　B. 需求分析说明书　　C. 设计说明书　　D. 可行性分析报告

三、简答题

1. 什么是需求分析？需求分析的任务是什么？

2. 简述需求分析说明书的作用。

3. 简述 UML 建模对需求分析的作用。

4. 简述数据库设计规范。

5. 简述需求分析师和系统设计师应具备的技能与素养。

工作单元2
新闻发布系统
——搭建开发环境

02

【任务背景】

"工欲善其事，必先利其器"，要高效完成新闻发布系统项目的开发，需要先安装好项目开发所需的软件工具，搭建好项目开发所需的开发环境。本工作单元的主要任务包括安装 JDK 与 Tomcat、安装与使用 IDEA、安装与配置 MySQL，为顺利完成新闻发布系统项目开发任务打好基础。

【学习目标】

- **知识目标**
  - ✓ 掌握 JDK 的安装方法
  - ✓ 掌握 Tomcat 的安装与配置方法
  - ✓ 掌握 IDEA 的安装方法
  - ✓ 掌握 Web 开发相关知识
  - ✓ 掌握 MySQL 的安装与配置方法
- **能力目标**
  - ✓ 具备独立搭建 Java 开发环境的能力
  - ✓ 具备安装 Tomcat 并进行配置与测试的能力
  - ✓ 具备安装和配置 IDEA 的能力
  - ✓ 具备应用 IDEA 开发 Web 项目的能力
  - ✓ 具备安装与配置 MySQL 的能力
  - ✓ 具备 IDEA 环境下安装 AI 工具的能力
- **素养目标**
  - ✓ 培养开发应用程序的兴趣
  - ✓ 具备细致、严谨的工作态度
  - ✓ 具备社会责任感
  - ✓ 具备主动学习的能力
  - ✓ 具备解决问题的能力

任务 2.1 安装 JDK 与 Tomcat

【任务描述】

软件工程师王小康带领项目团队对项目所使用的开发环境和开发工具版本进行充分的调研，确定安装和部署目前企业常用的开发环境——JDK 和 Tomcat，本任务完成 JDK 和 Tomcat 的下载、安装和环境测试。

【知识准备】

2.1.1 Web 开发概述

2-1 Web 应用
介绍

Web 开发是指使用各种技术和编程语言创建和维护用于互联网的应用程序和网站的过程，涵盖从简单的静态页面到复杂的动态网站和 Web 应用程序的开发。

1. Web 的概念

Web 的本意是蜘蛛网和网，在网页设计中称为网页。Web 出现于 1989 年 3 月，由欧洲粒子物理研究所的科学家发明。

Web 是一个分布式超媒体信息系统，它将大量的信息分布在网上。目的就是为人们提供更多的多媒体网络信息服务。从技术层面上看，Web 技术的核心有 3 点：超文本传输协议（HyperText Transfer Protocol，HTTP），用于实现网络的信息传输；统一资源定位符（Uniform Resource Locator，URL），用于实现互联网信息定位的统一标识，如 http://www.xxx.com 中的"www.xxx.com"；超文本标记语言（HyperText Markup Language，HTML），用于实现信息的表示与存储。

2. HTTP

HTTP 是专门为 Web 设计的应用层协议。在 Web 应用中，服务器把网页传给浏览器实际上就是把网页的 HTML 代码发送给浏览器，让浏览器显示出来。而浏览器和服务器之间的传输协议就是 HTTP，即 HTTP 是 Web 浏览器与 Web 服务器之间一问一答交互过程必须遵循的规则。

HTTP 是网络协议其中的应用层协议，用于定义 Web 浏览器与 Web 服务器之间交换数据的过程以及数据本身的格式。HTTP 的版本有 HTTP1.0、HTTP1.1、HTTP-NG。深入理解 HTTP 有利于管理和维护复杂的 Web 站点、开发具有特殊用途的 Web 服务器程序。

3. Web 开发技术

与 Web 客户端技术从静态向动态的演进过程类似，Web 服务器端的开发技术也是由静态向动态逐渐发展、完善起来的，其技术在不断变化。最早的 Web 服务器简单地响应浏览器发来的 HTTP 请求，并将存储在服务器上的 HTML 文件返回给浏览器。

第一种真正使服务器能根据运行时的具体情况动态生成 HTML 页面的技术是通用网关接口（Common Gateway Interface，CGI）技术。CGI 技术允许服务器端的应用程序根据客户端的请求，动态生成 HTML 页面，这使客户端和服务器端的动态信息交换成为可能。早期的 CGI 程序大多是编译后的可执行程序，其可以用 C、C++、Pascal 等任何通用的程序设计语言编写。为了简化 CGI 程序的修改、编译和发布过程，人们开始尝试用脚本语言实现 CGI 应用。

1998 年，Java 服务器页面（Java Server Pages，JSP）技术诞生，JSP 使用的脚本语言是 Java。使用 JSP 开发服务器端的动态网页具有很多优势，因此 JSP 成为主流的 Web 服务器端开发技术。

随后，可扩展标记语言（Extensible Markup Language，XML）及相关技术成为主流。XML 对信息的格式和表达方法做了最大限度的规范，应用软件可以按照统一的标准处理所有 XML 信息。这样一来，信息在整个 Web 应用里的共享和交换就有了技术上的保障。HTML 关心的是信息的表现形式，而 XML 关心的是信息本身的格式和数据内容。

2.1.2　C/S 与 B/S 体系结构

目前，在应用开发领域主要有两种应用程序体系结构，一种是 C/S 体系结构，另一种是 B/S 体系结构。下面对这两种体系结构进行介绍。

2-2 C/S 与 B/S
体系结构

1. C/S 体系结构

C/S 体系结构把数据库内容放在远程服务器上，在客户机上安装相应软件。C/S 体系结构一般采用两层结构：前端是客户机，即用户界面结合了表示与业务逻辑，接收用户的请求，并向数据库服务发出请求，通常是 PC；后端是服务器，即数据管理将数据提交给客户端，客户端对数据进行处理并将结果呈现给用户。

C/S 体系结构具有强大的数据操作和事务处理能力，模型思路简单、易于理解。随着企业规模的日益扩大，软件的复杂程度不断提高，传统的二层 C/S 体系结构存在诸多局限，因此，三层 C/S 体系结构应运而生，如图 2-1 所示。在三层 C/S 体系结构中增加了一个应用服务器，可以将整个应用逻辑驻留在应用服务器上，而只有表示层存在于客户机上。这种结构被称为"瘦客户机"。三层 C/S 体系结构将应用功能分成表示层、功能层和数据层。

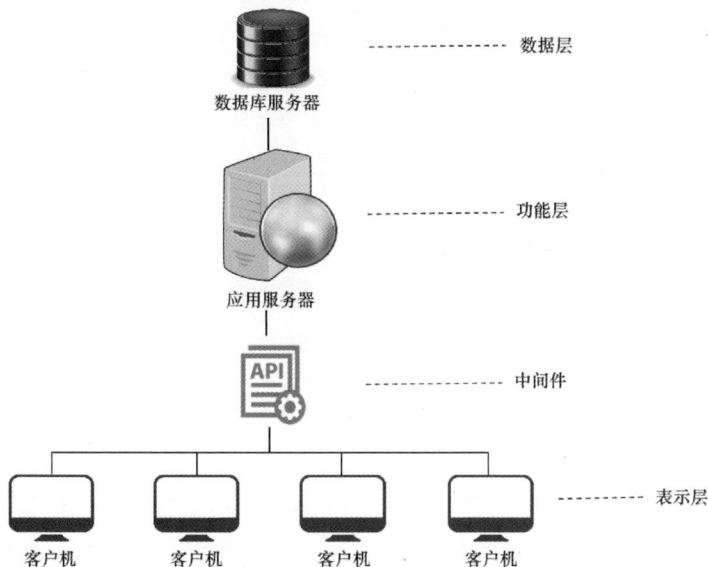

图 2-1　三层 C/S 体系结构

表示层是应用的用户接口部分，负责用户与应用间的对话，用于检查用户从键盘等输入的数据，显示应用输出的数据。功能层相当于应用的本体，负责将具体的业务处理逻辑编入程序中。数据层就是数据库管理系统，负责管理数据库数据的读写。在三层 C/S 体系结构中，中间件是最重要的构件：用户 API 定义的软件层是具有强大通信能力和良好可扩展性的分布式软件管理框架。其功能是在客户机和服务器或服务器和服务器之间传送数据，实现客户机群和服务器群之间的通信。

2. B/S 体系结构

B/S 体系结构就是只安装、维护一个服务器，而客户端采用浏览器运行软件是随着 Internet 技术的兴起，对 C/S 体系结构的一种改进。基于 Web 的动态网站开发技术（如 JSP）开发的应用程序采用的都是 B/S 体系结构。B/S 体系结构主要利用了不断成熟的 WWW 浏览器技术，结合多种脚本语言和 ActiveX 技术，是一种新的软件系统构造技术。B/S 体系结构如图 2-2 所示。

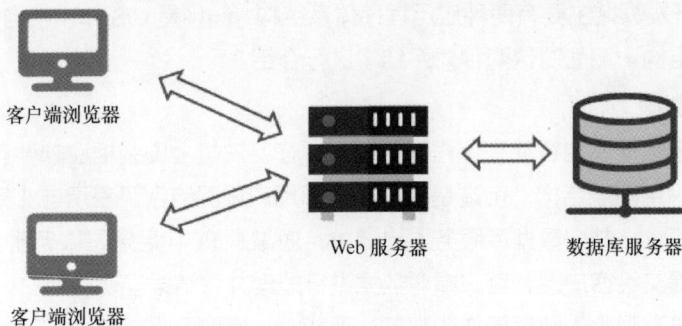

图 2-2　B/S 体系结构

B/S 体系结构是一种基于浏览器和服务器的软件架构模式。它将整个应用系统分为 3 个层次，分别是表示层、业务逻辑层和数据访问层。这种架构模式主要用于 Web 应用程序的开发，使得系统具有更好的可扩展性、可维护性和安全性。

表示层是最外层，直接与用户交互。它主要通过浏览器来实现，用户在浏览器中输入网址访问 Web 应用程序，浏览器向服务器发送请求，并接收服务器返回的结果进行显示。例如，用户在网页浏览器中看到的登录页面、操作菜单、数据表格等都是表示层的内容。

业务逻辑层位于表示层和数据访问层之间，是整个系统的核心部分。它接收表示层传来的用户请求，根据业务规则和流程进行处理。该层还负责数据的传递和转换，将从数据访问层获取的数据进行加工处理，使其符合表示层的展示需求。同时，它也会将表示层传来的用户数据进行合法性检查等操作，确保数据的准确性和完整性。

数据访问层主要负责与数据库或其他数据存储系统进行交互。它实现了对数据的增、删、改、查操作。例如，在一个企业资源计划（Enterprise Resource Planning，ERP）系统中，数据访问层会从数据库中读取员工信息、产品信息、财务数据等，并将业务逻辑层需要的数据提供给数据访问层。

2.1.3　JDK 简介

Java 开发工具包（Java Development Kit，JDK）包含 Java 编译器、Java 虚拟机（Java Virtual Machine，JVM）、Java 运行时环境（Java Runtime Environment，JRE）以及其他开发工具和应用程序。JDK 是使用 Java 进行软件开发和运行 Java

2-3　JDK 介绍

应用程序的必备工具，因此它是 Java 开发的核心。

1991 年，Sun 公司（现已被甲骨文公司收购）发布了 Java，发布初期并没有提供 JDK，只有一个基本的 Java 解释器。随着时间的推移，Sun 公司开始提供 JDK，并不断完善它的功能。

JDK 主要由以下几部分组成。

1. JVM

JVM 是 JDK 的核心组件之一，它是 Java 应用程序的运行环境。JVM 可以在不同的硬件和操作系统平台上运行，这使得 Java 应用程序具有良好的跨平台性。当 Java 字节码被 JVM 加载时，它会被转换为与特定硬件和操作系统相关的机器码并执行。

2. JRE

JRE 是一个包含许多预先编写好的 Java 类和接口的集合，它为 Java 应用程序提供了丰富的功能和工具。类库覆盖了许多领域，如输入输出、网络编程、数据结构、并发编程等。

3. Java 编译器（Javac）

Java 编译器是 JDK 中的另一个重要组件，它用于将 Java 源代码编译成可执行的 Java 字节码，即生成.class 文件，这些文件可以在任何支持 JVM 的平台上执行。

4. Java 调试器（Debugger）

Java 调试器是 JDK 中用于调试 Java 应用程序的工具。它支持在运行时检查和修改变量的值、设置断点、单步执行代码等操作。调试器可以用于诊断和解决程序中的错误和异常。

5. Java 文档生成器（Javadoc）

Java 文档生成器用于生成 Java 应用程序的 API 文档（从 Java 源代码中的注释生成），该文档是 HTML 格式的，描述了 Java 类、接口、方法和常量等，并提供浏览和搜索功能。

2.1.4 Tomcat 简介

Tomcat 是一个流行的 Java Servlet 容器，由 Apache 软件基金会下属的 Tomcat 项目组开发和维护。Tomcat 是一个开源软件，完全免费，可以运行在各种操作系统上，如 Windows、Linux、macOS 等。作为一个成熟的 Web 服务器，Tomcat 已经成为许多企业和开发者首选的 Java Web 应用开发平台。

2-4　Tomcat
简介

1. Tomcat 的发展

Tomcat 的最初版本是由 Sun 公司于 1999 年发布的。Sun 公司希望建立一个轻量级、易于使用、独立于操作系统的 Servlet 容器，以便更好地推广 Java Servlet 技术。

随着 Java Servlet 和 JSP 技术的发展，Tomcat 逐渐成为 Java Web 应用开发事实上的标准。为了确保 Tomcat 的持续发展，Sun 公司将 Tomcat 的开发和维护工作交给了 Apache 软件基金会，Apache 软件基金会将其更名为"Apache Tomcat"。

2. Tomcat 的主要特性

Tomcat 的主要特性如下。

（1）支持 Servlet 和 JSP 规范：Tomcat 支持 Java Servlet 4.0 和 JSP 2.3 规范，兼容大多数 Java Web 应用。

（2）轻量级：Tomcat 的体积小，内存占用少，对系统资源的需求较少，适用于各种规模的 Java Web 应用。

（3）易用性：Tomcat 提供了简单的管理界面，用户可以方便地对 Java Web 应用进行配置和管理。

（4）跨平台性：Tomcat 可以在多种操作系统上运行，如 Windows、Linux、mac OS 等。

（5）支持多种 Web 服务器：Tomcat 可以与 Nginx、Apache 等 Web 服务器配合使用，提供高性能的 Web 服务。

（6）支持多种编程语言：除了 Java，Tomcat 还支持其他编程语言，如 Scala、Groovy 等。

截至本书编写时，Tomcat 最新版本为 10，企业中常用的版本通常是 Tomcat 8 和 Tomcat 9。虽然 Tomcat 10 已经发布，但在许多企业和应用中，Tomcat 8 和 Tomcat 9 仍然被广泛使用，因为这两个版本已经经过了长时间的实际测试和优化，具有很好的稳定性和性能表现。此外，许多现有的 Java Web 应用和框架也是基于 Tomcat 8 和 Tomcat 9 进行开发的，这也使得这两个版本在企业中得到广泛应用。

【任务实施】

1. 安装 JDK

（1）在 Oracle 官网下载 Windows 系统的 JDK 8 安装包，注意选择适合自己操作系统的安装包，如图 2-3 所示。

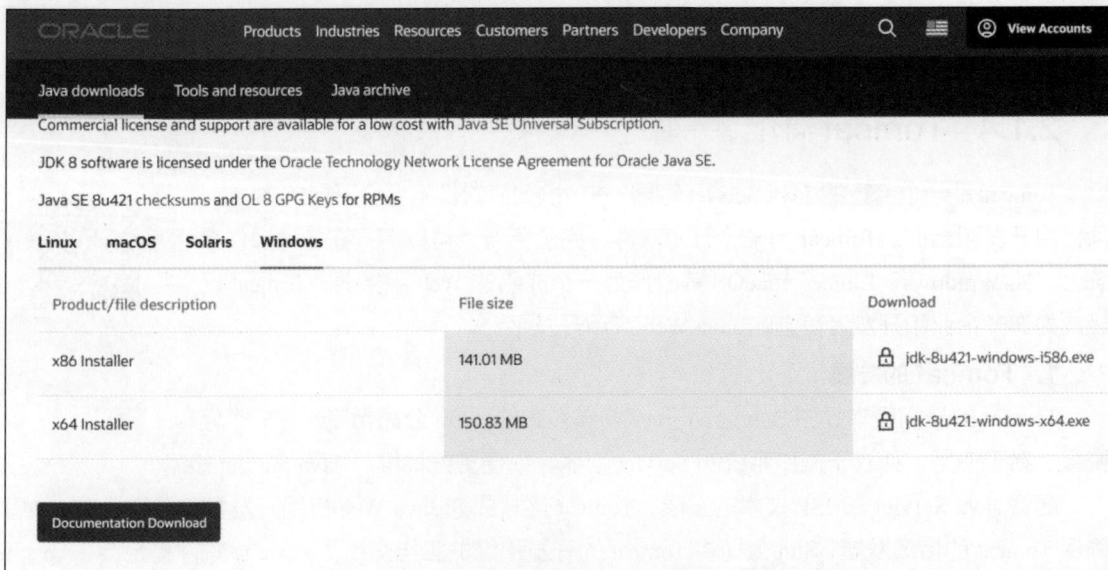

图 2-3　下载 JDK 8 安装包

（2）下载好安装包后，直接双击安装包，进入安装界面，如图 2-4 所示。

（3）单击"下一步"按钮，进入设置安装路径的界面，如图 2-5 所示。单击"更改"按钮，可以修改安装路径。单击"下一步"按钮，安装 JDK。

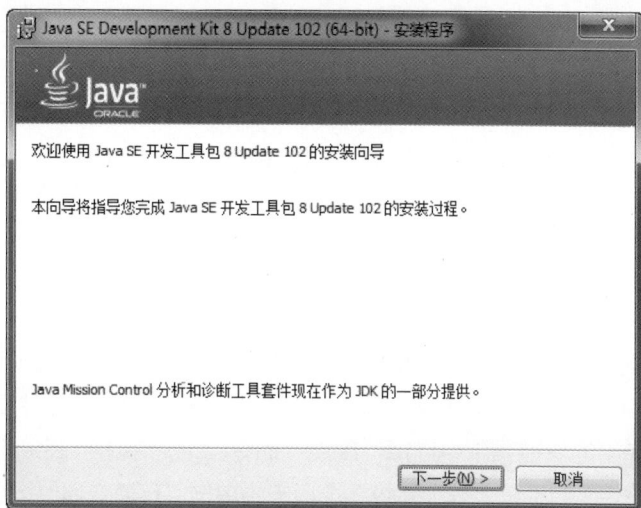

图 2-4　安装界面

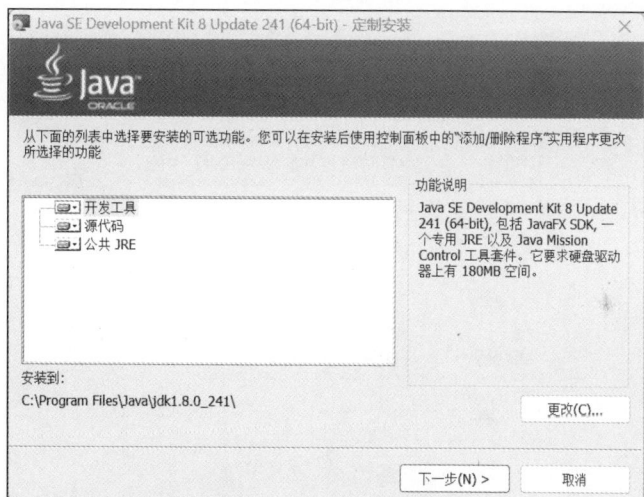

图 2-5　设置安装路径

（4）JDK 安装完成后会弹出 JRE 安装窗口（注意，此处需要修改 JRE 安装路径和 JDK 在同一级目录下，而不是安装在 JDK 下一级目录），单击"下一步"按钮进行安装，如图 2-6 所示。

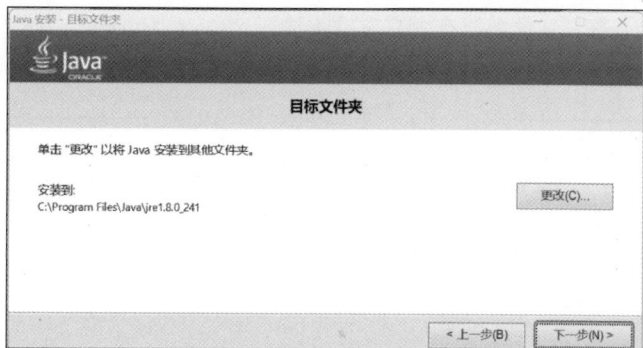

图 2-6　JRE 安装窗口

（5）继续单击"下一步"按钮，直到安装完成。

> **小提示** 从 JDK 9 开始，JRE 随 JDK 自动安装，不再需要单独安装。例如，当使用 MSI 可执行安装包安装 JDK 17 时，不会出现安装 JRE 的提示，因为 JDK 17 既包含开发 Java 应用程序所需的组件，又包含 JRE。这意味着，在安装完 JDK 17 后，就已经拥有了完整的 Java 开发和运行环境，无须再单独安装 JRE。

2-5 配置 JDK 环境变量

2. 配置 JDK 环境变量

安装完 JDK 后，配置 JDK 环境变量可以实现在任意目录下运行 JDK 相关命令。

（1）配置 JDK 环境变量之前，找到 JDK 的安装路径并复制。右击"此电脑"，在弹出的快捷菜单中选择"属性"命令，然后单击"高级系统设置"，打开"系统属性"对话框。在"高级"选项卡中单击"环境变量"按钮，打开"环境变量"对话框，如图 2-7 所示。

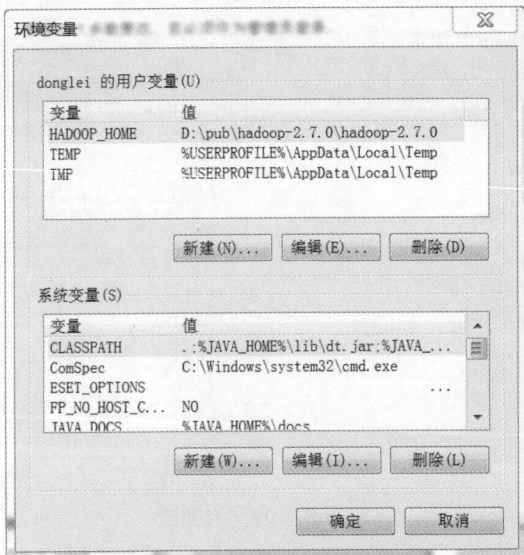

图 2-7 "环境变量"对话框

（2）单击"环境变量"对话框中"系统变量"区域下方的"新建"按钮，打开"编辑用户变量"对话框，如图 2-8 所示，在"变量名"右侧文本框中输入"JAVA_HOME"，在"变量值"右侧文本框中输入 JDK 的安装路径（如 C:\Program Files\Java\jdk1.8.0_241），单击"确定"按钮关闭对话框。

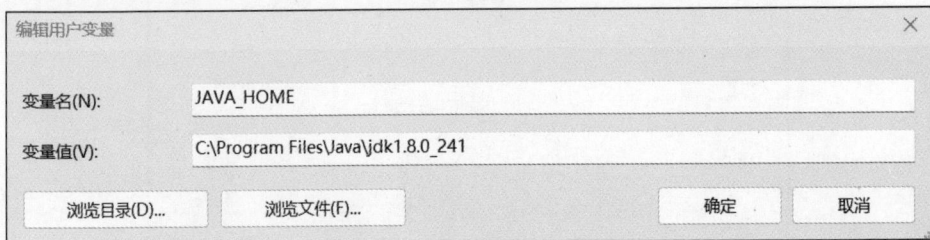

图 2-8 "编辑用户变量"对话框

（3）在"环境变量"对话框的"系统变量"区域找到并单击"Path"变量，单击"编辑"按钮，然后单击"新建"按钮，添加%JAVA_HOME%\bin 到变量值中。最后单击"确定"按钮保存所做的更改，如图 2-9 所示。

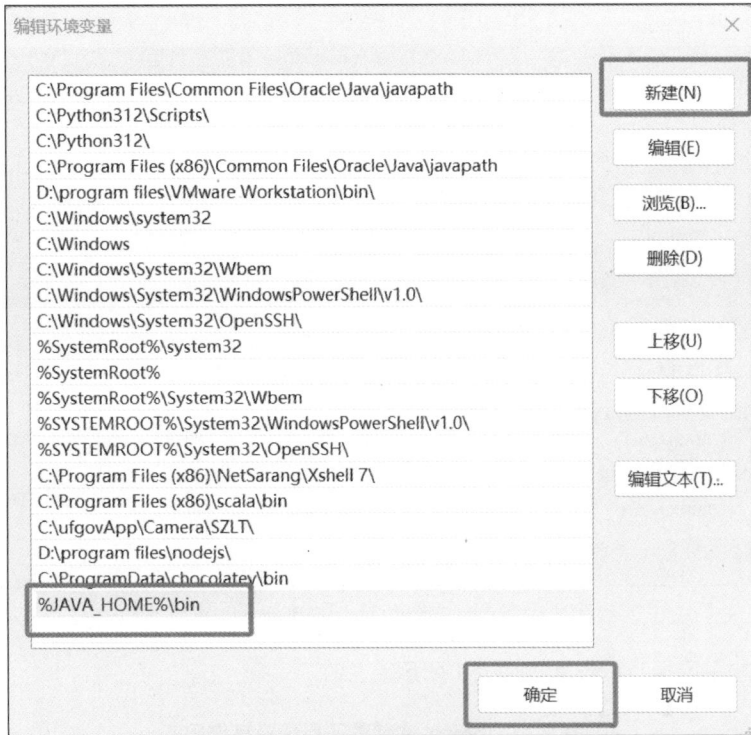

图 2-9　添加变量值

（4）打开命令提示符窗口，输入"java –version"命令并执行，测试 JDK 安装结果。如果显示版本号，则说明 JDK 安装成功，如图 2-10 所示。

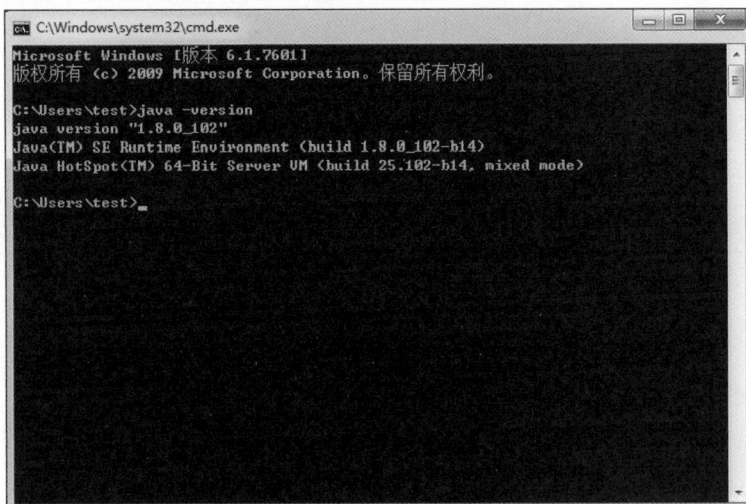

图 2-10　JDK 安装成功

3. 安装 Tomcat

下载 Tomcat 安装包，Tomcat 安装包是 ZIP 格式的压缩包，下载后直接解压即可使用。解压后 Tomcat 的目录如图 2-11 所示。

名称	修改日期	类型	大小
bin	2024-08-09 15:04	文件夹	
conf	2024-08-09 15:04	文件夹	
lib	2024-08-09 15:04	文件夹	
logs	2024-08-02 21:25	文件夹	
temp	2024-08-09 15:04	文件夹	
webapps	2024-08-09 15:05	文件夹	
work	2024-08-02 21:25	文件夹	
BUILDING.txt	2024-08-09 15:04	文本文档	22 KB
CONTRIBUTING.md	2024-08-09 15:04	Markdown 源文件	7 KB
LICENSE	2024-08-09 15:04	文件	57 KB
NOTICE	2024-08-09 15:04	文件	3 KB
README.md	2024-08-09 15:04	Markdown 源文件	4 KB
RELEASE-NOTES	2024-08-09 15:04	文件	7 KB
RUNNING.txt	2024-08-09 15:04	文本文档	17 KB

图 2-11　Tomcat 的目录

2-6　Tomcat 安装与启动

Tomcat 主要的子目录及其作用如表 2-1 所示。

表 2-1　Tomcat 主要的子目录及其作用

目录	作用
/bin	存放启动和关闭 Tomcat 的脚本文件
/conf	存放 Tomcat 服务器的各种配置文件及相关的文档类型定义（Document Type Definition，DTD）
/lib	存放 Tomcat 服务器运行所需的各种 JAR 文件
/logs	存放 Tomcat 的日志文件
/temp	存放 Tomcat 运行时产生的临时文件
/webapps	当发布 Web 应用程序时，通常把 Web 应用程序的目录及文件放到这个目录下
/work	存放 JSP 生成的 Servlet 源文件和字节码文件

4. 启动 Tomcat 并测试

Tomcat 安装完成后，启动 Tomcat 并测试启动成功与否。

（1）启动 Tomcat。

bin 子目录中有一些批处理文件（扩展名为.bat 的文件），其中，startup.bat 是启动 Tomcat 的脚本文件，shutdown.bat 是关闭 Tomcat 的脚本文件。双击 startup.bat 文件即可启动 Tomcat，启动信息如图 2-12 所示。

2-7　Tomcat 问题诊断

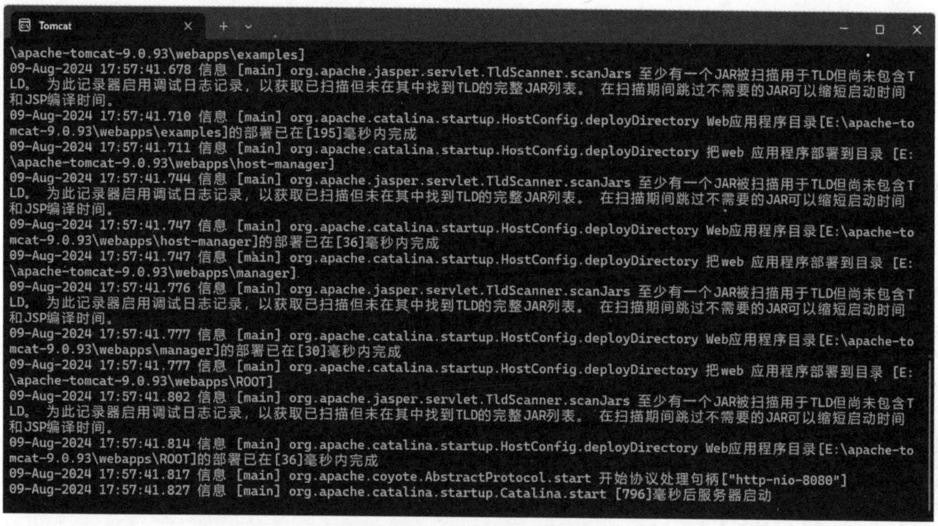

图 2-12　Tomcat 启动信息

小提示　如果 Tomcat 启动信息中有中文乱码，则可以修改 conf 子目录中的 logging.properties 文件，将文件中 java.util.logging.ConsoleHandler.encoding = UTF-8 这行代码的 UTF-8 改为 GBK，修改后这一行代码为 java.util.logging.ConsoleHandler.encoding = GBK。保存修改，重新启动 Tomcat，启动信息中的中文即正常显示。

如果 Tomcat 启动后闪退，请检查 JDK 环境变量的配置。

（2）测试 Tomcat 是否成功启动。

启动 Tomcat 后，打开浏览器，在地址栏中输入 localhost:8080，如果能访问 Tomcat 首页，如图 2-13 所示，则说明 Tomcat 启动成功，可以正常使用。

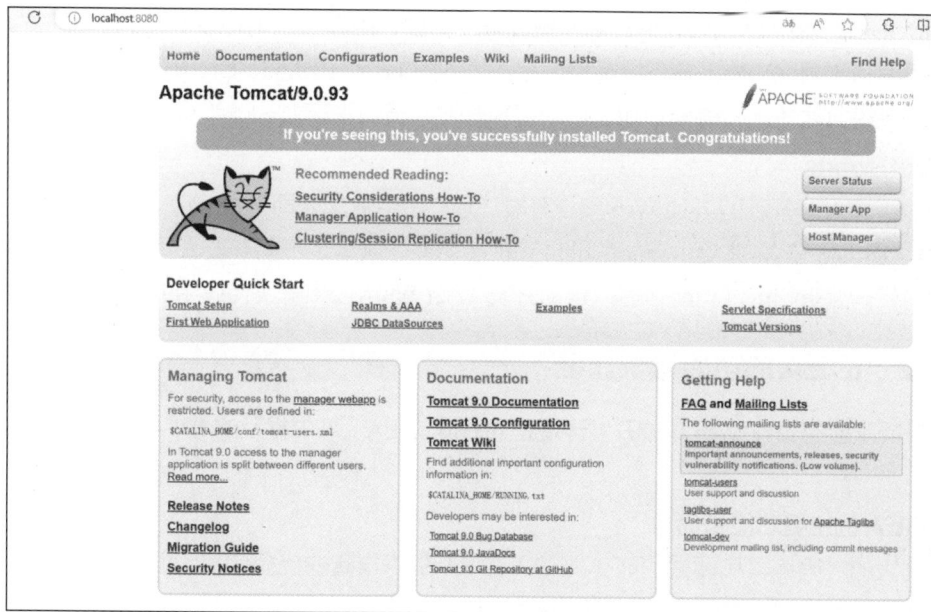

图 2-13　访问 Tomcat 首页

【任务实训】完成 JDK 和 Tomcat 的下载、安装与测试

请在 PC 上完成 JDK 和 Tomcat 的下载、安装与测试。

任务 2.2　安装与使用 IDEA

【任务描述】

为了提高开发效率，项目团队计划安装目前广受欢迎、功能强大的集成开发环境 IntelliJ IDEA。本任务需要完成 IntelliJ IDEA 的下载、安装，并新建一个 Java Web 项目。

【知识准备】

2.2.1　集成开发工具

Java Web 集成开发环境（Integrated Development Environment，IDE）是指用于开发 Java Web 应用程序的软件工具集。这些工具通常包括代码编辑器、编译器、调试器、图形用户界面设计工具、数据库访问工具等，可以帮助开发人员更快、更高效地开发 Java Web 应用程序。下面介绍几个流行的 Java Web 集成开发环境。

1. Eclipse

Eclipse 是一个开源的 Java Web 集成开发环境，由 Eclipse 基金会开发。它支持多种编程语言（如 Java、C++、Python 等），并提供大量的插件和扩展功能，以满足不同开发人员的需求。Eclipse 还具有强大的代码编辑和调试功能，可以帮助开发人员快速定位和解决代码中的问题。

2. IntelliJ IDEA

IntelliJ IDEA 是商业级别的 Java Web 集成开发环境，由捷并思（JetBrains）公司开发。它提供强大的代码编辑和调试功能，并支持多种编程语言（如 Java、Python、Groovy 等）。IntelliJ IDEA 还具有优秀的代码自动补全和重构功能，可以提高开发人员的生产力。

3. NetBeans

NetBeans 是一个开源的 Java Web 集成开发环境，由甲骨文公司开发。它支持多种编程语言（如 Java、C++、Python 等），并提供丰富的插件和扩展功能，以满足不同开发人员的需求。NetBeans 还具有强大的代码编辑和调试功能，可以帮助开发人员快速定位和解决代码中的问题。

2.2.2　IDEA 的功能与快捷键

当前较受欢迎的 Java Web 集成开发环境是 IntelliJ IDEA，本书提及的 IDEA 基本上都是指 IntelliJ IDEA。

1. IDEA 的主要功能和优势

（1）强大的代码编辑和调试功能：IntelliJ IDEA 提供丰富的代码编辑和调试工具，可以帮助开发人员更快地编写代码并快速定位和解决问题。

（2）智能代码补全：IntelliJ IDEA 具有强大的代码补全功能，可以根据开发人员正在输入的代码自动提供相应的建议，提高编程效率。

（3）支持多种编程语言：IntelliJ IDEA 支持多种编程语言，如 Java、Python、Groovy 等，开发人员可以在各种语言之间轻松切换。

（4）优秀的重构功能：IntelliJ IDEA 具有强大的重构功能，可以帮助开发人员重构和优化代码，提高代码质量。

（5）丰富的插件和扩展功能：IntelliJ IDEA 有丰富的插件和扩展功能，开发人员可以根据需求进行定制，提高开发效率。

（6）高度集成的开发环境：IntelliJ IDEA 集成了各种开发工具和功能，如版本控制、代码调试、测试运行等，可以让开发人员在一个统一的环境中完成所有开发任务。

（7）对 Java 生态系统的良好支持：IntelliJ IDEA 对 Java 生态系统提供很好的支持，包括对 Spring、Hibernate、Struts 等主流 Java 开发框架的集成和支持。

（8）优秀的性能：IntelliJ IDEA 在性能方面表现出色，即使是处理大型项目，也能保持较快的响应速度。

2. IDEA 常用的快捷键

IDEA 常用的快捷键如表 2-2 所示。

表 2-2　IDEA 常用的快捷键

快捷键	功能说明
Ctrl+Alt+L	格式化代码
Ctrl+D	复制当前行或选定的块
Ctrl+Y	删除当前行或选定的块
Ctrl+/	添加注释或取消注释
Ctrl+Shift+/	用块添加注释或取消注释
Alt+Enter	显示意图动作和快速修复
Ctrl+Alt+O	优化导入（删除未使用的导入）
Ctrl+Shift+F	在整个项目中查找文本
Ctrl+F	在当前文件中查找文本
Ctrl+R	在当前文件中替换文本
Ctrl+Shift+R	在整个项目中替换文本
Ctrl+P	显示方法参数信息
Ctrl+Q	快速查看文档
Ctrl+B 或 Ctrl+Click	跳转到声明
Ctrl+Alt+B	跳转到实现
Ctrl+U	跳转到父类或父方法
Ctrl+E	打开最近打开的文件列表
Ctrl+Shift+E	打开最近编辑的文件列表

【任务实施】

1. 下载并安装 IDEA

在 JetBrains 官网下载 IDEA 安装包，双击安装包开始安装。IDEA 安装过程比较简单，进入安装界面后，根据个人需要选择安装位置，一直单击"Next"按钮进行安装，安装完成后单击"Finish"按钮即可，如图 2-14 所示。

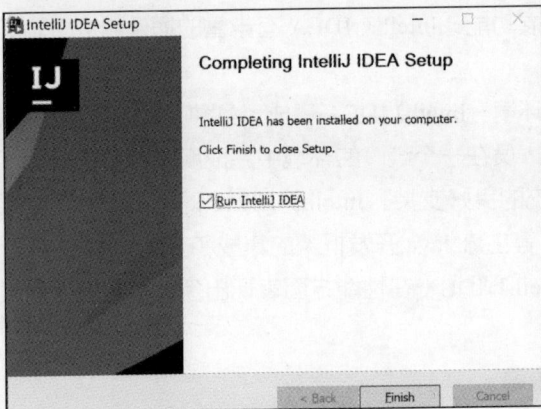

2-8 IDEA 安装及配置 JDK

图 2-14 IDEA 安装完成界面

2. 新建项目并配置 JDK 和 Tomcat

新建 Java Web 项目并基于新建项目配置 JDK 和 Tomcat。

（1）打开 IDEA，在 IDEA 菜单中选择新建项目的命令，在弹出的对话框中选择左侧的"Java Enterprise"选项，输入项目名称，选择项目所在磁盘路径，项目模板（Project template）选择"Web application"，单击项目服务器（Application server）选项右侧的"New"按钮，在弹出的对话框中选择本地解压的 Tomcat 目录，单击"OK"按钮，如图 2-15 所示。

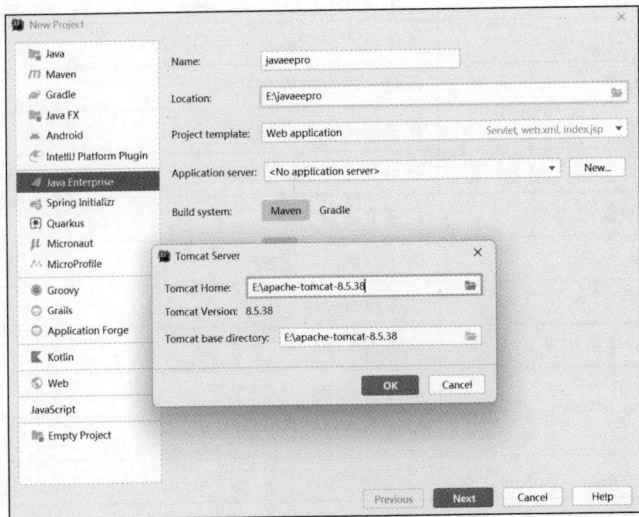

2-9 IDEA 配置 Tomcat

图 2-15 新建项目并配置 Tomcat

（2）单击"Project SDK"选项的下拉按钮，选择"Add SDK"选项，选择 JDK 的安装目录，单击"OK"按钮，如图 2-16 所示。

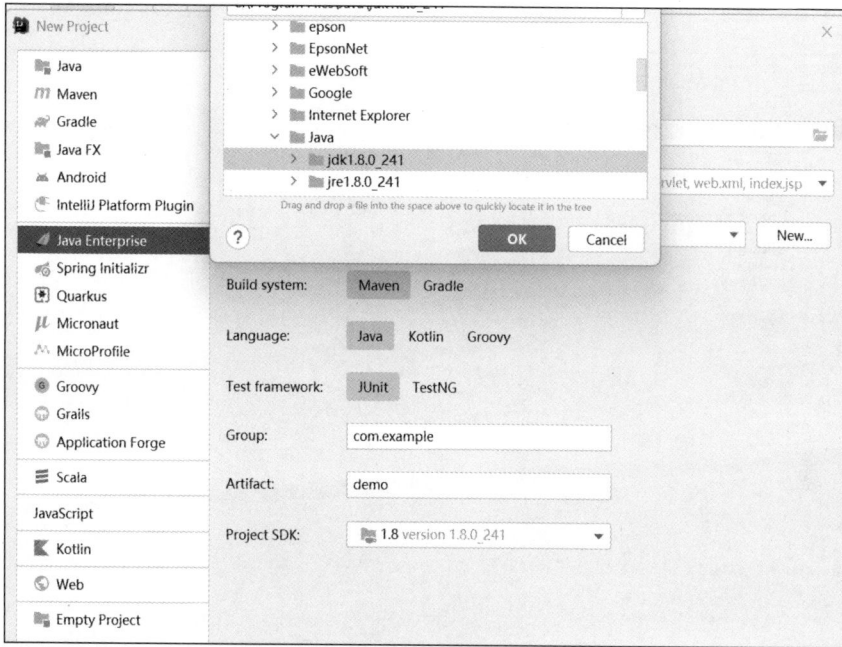

图 2-16 配置 JDK

配置完成后，新建项目各项信息如图 2-17 所示。

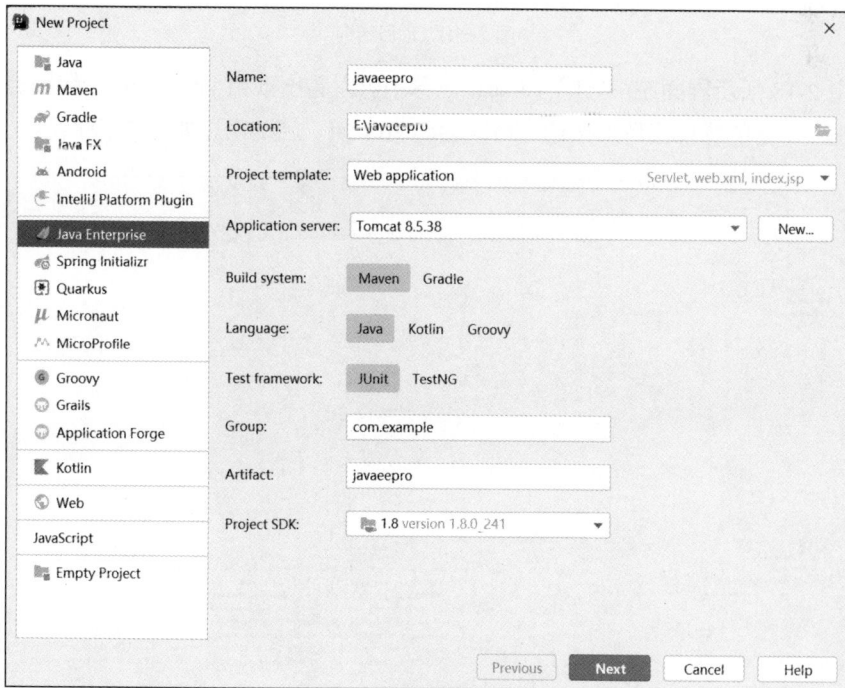

图 2-17 新建项目各项信息

（3）单击"Next"按钮，完成项目的创建。项目结构如图 2-18 所示。例如，项目名称为 javaeepro，项目源代码 src/main/java 目录下有自带的样例代码 HelloServlet，webapp 目录下有 WEB-INF 目录和 JSP 样例文件 index.jsp，WEB-INF 下有 web.xml 配置文件。至此，一个 Java Web 项目的基本结构创建完成。

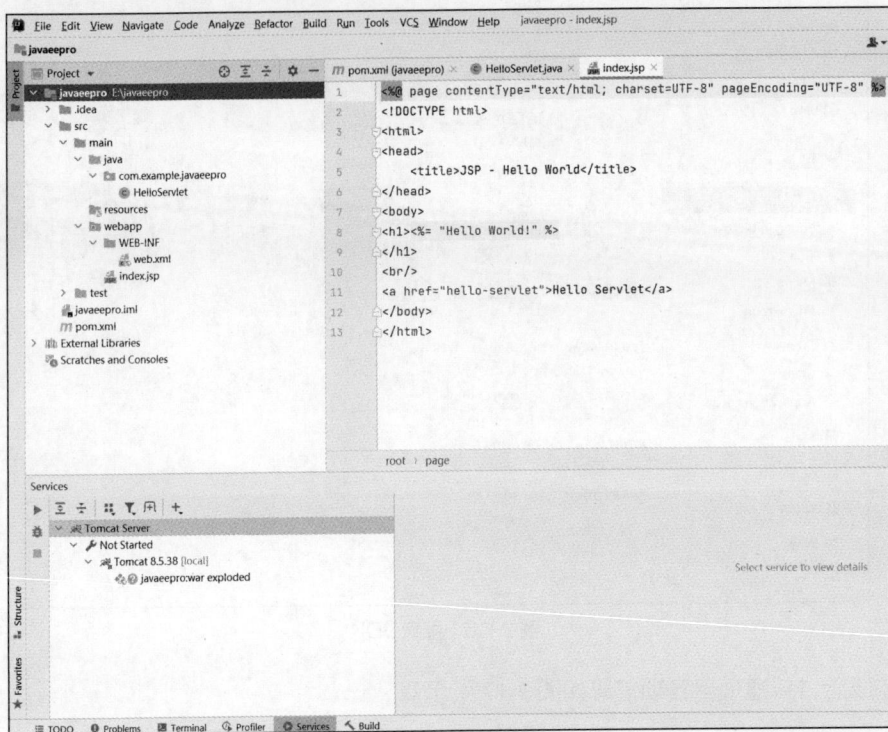

图 2-18　项目结构

（4）在图 2-18 所示界面左下方的 Tomcat 信息中可以看出项目 javaeepro 已经部署到了 Tomcat 服务器。单击左下方的绿色三角形按钮，可以启动 Tomcat，启动信息如图 2-19 所示。

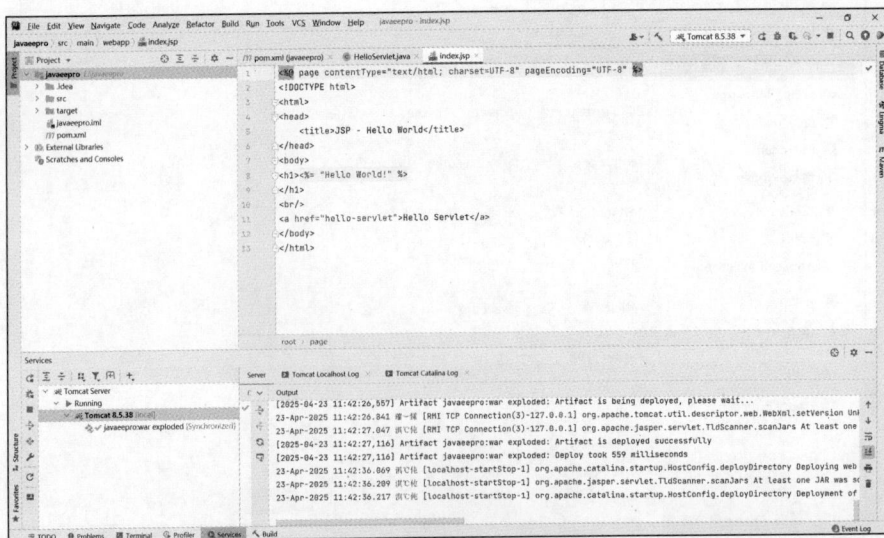

图 2-19　Tomcat 启动信息

注意 使用 IDEA 创建 Java Web 项目时也可以先创建一个普通的 Java 项目，然后右击项目名，在快捷菜单中选择 "Add Framework Support" 命令，为其增加 Web 框架 Web Application，则 Java 项目变为 Java Web 项目，其结构如图 2-20 所示。

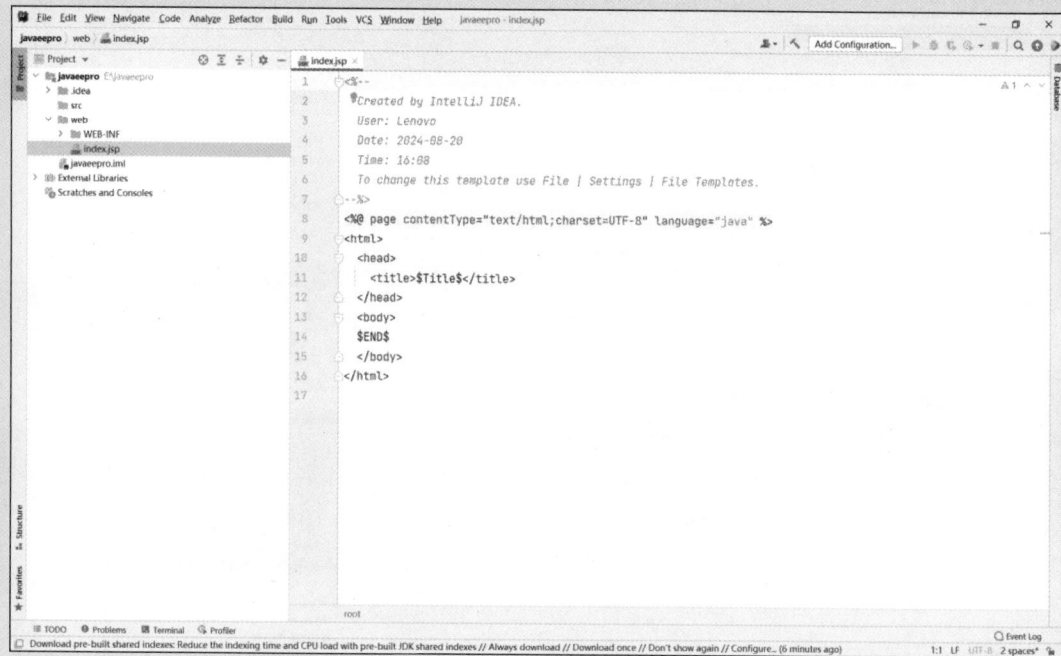

图 2-20　Java Web 项目结构

单击图 2-20 所示窗口右上方的 "Add Configuration" 按钮，打开图 2-21 所示的对话框，为 Java Web 项目配置 Tomcat。

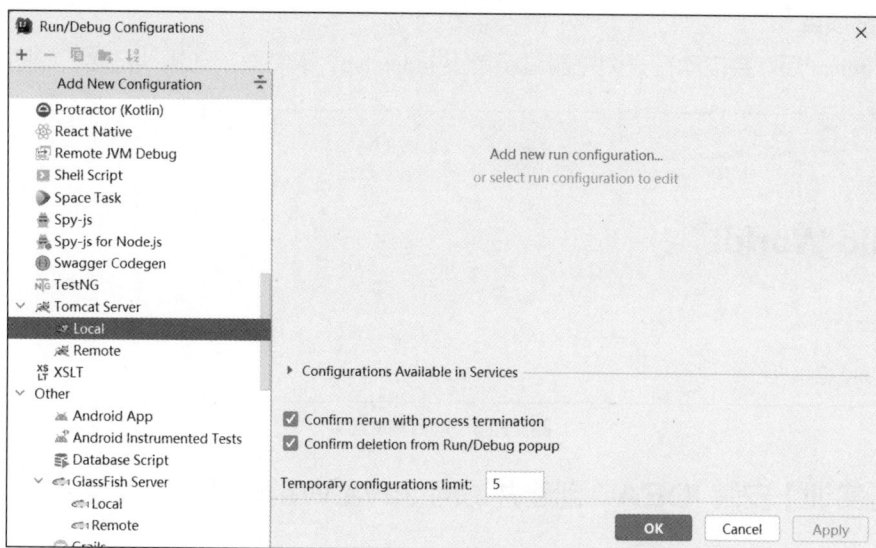

图 2-21　为 Java Web 项目配置 Tomcat

单击左上角的"+"按钮或者单击"Add New Configuration"，在左侧列表区域选择 Tomcat Server"→"Local"，单击"OK"按钮，打开图 2-22 所示的对话框，配置 Tomcat 并部署项目。

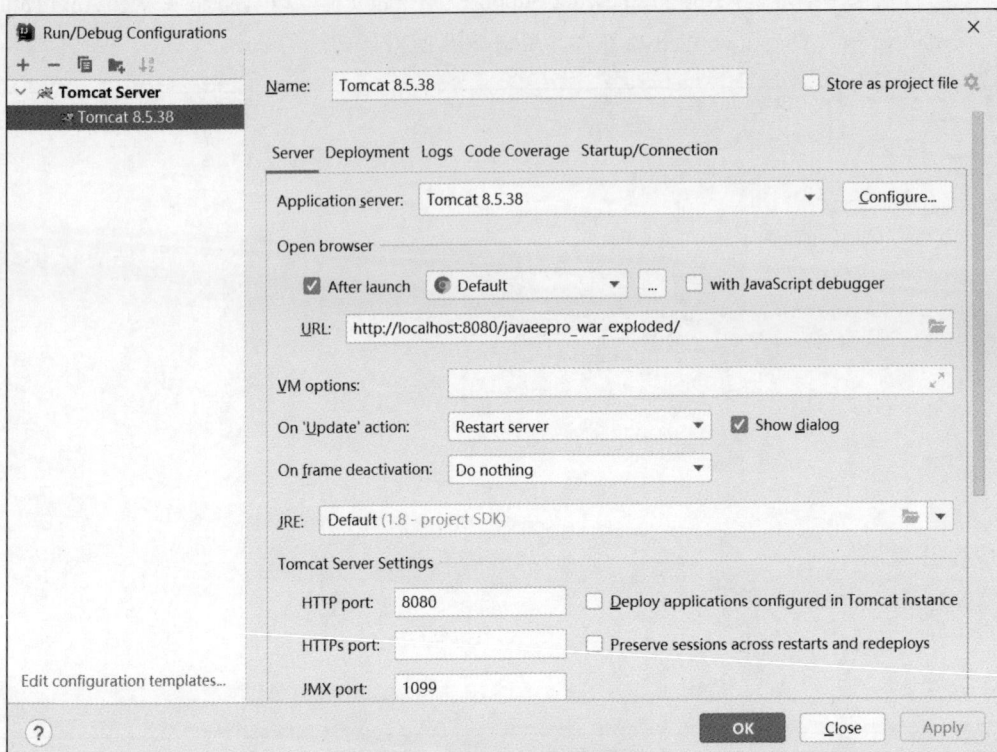

图 2-22　配置 Tomcat 并部署项目

在"Server"标签下确定服务器的名称及浏览器访问项目的 URL、Tomcat 端口号等信息，在"Deployment"标签下部署项目，完成后单击"OK"按钮。

3. 测试项目

启动 Tomcat 后，会自动打开浏览器显示首页 index.jsp，不需要手动输入链接，如图 2-23 所示。

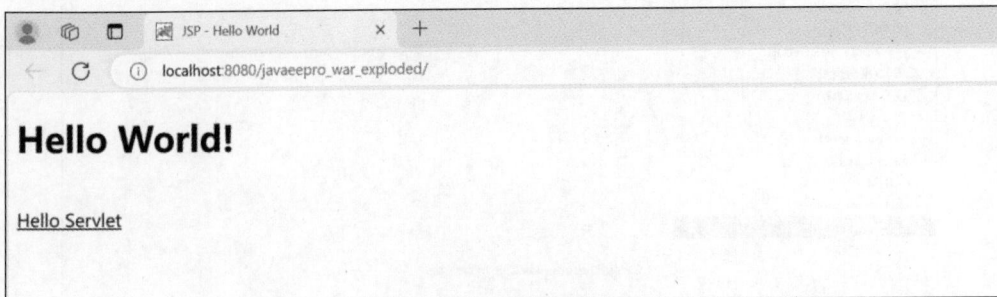

图 2-23　项目测试结果

【任务实训】安装 IDEA，创建并访问 Java Web 项目

请在自己的计算机上完成 IDEA 的安装与 Java Web 项目的创建与访问。

任务 2.3　安装与配置 MySQL

【任务描述】

本任务完成 MySQL 数据库服务器的安装与配置，为存储和管理项目的数据打下基础。

【知识准备】

2.3.1　数据库概述

数据库管理系统（Database Management System，DBMS）是一种用于创建、维护和管理数据库的软件系统。它为用户提供了高效、安全、可靠的数据管理手段，是现代信息系统不可或缺的核心组成部分。

数据库管理系统通过定义数据模型、数据存储结构、数据操作接口等，实现对数据的统一管理和高效访问。数据库管理系统的主要作用如下。

（1）数据存储：为数据提供存储空间，确保数据的安全性和完整性。

（2）数据组织：对数据进行分类、排序和索引，提高数据访问效率。

（3）数据操作：提供插入、删除、修改和查询数据等功能，方便用户对数据进行管理。

（4）数据安全：通过权限控制、事务管理等手段，保障数据的安全性和一致性。

（5）数据备份与恢复：支持数据备份和恢复，防止数据丢失。

（6）数据共享：可实现多用户、多应用对数据的共享访问，提高数据利用率。

目前常用的数据库主要有基于结构化查询语言（Structured Query Language，SQL）的关系数据库和非关系数据库。

关系数据库：基于关系模型，使用表格形式组织和存储数据。常见的关系数据库管理系统有 Oracle、MySQL、SQL Server、DB2 等。它们基于关系模型，使用 SQL 进行数据操作。关系数据库以关系模型为基础，支持事务处理、数据完整性和数据安全性等特性。其主要特点包括结构化、规范化、支持复杂查询，数据一致性较高，适用于事务处理。

非关系数据库（NoSQL）：不遵循关系模型，支持多种数据模型，如键值对、文档、列族、图等。常见的非关系数据库有键值存储数据库（如 Redis、Memcached 等）、文档型数据库（如 MongoDB、CouchDB 等）、列族数据库（如 HBase、Cassandra 等）、图数据库（如 Neo4j、JanusGraph 等）。其特点包括灵活性高、可扩展性强、支持大数据处理、适用于非结构化数据。

关系数据库管理系统 MySQL 以其丰富的功能、优异的性能、灵活的设计和稳定的表现，成为全球范围内最受欢迎的数据库管理系统之一。本任务使用关系数据库管理系统 MySQL 来存储和管理项目数据。

> 🕶 **素养小贴士**
>
> 当前，我国自主研发了很多优秀的国产信创数据库产品，如达梦数据库、人大金仓数据库、南大通用数据库、神通数据库等。国产信创数据库旨在提高国内数据管理和处理能力，降低对外

部数据库技术的依赖，从而支持国家信息化战略的实施。

达梦数据库是国产关系数据库的代表之一，是一款高性能、高可用性、高安全性的国产关系数据库。它具有自主知识产权，支持多种操作系统（如 Linux、Windows 等），可以满足不同场景下的数据库需求。

达梦数据库的主要特点包括：采用先进的查询优化技术，可以高效处理大量的数据查询和其他操作，满足高性能业务需求；支持主从复制、数据备份和恢复等功能，可以实现数据的高可用性和业务连续性；具备严格的数据安全保护机制，包括用户权限管理、数据加密等，可以有效防止数据泄露和非法访问；兼容 Oracle 数据库，可以方便地迁移和对接现有 Oracle 数据库应用，迁移成本低；提供丰富的图形化管理和监控工具，可以方便地监控数据库性能和运行状态，帮助用户快速定位和解决问题。

达梦数据库广泛应用于政府、金融、电信、能源等领域，为用户提供稳定、可靠的数据库服务。同时，达梦数据库也在不断发展和完善，以满足不同行业和场景的需求。随着我国信息化建设的不断推进，达梦数据库将在国产数据库领域发挥越来越重要的作用。

2.3.2　MySQL 的功能与特点

MySQL 是一款流行的开源关系数据库管理系统，它以功能强大、灵活和稳定得到广泛应用。MySQL 的设计初衷是提供一种快速、可靠、易用的数据库解决方案，它支持多线程、多用户，能够在各种操作系统上运行，并且具备高度的可扩展性和兼容性。在数据存储和管理方面，MySQL 展现出了卓越的能力。它允许用户通过简单的 SQL 语句进行数据的插入、读取、更新和删除操作，同时保证数据的一致性和完整性。

基于关系模型，MySQL 使用表格来组织数据，每个表格由行和列组成，用户可以定义表之间的关系，如一对一、一对多和多对多，从而构建出复杂的数据结构。MySQL 遵循 SQL 标准，提供丰富的 SQL 操作，包括数据查询、数据定义、数据操作和数据控制等。用户可以通过 SELECT、INSERT、UPDATE、DELETE 等语句对数据进行操作，而 CREATE、ALTER、DROP 等语句则用于数据库结构的定义。

此外，MySQL 还支持事务处理，确保了事务的原子性、一致性、隔离性和持久性，这对于注重高可靠性的应用来说至关重要。在性能优化方面，MySQL 提供多种索引类型，如 B 树、哈希、全文索引等，这些索引可以显著提高查询速度，尤其是在处理大量数据时。

MySQL 支持存储过程，允许将复杂的业务逻辑封装在数据库层面，这不仅增强了性能，还提高了代码的可维护性。触发器的使用则允许在数据库表上的特定操作发生时自动执行预定义的 SQL 语句，从而简化了应用逻辑。

MySQL 的视图功能允许用户将查询结果作为一个虚拟表进行存储和操作，这为数据的呈现和操作提供了极高的灵活性。在数据安全方面，MySQL 提供备份和恢复策略，确保了数据的安全性和完整性。同时，MySQL 支持主从复制和分组复制，可以实现数据的冗余和负载均衡，这对提高系统的可用性和扩展性至关重要。作为一款开源软件，MySQL 的最大特点之一是开放，用户可以自由使用和修改源代码，这使得 MySQL 能够不断进化和完善。它的跨平台特性使得 MySQL 能够在 Windows、Linux、macOS 等多种操作系统上运行，满足了不同用户的需求。MySQL 的高性能表现在其简洁的设计和高效的查询处理上，特别适合读密集型应用。MySQL 的可扩展性体现在其支持分布式数据库的能力上，用户可以通过水平扩展来处理更多的数据。灵活性的一个体现是 MySQL 支持多种存储引擎，如 InnoDB、MyISAM、Memory 等，每种引擎都有其独特的特点和适用场景，用户可以根据需求选择最合适的引擎。MySQL 的可靠性经过多年的市场检验，已经在业界建立了良好的声誉。它易于维护，提供丰富的管理工具和命令行工具，便于数据库的日常维护和监控。

庞大的开发者社区为 MySQL 提供了大量的教程、文档和论坛支持，使得用户能够轻松获取帮助和资源。在兼容性方面，MySQL 虽然有自己的扩展和特定功能，但仍然努力保持与 SQL 标准的高度兼容，这使得从其他数据库迁移到 MySQL 变得更加容易。安全是 MySQL 的另一个重要特点，它提供了访问控制、加密连接、用户权限管理等安全特性，能够保护数据免受未授权访问。

2.3.3　MySQL 数据库管理工具

MySQL 数据库管理工具非常多，除了系统自带的命令行管理工具（MySQL Command Line），还有许多其他图形化管理工具，比较常见的有如下 3 个。

1. MySQL Workbench

MySQL Workbench 是 MySQL 的官方图形化管理工具，它支持 MySQL 数据库的创建、管理和查询。MySQL Workbench 提供了丰富的功能，包括数据建模、数据查询、数据同步、数据备份和数据恢复等。它支持多种操作系统，如 Windows、macOS 和 Linux。

2. phpMyAdmin

phpMyAdmin 是基于 Web 的 MySQL 数据库管理工具，使用 PHP 编写。它提供了丰富的功能，包括数据库、表、列、索引的创建和管理，数据的导入和导出，SQL 查询等。由于 phpMyAdmin 是基于 Web 的工具，因此它可以轻松在各种操作系统上运行，如 Windows、macOS 和 Linux。

3. Navicat

Navicat 是一款商业级别的 MySQL 数据库管理工具，提供了丰富的功能，包括数据库、表、列、索引的创建和管理，数据的导入和导出，SQL 查询，数据建模等。Navicat 支持多种操作系统，如 Windows、macOS 和 Linux。

【任务实施】

按照以下步骤完成 MySQL 的下载、安装、配置和连接。

1. 下载、安装 MySQL

（1）在 MySQL 官网下载 MySQL 安装包。下载页面如图 2-24 所示，建议下载 MSI 格式的完整安装包（第二项）。

（2）双击下载好的安装包进行安装。选择安装类型为"Custom"（自定义安装），单击"Next"按钮，如图 2-25 所示。

（3）选中"MySQL Server 8.0.16-X64"选项，单击向右的绿色箭头将其添加到"Products/Features To Be Installed"列表框，如图 2-26 所示。

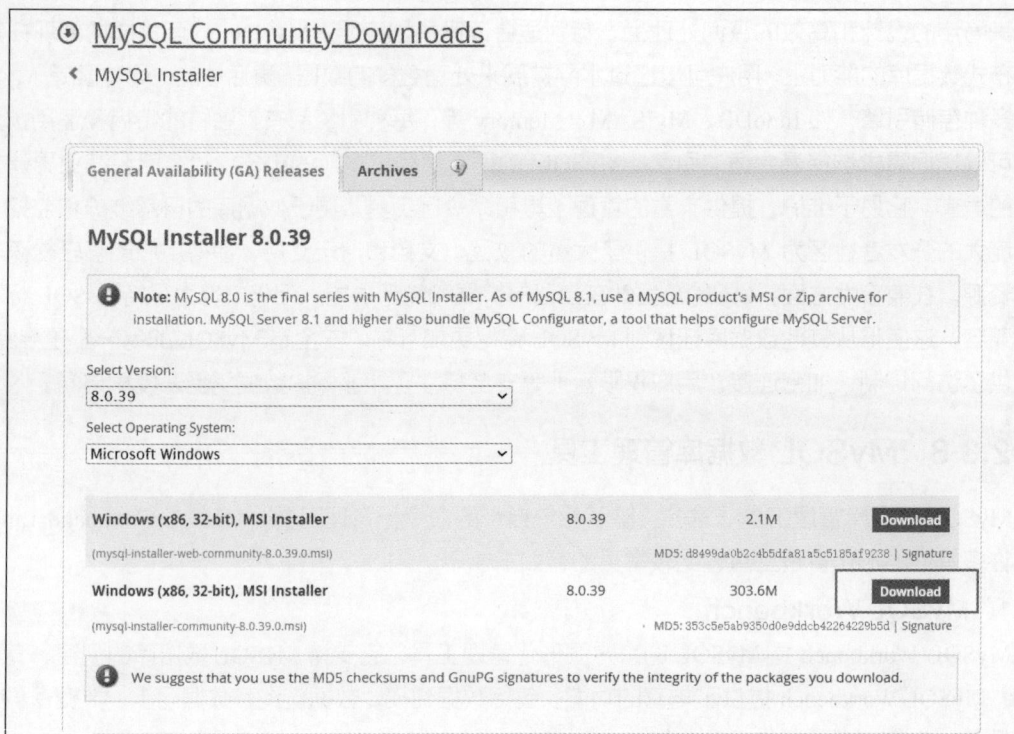

图 2-24　MySQL 安装包下载页面

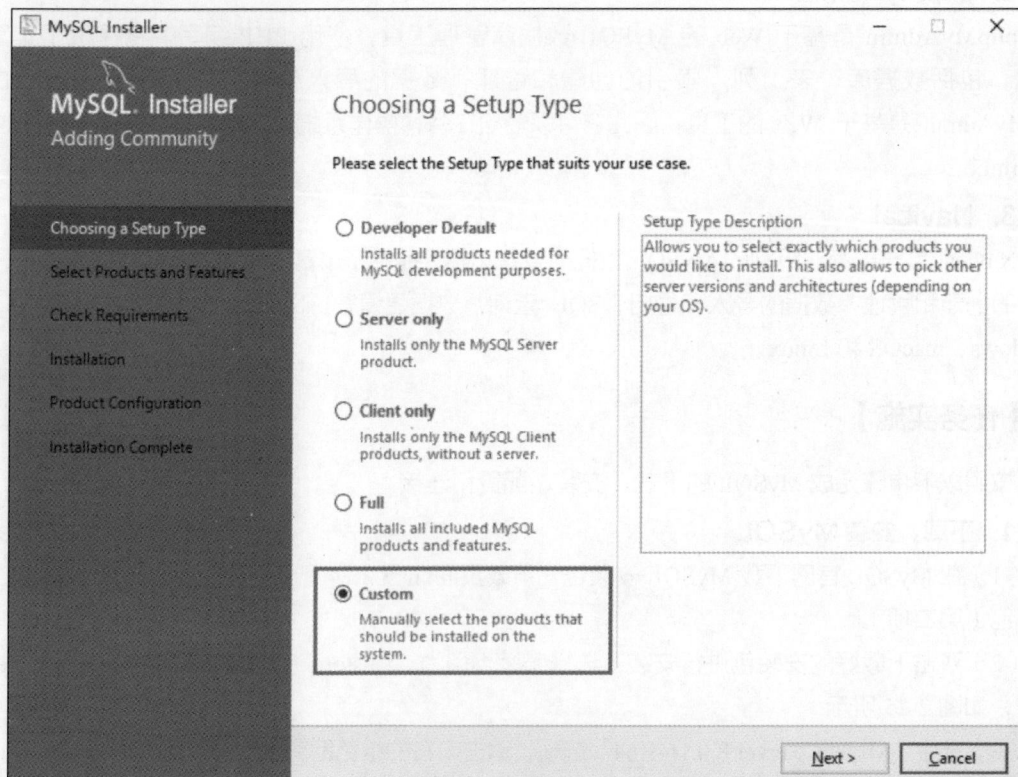

图 2-25　选择安装类型

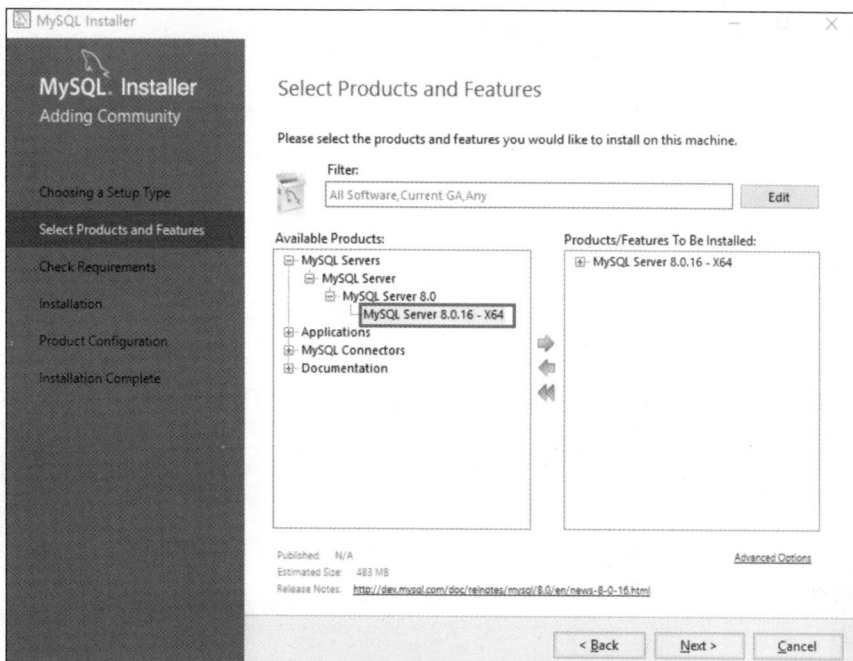

图 2-26　选择安装 MySQL Server

（4）单击"Next"按钮之后，建议自定义安装路径，单击"Execute"按钮执行安装。等到安装状态 Status 变成 Complete，单击"Next"按钮进入配置阶段。在配置阶段，注意使用 MySQL 默认端口 3306，然后进入密码配置阶段。在此阶段需要输入两遍密码，此密码是 MySQL 管理员用户 root 的登录密码，请记牢。密码配置如图 2-27 所示。

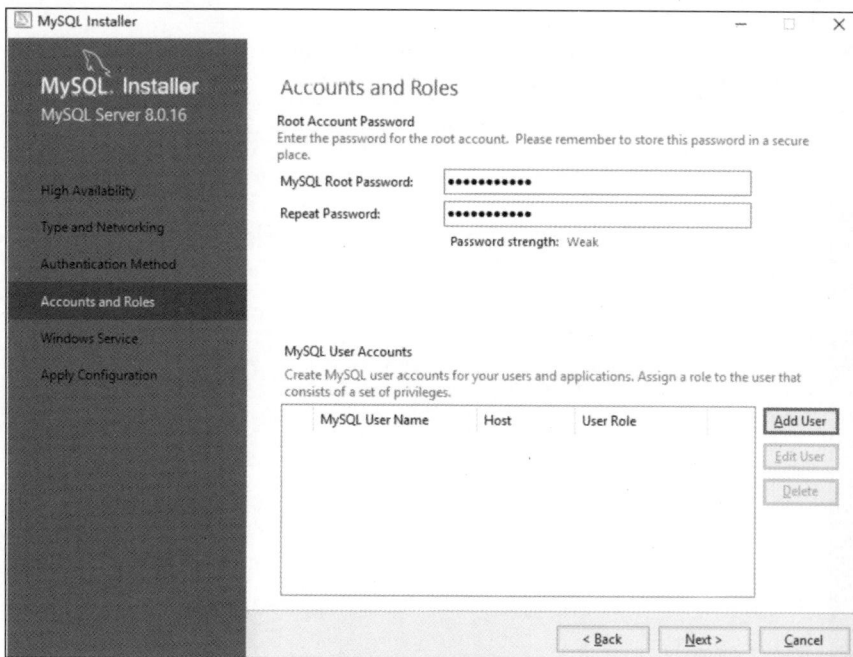

图 2-27　密码配置

（5）继续单击"Next"按钮，直到安装完成。

> **小提示** 如果在安装过程中检测发现当前计算机系统环境缺少 MySQL 的依赖软件，会自动出现在线下载安装系统依赖项的选项，直接单击"Execute"按钮安装依赖项，然后单击"Next"按钮进入下一步操作，继续安装 MySQL。

2. 连接 MySQL

安装完成 MySQL 之后，可以使用 MySQL 自带的图形化管理工具 MySQL Workbench 来连接 MySQL 服务器。

（1）在系统菜单中找到并打开 MySQL Workbench，如图 2-28 所示。

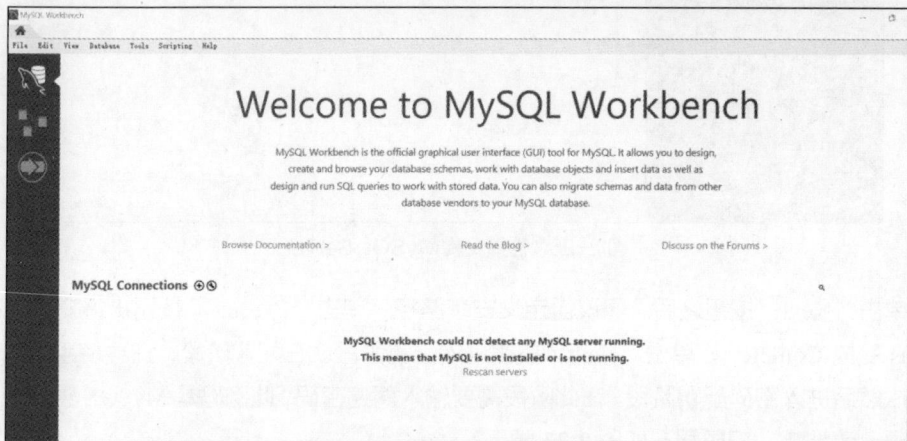

图 2-28　MySQL Workbench

（2）单击图 2-28 所示界面中"MySQL Connections"后面的 ⊕ 按钮来创建 MySQL 连接，输入连接名、root 用户的连接密码等信息，如图 2-29 所示。

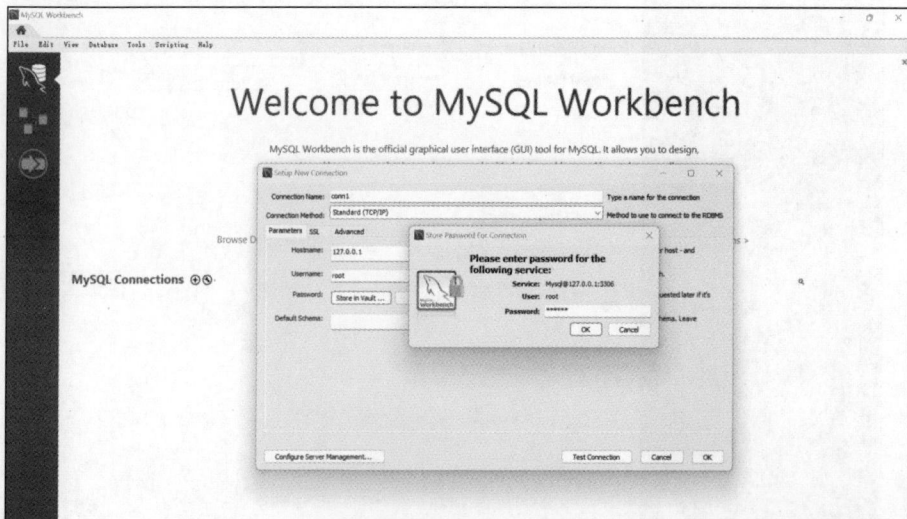

图 2-29　创建 MySQL 连接

（3）单击"OK"按钮即可完成 MySQL 连接的创建。双击新建的连接，可以进入 MySQL Workbench 主界面，如图 2-30 所示。在其中输入 SQL 查询命令，单击 🗲 按钮即可查看运行结果。

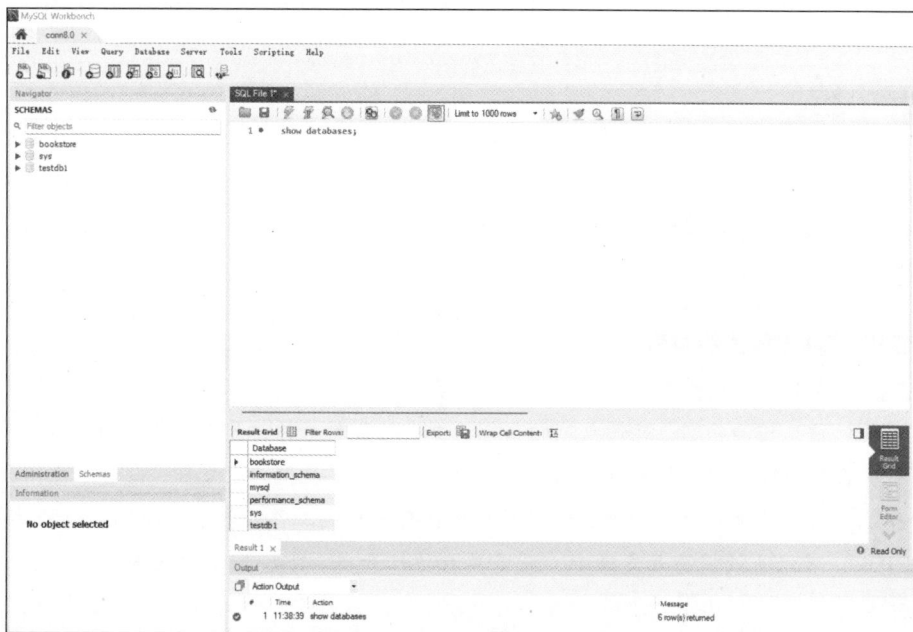

图 2-30　MySQL Workbench 主界面

【任务实训】下载、安装与配置使用 MySQL 数据库管理系统

请在 PC 上完成 MySQL 数据库管理系统的下载、安装与配置使用。

单元评价

1. 团队自评

根据团队成员分工，由项目经理根据分工要求，对团队所完成的任务进行自评，自评并改进后提交项目。

2. 任务评审

项目负责人对新闻发布系统所使用开发环境的版本、兼容性、易用性进行评审。根据结果决定是否进入下一阶段。

3. 任务复盘

任务结束后，王小康带领团队成员召开项目总结会议。

第一个议题是通过任务实施掌握了哪些理论知识，汇总如下：①JDK 的安装方法；②Tomcat 的安装与配置；③IDEA 的安装；④Web 开发相关知识；⑤MySQL 的安装与配置。

第二个议题是项目开发过程中团队成员培养了哪些能力，汇总如下：①独立搭建 Java 开发环境的能力；②独立安装 Tomcat 并进行配置与测试的能力；③安装和配置 IDEA 的能力；④用 IDEA 开发 Web 项目的能力；⑤安装和配置 MySQL 的能力。

第三个议题是团队和个人遇到了哪些问题、采用了什么解决方案，以及获得了哪些合作经验等，讨论并体会具备严谨、认真的工作态度的重要性，沟通交流能力，认识问题、分析问题和解决问题的能力在项目开发中的重要性。

单元小结

通过本任务的实践，团队成员高质量地完成了各自的工作任务，团队成员之间积极合作，实现了新闻发布系统项目开发环境的搭建。团队成员的理解与分析能力、项目实战能力、沟通交流能力，以及团队协作能力均得到了提升。

> ①✉**来自软件工程师的声音**
>
> ● **工欲善其事，必先利其器——善于使用工具**
>
> IDE 对于软件工程师而言，就像画家的画笔、士兵的武器一样，是进行开发的必需工具。从石器时代开始，人类通过使用工具大大提高了生存能力，促进了生产力的发展，改善了生活质量。要想成为合格的软件工程师，就必须善于使用强大的 IDE 来提高工作效率、软件质量和用户满意度。
>
> 使用 IDE，可以有效提高开发效率，促进多人协作开发。IDE 提供的代码自动补全、错误提示、代码重构等功能，可以帮助开发者优化代码和开发流程；IDE 还提供丰富的文档和社区支持，可以帮助开发者学习和解决开发过程中遇到的问题。
>
> ● **技术创新精神和工匠精神**
>
> 从 Eclipse 的逐渐衰落到 IDEA 的崛起，从 IDEA 2001 到 IDEA 2023，Java Web 的开发环境在不断创新和改进，软件工程师们也在不断探索和使用更先进的开发工具，凸显了 Web 开发人员的技术创新精神和工匠精神。

单元拓展　黄河云之旅网站开发环境搭建

本任务拓展由小组通过调研、分析完成黄河云之旅网站开发环境相关工具版本的选用，并进行对应版本工具的下载、安装、配置和使用。

AI 技能拓展　安装 AI 工具，为 IDE 客户端添"智"

2-10　安装 AI 插件

在 IDE 客户端使用 AI 工具辅助完成代码编写、代码优化、单元测试等功能，需要首先在开发环境中安装 AI 工具。以在 IntelliJ IDEA 中安装通义灵码为例，安装方法有两种。

方法 1：从插件市场安装。打开 IntelliJ IDEA 设置窗口，在插件市场中搜索 TONGYI Lingma，找到通义灵码后单击安装。

方法 2：下载安装包安装。登录通义灵码官网下载 zip 安装包。下载完成后，打开 IntelliJ IDEA 设置窗口，单击"Installed"右侧 ⚙ 按钮，在下拉菜单中选择"Install Plugin from Disk..."命令，从本地安装插件，选择下载的 zip 安装包后安装，如图 2-31 所示。

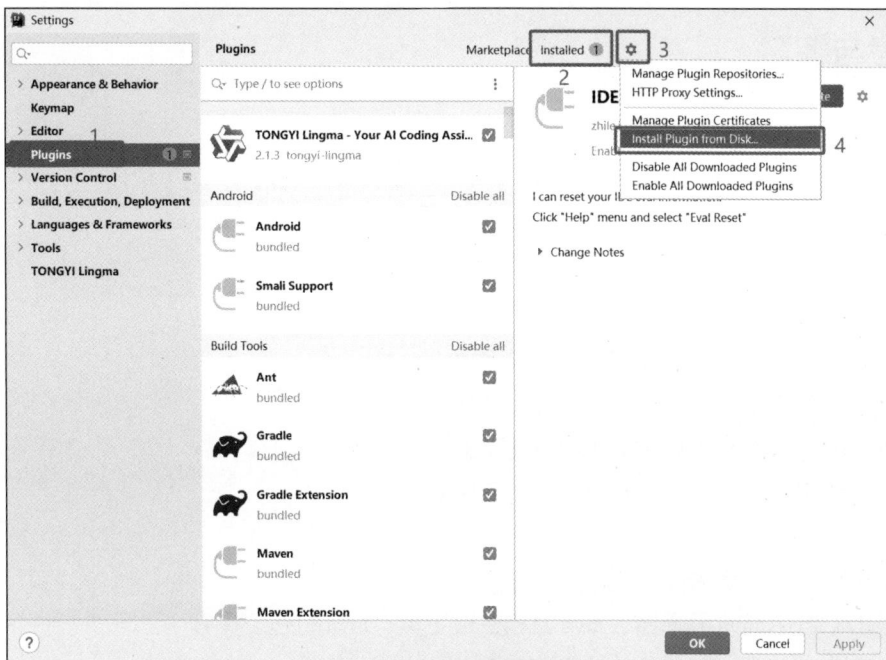

图 2-31　安装界面

安装通义灵码之后重启 IntelliJ IDEA，单击导航条的通义灵码选项，在通义灵码助手的窗口单击"登录"按钮，前往登录页面，通义灵码个人版开发者可以使用阿里云账号登录通义灵码 IDE 端插件。完成登录后可进入 IDE 客户端并使用通义灵码，成功安装通义灵码之后，IntelliJ IDEA 窗口如图 2-32 所示。

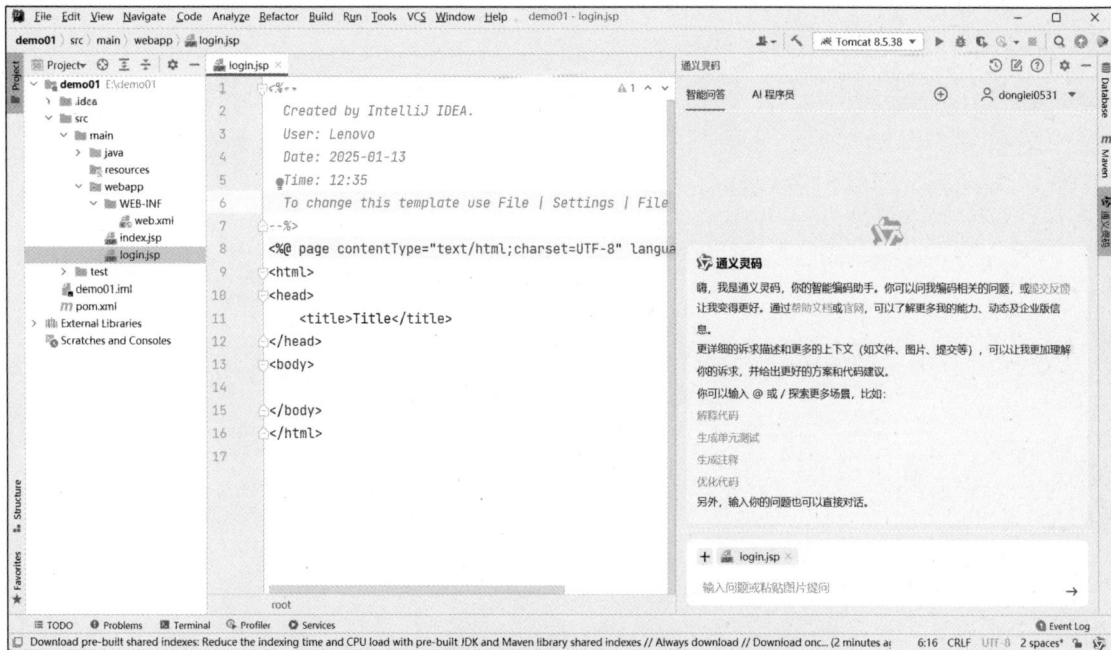

图 2-32　成功安装通义灵码之后的 IntelliJ IDEA 窗口

思考与练习

一、填空题

1. Tomcat Server 默认的 http 端口号是_____。

2. 修改 Tomcat Server 的 http 端口号，需要修改_____文件。

二、选择题

1. 下列关于 JDK、JRE 和 JVM 关系的描述中，正确的是（　　）。

    A. JDK 中包含了 JRE，JVM 中包含了 JRE

    B. JRE 中包含了 JDK，JDK 中包含了 JVM

    C. JRE 中包含了 JDK，JVM 中包含了 JRE

    D. JDK 中包含了 JRE，JRE 中包含了 JVM

2. 下列关于 JDK 的说法中，错误的是（　　）。

    A. JDK 是 Java 开发工具包英文的缩写

    B. JDK 包括 Java 编译器、Java 文档生成工具、Java 打包工具等

    C. 安装 JDK 后，还需要单独安装 JRE

    D. JDK 是整个 Java 的核心

三、简答题

1. 请简述新闻发布系统项目开发环境相关工具有哪些，以及各自有什么作用。

2. 请简述 JDK 的安装与环境变量配置过程。

3. 请简述什么是 Tomcat，以及 Tomcat 解压目录下主要的子目录及其作用。

工作单元3
新闻发布系统
——访问数据库

03

【任务背景】

在新闻发布系统项目的开发过程中，数据库是核心组成部分，负责存储新闻信息、用户数据、评论信息等。在本工作单元中，项目团队将采用 Java 数据库互连（Java Database Connectivity，JDBC）技术来连接 MySQL 数据库，实现项目数据的持久化存储，以及数据的查询、更新、插入和删除等操作。

【学习目标】

- 知识目标
  - ✓ 掌握 JDBC 的概念
  - ✓ 掌握 JDBC 的工作原理
  - ✓ 掌握数据库访问步骤
  - ✓ 掌握 JDBC 常用类和接口
  - ✓ 掌握数据连接池的配置与应用
- 能力目标
  - ✓ 具备应用 JDBC 技术实现数据库连接的能力
  - ✓ 具备应用 JDBC 技术实现数据持久化存储的能力
  - ✓ 具备应用 JDBC 技术实现数据增、删、改、查的能力
  - ✓ 具备应用连接池技术实现数据库连接的能力
  - ✓ 具备使用 AI 工具优化代码的能力
- 素养目标
  - ✓ 培养开发应用程序的兴趣
  - ✓ 具备严谨、细致的工作态度
  - ✓ 具备较强的社会责任感
  - ✓ 具备自主学习的能力
  - ✓ 增强数据安全意识

///// **任务 3.1　应用 JDBC 实现新闻信息添加**

【任务描述】

本任务首先介绍 JDBC 工作原理、JDBC 常用类和应用程序接口（Application Program Interface，API）及其功能，然后应用 JDBC 技术连接 MySQL 数据库，实现将新闻信息添加到数据库表的操作。

【知识准备】

3.1.1　JDBC 工作原理

JDBC 是一种用于执行 SQL 语句的 Java API，由一组用 Java 编程语言编写的类和接口组成。JDBC 为数据库开发人员提供了一组标准的 API，使他们能够用纯 Java API 来编写数据库应用程序。JDBC 使开发人员可以面向不同的数据库进行编程。

基于 JDBC 向各种关系数据库发送 SQL 语句是一件很容易的事。换言之，有了 JDBC API，就不必为访问 MySQL 数据库专门写一个程序，为访问 Oracle 数据库又专门写一个程序……只需利用 JDBC API 写一个程序，就可以向多种数据库发送相应的 SQL 语句。而且使用 Java 编程语言编写应用程序，无须考虑为不同的平台编写不同的应用程序。将 Java 和 JDBC 结合起来，程序员只需写一遍程序就可让它在任何平台上运行。通过 JDBC 技术连接数据库的过程如图 3-1 所示。

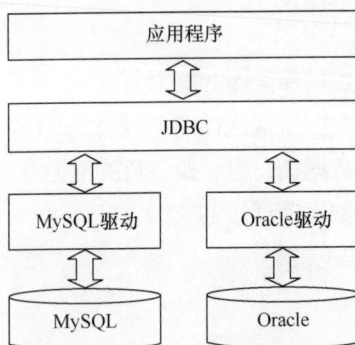

图 3-1　通过 JDBC 技术连接数据库的过程

JDBC 定义了一组标准接口，使得开发者可以使用相同的代码结构来连接和操作不同的数据库，而不需要关心底层数据库的具体实现。JDBC 通过驱动程序与数据库进行通信。不同的数据库厂商提供了不同的 JDBC 驱动程序，这些驱动程序实现了 JDBC API，并与特定数据库的底层通信协议相对应。JDBC 使用 DriverManager 类来管理数据库连接。开发者可以通过提供数据库的 URL、用户名和密码来获取数据库连接。获取连接后，就可以通过 JDBC 的 Java API 执行 SQL 语句进行数据的增、删、改、查等操作。

3.1.2 数据库访问步骤

使用 JDBC 对数据库进行操作的步骤如下。

（1）加载数据库驱动：通过 Class.forName 加载驱动程序。

（2）建立数据库连接：通过 DriverManager 类获得表示数据库连接的 Connection 类对象。

（3）创建用于向数据库发送 SQL 语句的 Statement 对象，并发送 SQL 语句：通过 Connection 对象绑定要执行的语句，生成 Statement 类对象。

（4）完成数据的添加、修改、删除、查询等操作：通过 Statement 对象中的 executeQuery()方法完成数据查询，并返回 ResultSet（结果集）；通过 Statement 对象中的 executeUpdate()方法完成数据的添加、修改、删除等操作，并返回影响的记录条数。

（5）释放数据库资源：释放 ResultSet 对象、Statement 对象和 Connection 对象等数据库资源。

JDBC 程序运行完后，切记要释放程序在运行过程中创建的那些与数据库进行交互的对象，这些对象通常是 ResultSet、Statement 和 Connection 对象。特别是 Connection 对象，它是非常稀有的资源，用完后必须马上释放。如果没有及时、正确地释放 Connection 对象，那么系统极易出问题。Connection 对象的使用原则是"尽量晚创建，尽量早释放"。

为确保资源释放代码能运行，一定要将资源释放代码放在 finally 语句中。

3-2 JDBC 访问数据库的步骤

3.1.3 JDBC 常用类和接口

JDBC API 相关的包有 java.sql 和 javax.sql（javax 是 Java 扩展包）两个。开发 JDBC 应用程序除了需要以上两个包的支持外，还需要导入相应 JDBC 的数据库实现（即数据库驱动）。

JDBC 常用类和接口如下。

1. DriverManager 类

DriverManager 类用于加载驱动，并创建与数据库的连接。

DriverManager 类的常用方法如下。

（1）registerDriver(new Driver())

registerDriver()方法用于注册驱动，但是在实际开发中并不推荐采用 registerDriver()方法注册驱动。采用此种方式会导致驱动程序注册两次，也就是在内存中会有两个 Driver 对象。程序依赖数据库驱动的 API，脱离数据库驱动的 JAR 包，程序将无法编译，将来程序切换底层数据库时会非常麻烦。

在实际开发中推荐使用 Class.forName("驱动包名.类名")加载驱动。以 MySQL 数据库为例，MySQL 5.7 和 MySQL 8 使用的 JDBC 驱动包有所不同。对于 MySQL 5.7，可以使用 mysql-connector-java 5.x 系列的驱动包，驱动类名为 com.mysql.jdbc.Driver。而对于 MySQL 8，推荐使用 mysql-connector-java 8.x 系列的驱动包，驱动类名更新为 com.mysql.cj.jdbc.Driver。

MySQL 5.x 加载驱动类的代码：Class.forName("com.mysql.jdbc.Driver")。

MySQL 8 加载驱动类的代码：Class.forName("com.mysql.cj.jdbc.Driver")。

Oracle 数据库加载驱动类的代码：Class.forName("oracle.jdbc.driver.OracleDriver")。

采用此种方式的优点是不会导致驱动对象在内存中重复出现，并且程序只需要一个字符串，不需要依赖具体的驱动，灵活性更高。

（2）DriverManager.getConnection(String URL, String user, String password)

getConnection()方法用来与数据库建立连接。当调用 getConnection()方法发出连接请求时，DriverManager 类将检查每个驱动程序是否可用来建立连接，若能则返回数据库连接对象。

方法的第一个参数用于标识一个被注册的驱动程序，驱动程序管理器通过这个参数选择正确的驱动程序，从而建立与数据库的连接。

JDBC URL 的标准由以下 3 部分组成，各部分间用冒号分隔。

```
<协议>:<子协议>:<子名称>
```

协议：JDBC URL 中的协议总是 jdbc。

子协议：用于标识数据库驱动程序。

子名称：标识数据库的方法。子名称依不同的子协议而变化，用子名称的目的是定位数据库提供足够的信息。

例如，对于 MySQL 数据库连接，JDBC URL 采用如下形式（sid 表示数据库名称）。

```
jdbc:mysql://localhost:3306/sid
```

在连接 URL 上，MySQL 8 需要特别注意添加 serverTimezone 参数来避免时区相关的问题，例如，设置为 serverTimezone=UTC。同时，MySQL 8 的连接字符串中可能需要添加 useSSL=false 来明确关闭 SSL 模式。因为在 MySQL 8 中，默认情况下不建立 SSL 连接。

所以 MySQL 8 的 JDBC URL 一般为如下形式。

```
jdbc:mysql://localhost:3306/sid?useSSL=false&serverTimezone=UTC
```

对于 Oracle 数据库连接，JDBC URL 采用如下形式。

```
jdbc:oracle:thin:@localhost:1521:sid
```

对于 SQL Server 数据库连接，JDBC URL 采用如下形式。

```
jdbc:microsoft:sqlserver//localhost:1433; DatabaseName=sid
```

2. Connection 接口

Connection 接口用于代表数据库的连接，Connection 是数据库编程中最重要的一个对象，客户端与数据库的所有交互都是通过 Connection 对象完成的。

Connection 接口的常用方法如下。

（1）createStatement()：创建向数据库发送 SQL 语句的 Statement 对象。

（2）prepareStatement(sql)：创建向数据库发送预编译 SQL 语句的 PrepareSatement 对象。

（3）prepareCall(sql)：创建执行存储过程的 CallableStatement 对象。

（4）setAutoCommit(Boolean autoCommit)：设置是否自动提交事务。

（5）commit()：提交对数据库的改动并释放当前连接持有的数据库的锁。

（6）rollback()：回滚当前事务中的所有改动并释放当前连接持有的数据库的锁。

【例 3-1】使用 JDBC API 连接 MySQL 数据库。

3-3 使用 JDBC API 连接 MySQL 数据库

案例技能点：JDBC 工作原理，数据库访问步骤，DriverManager 类、Connection 接口的应用。

实现步骤如下。

① 在 MySQL 数据库中做好准备，执行 SQL 命令 create database news，新建新闻数据库 news。

② 打开 IntelliJ IDEA，创建一个新的 Java Web 项目，项目命名为 newspro，在项目的 src/main/java 目录下新建包和类：cn.sdcet.utils.BaseDao。

③ 在 IDEA 中单击项目架构 Project Structure，选择库文件 Libraries，单击 + 按钮，将 MySQL 的驱动 JAR 包添加到项目依赖库中。

④ 在 BaseDao 类中编写连接数据库 news 的代码。

⑤ 编写 main()方法，运行 Java 应用程序，测试连接效果。

文件 BaseDao.java 代码示例如下。

```java
package cn.sdcet.util;
import java.sql.*;
public class BaseDao {
        private static final String DRIVER = "com.mysql.jdbc.Driver";
        private static final String URL = "jdbc:mysql://localhost:3306/
news?characterEncoding=UTF-8";//连接字符串
        private static final String UNAME = "root";//MySQL 用户名
        private static final String UPWD = "123456";//密码
        protected Connection con;
        protected Connection getConnection() throws Exception { //连接数据库
            //加载并注册驱动程序
            Class.forName(DRIVER);
            //创建数据库连接对象
            con = DriverManager.getConnection(URL,UNAME,UPWD);
            return con;           }
        //释放对象
        protected void closeAll(){
            try {
                    if (con != null ) {
                        con.close();
                    }
            } catch (SQLException e) {
                    e.printStackTrace();
            }
        }
    public static void main(String[] args) throws Exception {
        Connection con=new BaseDao().getConnection();
        if(con!=null)         {
            System.out.println("连接数据库成功!");
        }
    }
}
```

文件运行结果如图 3-2 所示，控制台中输出了"连接数据库成功!"，说明成功连接上了 MySQL 数据库。

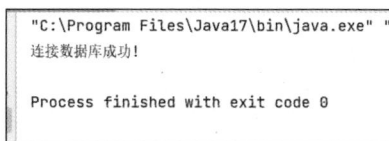

```
"C:\Program Files\Java17\bin\java.exe" "
连接数据库成功!

Process finished with exit code 0
```

图 3-2　文件运行结果

3. Statement 接口

Statement 接口用于执行静态 SQL 语句并返回它所生成结果的对象。

Statement 接口的常用方法如下。

（1）executeQuery(String sql)：用于向数据库发送查询语句，返回代表查询结果的 ResultSet 对象。

（2）executeUpdate(String sql)：用于向数据库发送 INSERT、UPDATE 或 DELETE 语句，返回一个整数（用于表示操作导致数据库几行数据发生了变化）。

（3）execute(String sql)：用于向数据库发送任意 SQL 语句。

（4）addBatch(String sql)：把多条 SQL 语句放到一个批处理中。

（5）executeBatch()：发送一批 SQL 语句到数据库并执行。

4. ResultSet 接口

ResultSet 接口存储 SQL 语句的执行结果。ResultSet 接口封装执行结果时，采用类似于表格的形式。ResultSet 对象维护了一个指向表格数据行的游标 cursor，最开始游标指向第一行，调用 ResultSet.next()方法可以使游标指向具体的数据行，进而调用方法获取该行的数据。

ResultSet 接口的常用方法如下。

（1）获取任意类型的数据的方法。

getObject(int index)：通过下标获取任意类型的数据。

getObject(string columnName)：通过列名获取任意类型的数据。

（2）获取指定类型的数据的方法。

getString(int index)、getString(String columnName)：获取 String 类型的数据。

getInt(int index)、getInt(String columnName)：获取 Int 类型的数据。

（3）遍历查询结果集的方法。

next()：获取下一行数据。

遍历查询结果集的过程如图 3-3 所示。

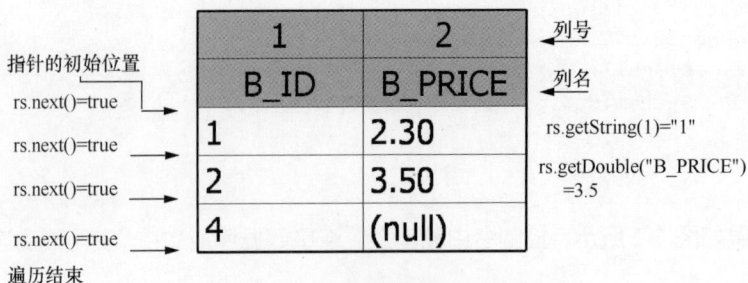

图 3-3　遍历查询结果集的过程

5. ResultSetMetaData 接口

ResultSetMetaData 接口存放结果集元数据信息，从数据库查询返回的结果集对象和与数据库相关的额外信息由 ResultSetMetaData 对象提供。

ResultSetMetaData 接口的常用方法如下。

int getColumnCount()：返回 ResultSet 对象中的列数。

6. PreparedStatement 接口

PreparedStatement 接口扩展了 Statement 接口，PreparedStatement 实例包含已编译的 SQL 语句，就是使 SQL 语句提前编译好，提高执行效率。包含于 PreparedStatement 对象中的 SQL 语句可有一个或多个 IN 参数。IN 参数的值在创建 SQL 语句时未被指定。相反的，该语句为每个 IN 参数保留一个问号（？）作为占位符，每个？的值必须在该语句执行之前通过调用适当的 setXXX()方法来获取，其中，XXX 是与该参数相对应的类型。

（1）创建 PreparedStatement 对象

以下代码段（其中，con 是 Connection 对象）用于创建包含带两个 IN 参数占位符的 SQL 语句的 PreparedStatement 对象。

```
PreparedStatement pstmt=con.prepareStatement("UPDATE table4 SET m=? WHERE x=?");
```

pstmt 对象包含语句 UPDATE table4 SET m=? WHERE x=?，该语句已被发送给数据库管理系统，并为执行做好了准备。

（2）使用 PreparedStatement 对象

如果发送的 SQL 语句中有输入参数，则在执行 PreparedStatement 对象之前必须设置每个？的值。这可通过调用 setXXX()方法来完成。例如，以下代码将第一个参数设为 123456789，第二个参数设为 100000000。

```
pstmt.setLong(1,123456789);
pstmt.setLong(2,100000000);
```

一旦设置了给定语句的参数值，就可基于此参数值多次执行该语句，直到调用clearParameters()方法清除参数值为止。在连接的默认模式（启用自动提交）下，语句完成时将自动提交或还原该语句。

执行 SQL 语句则用继承自 Statement 接口的 executeQuery()（执行查询语句）、executeUpdate()（执行添加、更新语句）方法。

PreparedStatement 接口与 Statement 接口的比较如表 3-1 所示。

表 3-1　PreparedStatement 接口与 Statement 接口的比较

比较点	PreparedStatement	Statement
关系	子接口，继承了 Statement 接口的所有功能，并添加了一系列设置占位符参数值的方法	父接口
SQL 注入问题	可以避免 SQL 注入问题	存在 SQL 注入隐患
执行效率	可对 SQL 进行预编译，提高 SQL 执行效率	会使数据库频繁编译 SQL，可能造成数据库缓冲溢出

【例 3-2】使用 JDBC 实现将新闻类别信息添加到新闻类别表。

案例技能点：JDBC 工作原理、数据库访问步骤、JDBC API 综合应用。

实现步骤如下。

① 在 MySQL 数据库中做好数据准备，依据工作单元 1 中的数据库设计，在 news 数据库中新建新闻类别表 NRC_TYPE(t_id,t_name,t_memo)。

② 打开 IntelliJ IDEA，基于项目 newspro，在项目的 src/main/java 目录下新建包和类：cn.sdcet.entity.Type。代码如下。

```java
package cn.sdcet.entity;
public class Type {
    private int t_id;
    private String t_name;
    private String t_memo;
    public Type(int t_id, String t_name, String t_memo) {
        this.t_id = t_id;
        this.t_name = t_name;
        this.t_memo = t_memo;
    }
    public Type(int t_id, String t_name) {
        this.t_id = t_id;
        this.t_name = t_name;
    }
    public Type(String t_name) {
        this.t_name = t_name;
    }
    public Type(int t_id) {
        this.t_id = t_id;
    }
    public Type() {
    }
    public int getT_id() {
        return t_id;
    }
    public void setT_id(int t_id) {
        this.t_id = t_id;
    }
    public String getT_name() {
        return t_name;
    }
    public void setT_name(String t_name) {
        this.t_name = t_name;
    }
    public String getT_memo() {
        return t_memo;
    }
    public void setT_memo(String t_memo) {
        this.t_memo = t_memo;
    }
    @Override
    public String toString() {
        return t_id +"   "+ t_name ;
    }
}
```

③ 在项目的 src/main/java 目录下新建包 cn.sdcet.dao，在此包下新建接口 TypeDao，在接口中定义添加新闻类别的抽象方法 add()，详细代码如下。

```
package cn.sdcet.dao;
import cn.sdcet.entity.Type;
import java.util.List;
public
 interface TypeDao{
     public Boolean add(Type type);   //添加新闻类别
  }
```

④ 在项目源代码下新建包 cn.sdcet.dao.impl，在此包下定义实现类 TypeDaoImpl（继承自 BaseDao 类），实现接口 TypeDao，TypeDaoImpl 类的详细代码如下。

```
public class TypeDaoImpl extends BaseDao implements TypeDao {  //继承自例3-1中的BaseDao 类
    @Override
    public Boolean add(Type type) {
        Boolean flag = false;
        String sql = "insert into nrc_type(t_id,t_name) value(?,?)";
        try {
            Connection con= super.getConnection();
            PreparedStatement pstm= con.prepareStatement(sql);
            pstm.setInt(1,type.getT_id());
            pstm.setString(2,type.getT_name());
            pstm.executeUpdate();
            flag=true;
        } catch (Exception e) {
            e.printStackTrace();
        }finally {
            super.closeAll();
            if(pstm!=null) {
                try {
                    pstm.close();
                } catch (SQLException throwables) {
                    throwables.printStackTrace();
                }
            }
        }
        return flag;
    }}
```

⑤ 在项目的 cn.sdcet.dao 包下新建测试类 TestDao，代码如下。

```
public class TestDao {
    public static void testAdd()
    {
        System.out.println("*******添加新闻类别*******");
        System.out.println("请输入新增新闻类别编号: ");
        Scanner scan=new Scanner(System.in);
        int t_id=scan.nextInt();
        System.out.println("请输入新增新闻类别名称: ");
        String t_name=scan.next();
        Type type=new Type(t_id,t_name);
        boolean flag=new TypeDaoImpl().add(type);
        if(flag)
        {   System.out.println("添加成功!");        }
        else {
```

```
                System.out.println("添加失败!"); }
        }
    public static void main(String[] args) {
            testAdd();
      }
   }
```

运行测试类，运行结果如图 3-4 所示。

```
"C:\Program Files\Java17\bin\java.exe" "-j
******* 添加新闻类别*******
请输入新增新闻类别编号：
1
请输入新增新闻类别名称：
时政新闻
添加成功!

Process finished with exit code 0
```

图 3-4　运行结果

【例 3-3】查询并输出新闻类别表信息。

案例技能点：JDBC 工作原理、数据库访问步骤、JDBC API 综合应用。

实现步骤如下。

① 在例 3-2 的项目代码基础上完成本案例。打开 IntelliJ IDEA，在项目的 TypeDao 接口中添加查询新闻类别的 search()方法，方法体代码如下。

```
package cn.sdcet.dao;
import cn.sdcet.entity.Type;
import java.util.List;
public
 interface TypeDao{
    public Boolean add(Type type);
    public List search(); //查询新闻类别
}
```

② 在项目的 TypeDaoImpl 类中添加测试查询新闻类别的 testSearch()方法，方法体代码如下。

```
public List search () {
    ArrayList typeList = new ArrayList();
    try {
        Connection con=super.getConnection();
        String sql = "select * from nrc_type";
        PreparedStatement pstm= con.prepareStatement(sql);
        ResultSet rs = pstm.executeQuery(sql);
        while (rs.next()) {
            int t_id = rs.getInt(1);
            String t_name = rs.getString(2);
            String t_memo = rs.getString(3);
            Type type = new Type(t_id, t_name, t_memo);
            typeList.add(type);
        }
    } catch (Exception e) {
```

```
            e.printStackTrace();
    } finally {
            super.closeAll();
    }
    return typeList;
}
```

③ 在项目的 TestDao 类中添加测试查询新闻类别的 testSearch()方法，并在主方法中调用此方法，代码如下。

```
public static void testSearch()
{
    List typeList=new TypeDaoImpl().search();
    typeList.forEach(type-> System.out.println(type));
}
public static void main(String[] args) {
    //testAdd();
    testSearch();   //调用测试查询方法
}
```

代码运行结果如图 3-5 所示。

图 3-5　运行结果

7. CallableStatement 接口

CallableStatement 对象为所有的数据库管理系统提供了一种以标准形式调用存储过程的方法。存储过程存储在数据库中。对存储过程的调用由 CallableStatement 对象负责。这类调用是用一种换码语法来写的，有两种形式：一种带结果参数，另一种不带结果参数。结果参数是一种输出（OUT）参数，是存储过程的返回值。两种形式都可带数量可变的输入（IN）参数、输出（OUT）参数或输入和输出（INOUT）参数。? 用作参数的占位符。

在 JDBC 中调用存储过程的 SQL 语句的语法格式如下。

带参数的：{call 过程名[(?,?,...)]}。

不带参数的：{call 过程名}。

CallableStatement 继承了 Statement 接口的方法（用于处理一般的 SQL 语句），还继承了 PreparedStatement 接口的方法（用于处理 IN 参数）。

（1）创建 CallableStatement 对象

CallableStatement 对象是用 Connection 接口的 prepareCall()方法创建的。下面创建 CallableStatement

对象的实例，其中含有对存储过程 INSERTPRO_T1T2 的调用。

```
String sql2="{call INSERTPRO_T1T2(?,?)}";
CallableStatement callpro2=conn.prepareCall(sql2);
```

注意 其中，?占位符为 IN、OUT 还是 INOUT 参数，取决于存储过程 INSERTPRO_T1T2 的定义。

（2）IN 和 OUT 参数

将 IN 参数传给 CallableStatement 对象是通过 setXXX()方法来完成的。该方法继承自 PreparedStatement 接口。所传入参数的类型决定了所用的 setXXX()方法（例如，用 setFloat 来传入 float 值）。

如果存储过程返回 OUT 参数，则在执行 CallableStatement 对象之前必须注册每个 OUT 参数的 JDBC 类型（这是必须的，因为某些 DBMS 要求 JDBC 类型）。注册 JDBC 类型是通过 registerOutParameter()方法来完成的。

语句执行完后，CallableStatement 的 getXXX()方法将取回参数值。正确的 getXXX()方法是为各参数所注册的 JDBC 类型对应的 Java 类型。

换言之，如果存储过程有 OUT 输出参数，则需要使用 registerOutParameter()方法注册输出参数对应的 JDBC 类型，而 getXXX()方法获取输出参数并将之转换为 Java 类型。

【任务实施】

1. 新建实体类 News

打开 IntelliJ IDEA，在项目 newspro 的 cn.sdcet.entity 包下新建 Java 实体类 News，类代码如下。

```
package cn.sdcet.entity;
public class News {
    private int n_id;
    private String n_title;
    private String n_content;
    private int t_id;
    private String n_publishtime;
    private String n_source;
    public News() {
    }
    public News(int n_id) {
        this.n_id = n_id;
    }
    public News(int n_id, String n_title, String n_content, int t_id, String
n_publishtime, String n_source) {
        this.n_id = n_id;
        this.n_title = n_title;
        this.n_content = n_content;
        this.t_id = t_id;
        this.n_publishtime = n_publishtime;
        this.n_source = n_source;
    }
```

```
    public News(String n_title, String n_content, int t_id, String n_publishtime,
String n_source) {
        this.n_title = n_title;
        this.n_content = n_content;
        this.t_id = t_id;
        this.n_publishtime = n_publishtime;
        this.n_source = n_source;
    }
    public int getN_id() {
        return n_id;
    }
    public void setN_id(int n_id) {
        this.n_id = n_id;
    }
    public String getN_title() {
        return n_title;
    }
    public void setN_title(String n_title) {
        this.n_title = n_title;
    }
    public String getN_content() {
        return n_content;
    }
    public void setN_content(String n_content) {
        this.n_content = n_content;
    }
    public int getT_id() {
        return t_id;
    }
    public void setT_id(int t_id) {
        this.t_id = t_id;
    }
    public String getN_publishtime() {
        return n_publishtime;
    }
    public void setN_publishtime(String n_publishtime) {
        this.n_publishtime = n_publishtime;
    }
    public String getN_source() {
        return n_source;
    }
    public void setN_source(String n_source) {
        this.n_source = n_source;
    }
    @Override
    public String toString() {
        return this.n_title ;
    }
}
```

2. 创建接口 NewsDao

在项目 newspro 的 cn.sdcet.dao 包下新建接口 NewsDao，在接口中定义添加新闻的抽象方法
add()。详细代码如下。

```
package cn.sdcet.dao;
import cn.sdcet.entity.News;
public
 interface NewsDao {
     public Boolean add(News news);
}
```

3. 创建实现类 NewsDaoImpl

在项目源代码 cn.sdcet.dao.impl 包中新建实现类 NewsDaoImpl（继承自 BaseDao 类），实现方法 add()，该方法用于将新闻信息添加到数据库表中。详细代码如下。

```
public class NewsDaoImpl extends BaseDao implements NewsDao {
    @Override
    public Boolean add(News news) {
    Boolean flag = false;
    String sql = "insert into nrc_news(n_title,n_content,t_id,n_publishtime,
n_source) value(?,?,?,?,?)";
        try {
            Connection con=super.getConnection();
            PreparedStatement pstm=con.prepareStatement(sql);
            //pstm.setInt(1,news.getT_id());
            pstm.setString(1,news.getN_title());
            pstm.setString(2,news.getN_content());
            pstm.setInt(3,news.getT_id());
            pstm.setString(4,news.getN_publishtime());
            pstm.setString(5,news.getN_source());
            pstm.executeUpdate();
            flag=true;
        } catch (Exception e) {
            e.printStackTrace();
        }finally {
            super.closeAll();
        }
        return flag;
    }
}
```

4. 创建测试类，测试添加新闻功能

在 cn.sdcet.dao 包下新建测试类 TestNews，测试添加新闻功能，代码如下。

```
public class TestNews {
    public static void addNews()
    {
        System.out.println("******添加新闻*********");
        System.out.println("请输入新闻标题: ");
        Scanner sc=new Scanner(System.in);
        String ntile=sc.nextLine();
        System.out.println("请输入新闻内容: ");
        String content=sc.nextLine();
        System.out.println("请输入新闻类别编号: ");
        int tid=sc.nextInt();
        System.out.println("请输入新闻发布时间: ");
        String publishTime=sc.next();        sc.nextLine();  //读取换行符
        System.out.println("请输入新闻来源: ");
        String source=sc.nextLine();
```

```
            News news=new News(ntile,content,tid,publishTime,source);
            Boolean bool=new NewsDaoImpl().add(news);
            if(bool)
            {
                System.out.println("添加新闻成功!");
            }else
            {
                System.out.println("添加新闻失败!");
            }
        }
        public static void main(String[] args) {
            addNews();
        }
    }
```

执行上述代码，运行结果如图 3-6 所示。

```
******添加新闻*********
请输入新闻标题:
行前思政课 厚植家国情
请输入新闻内容:
"你们是家乡的骄傲，更是家乡的未来，希望大家无论身在何地、走向何方，都能以奋斗姿态激扬青春
请输入新闻类别编号:
2
请输入新闻发布时间:
2024年8月23日
请输入新闻来源:
中国教育新闻网
添加新闻成功!

Process finished with exit code 0
```

图 3-6　运行结果

【任务实训】实现新闻信息与用户数据的删除与查询

任务要求：

1. 实现新闻信息的删除、查询；
2. 实现用户数据的删除、查询。

任务 3.2　应用数据库连接池实现新闻信息修改

【任务描述】

本任务学习并理解数据库连接池的工作原理、常用的数据库连接池及用法，完成数据库连接池的配置，从数据库连接池获取连接，以实现更新新闻信息的功能。

【知识准备】

3.2.1　JDBC 封装操作

JDBC 本身提供的 API 是相对底层的，直接使用 JDBC 进行数据库操作需要编写大量的代码，

如创建数据库连接、创建 SQL 语句、处理结果集等。通过封装类，可以将这些重复的操作封装成方法，以便在不同的业务场景中使用，避免重复编写代码，提高开发效率。JDBC 封装类还可以将数据库连接的细节（如 URL、用户名、密码）隐藏起来，通过配置文件等方式进行管理，避免直接在代码中暴露敏感信息，提高了系统的安全性。

JDBC 封装类的创建步骤大体如下。

① 创建一个配置文件 db.properties，并将其放置在项目的资源目录下（对于 Maven 项目来说，通常是 src/main/resources），文件示例内容如下。

```
url=jdbc:mysql://localhost:3306/your_database
driverClass=com.mysql.jdbc.Driver
username=your_username
password=your_password
```

② 创建一个工具类 DBUtil，该类包含读取配置文件、创建数据库连接、关闭数据库连接等各模块可以重用的操作方法，示例代码如下。

```
public class DBUtil {
    private static String jdbcUrl;
    private static String userName;
    private static String passWord;
    //找到资源目录下的配置文件
    InputStream input =
    DBUtil.class.getClassLoader().getResourceAsStream("db.properties");
    //实例化 Properties 对象
    Properties properties = new Properties();
    try {
            //加载配置文件，完成配置文件的解析
            properties.load(input);
            //获取参数
            jdbcUrl = properties.getProperty("url");
            userName = properties.getProperty("username");
            passWord = properties.getProperty("password");
            //加载驱动
            Class.forName(properties.getProperty("driverClass"));
        } catch (IOException | ClassNotFoundException e) {
            e.printStackTrace();
        } finally {
            try {
                if (input != null) {
                    input.close();
                }
            } catch (IOException e) {
                e.printStackTrace();
            }
        }
    }
    //获取连接对象
    public static Connection getConnection() {
        Connection connection = null;
        try {
            connection = DriverManager.getConnection(jdbcUrl, username, password);
```

```
        } catch (SQLException e) {
            e.printStackTrace();
        }
        return connection;
    }
    //封装关闭连接为通用方法
    public static void closeConnection(Connection conn, PreparedStatement
pst,ResultSet rs){
        try {
            if (conn != null){
            conn.close(); }
            if (pst != null){
                pst.close(); }
            if (rs!= null){
                rs.close(); }
        } catch (SQLException e) {
          e.printStackTrace();
            }
        }
```

3.2.2　数据库连接池配置

普通 JDBC 连接每次操作数据库前，都需要创建一个新的数据库连接。操作完成后，需要手动关闭连接。频繁地创建和关闭连接会增加系统开销，影响性能。数据库连接池可以很好地解决这个问题，有效减少创建和关闭连接的开销。

3-4　数据库
连接池配置

1. 数据库连接池概述

（1）数据库连接池的原理

普通的 JDBC 数据库连接使用 DriverManager 类来实现，每次与数据库建立连接时都要先将 Connection 加载到内存中，再验证用户名和密码（需要花费 0.05～1s）。需要连接数据库时，就向数据库连接地申请一个连接，执行完成后再断开连接。这样的方式将会消耗大量的资源和时间。数据库的连接资源并没有得到很好的重复利用。若同时有几百人甚至几千人在线，频繁地进行数据库连接操作将占用很多的系统资源，严重时甚至会导致服务器崩溃。

数据库连接池就是为数据库连接建立一个"缓冲池"。预先在缓冲池中放入一定数量的连接，当需要建立数据库连接时，只需从"缓冲池"中取出一个，使用完毕再放回去。

数据库连接池负责分配、管理和释放数据库连接，它允许应用程序重复使用一个现有的数据库连接，而不是重新建立一个。数据库连接池在初始化时将创建一定数量的数据库连接，这些数据库连接的数量取决于最小连接数，无论这些数据库连接是否被使用，连接池都将一直保证至少拥有这么多的连接数量。连接池的最大连接数限定了这个连接池至多能拥有的数据库连接数，当应用程序向连接池请求的连接数超过最大连接数时，这些请求将被加入等待队列中。

（2）JDBC 连接池的运行步骤

JDBC 连接池的运行步骤如下。

① 初始化连接池。在应用程序启动时，JDBC 连接池会根据预设的参数（如最小连接数、最大连接数等）初始化一定数量的数据库连接。这些连接被保存在连接池中，等待应用程序使用。

② 连接的分配。当应用程序需要与数据库进行交互时，不是直接创建一个新的数据库连接，而是向连接池请求一个连接。连接池如果有空闲的连接，则分配一个给应用程序。如果没有空闲连接，并且当前连接数小于最大连接数，则连接池创建一个新的连接供应用程序使用。

③ 连接的使用和回收。应用程序使用从连接池中获得的连接进行数据库操作。操作完成后，不是关闭连接，而是将连接返回给连接池。

④ 连接的管理。连接池会管理返回的连接，将其标记为可用状态，以便为其他请求所使用。如果连接长时间未被使用，连接池可能会关闭这些连接以释放资源。

⑤ 连接的维护。连接池会定期检查池中连接的状态，确保连接的有效性。如果发现无效连接，则将其从池中移除，并可能创建新的连接以保证池中的连接数。

（3）JDBC 连接池的优势

① 性能提升：通过重用现有的数据库连接，减少了创建和关闭连接的开销，从而显著提高应用程序的性能。

② 资源节约：连接池有效管理了数据库连接资源，避免了资源浪费，特别是在高并发场景下，可以减少系统资源的消耗。

③ 稳定性增强：连接池可以设置最大连接数，以防止过多的连接导致数据库过载，增强了系统的稳定性。

④ 开发效率提高：使用连接池后，开发者不需要在代码中手动管理数据库连接的创建和关闭，简化了开发过程，提高了开发效率。

⑤ 灵活性与可配置性：连接池的参数（如最大连接数、最小连接数、连接超时时间等）可以根据应用程序的需要进行配置，提供了很高的灵活性。

⑥ 安全性增强：连接池可以统一管理数据库密码等敏感信息，避免密码硬编码在应用程序中，提高了系统的安全性。另外，连接池可以提供统一的异常处理机制，将底层的数据库异常转换为更易于理解的业务异常，方便应用程序处理。

（4）常用的 JDBC 连接池

在 Java 中，JDBC 连接池通常是通过第三方库实现的。常用的 JDBC 连接池有 Druid、HikariCP、C3P0 等。

① Druid。Druid（德鲁伊）连接池是阿里巴巴开源的一款高性能、可扩展的 Java 数据库连接池。它不仅提供数据库连接池功能，还具备强大的监控和扩展能力，广泛应用于 Java 开发中。Druid 可以监控数据库访问性能，它内置了一个功能强大的 StatFilter 插件，能够详细统计 SQL 的执行性能，这对线上分析数据库访问性能很有帮助。Druid 提供数据库密码加密功能，还提供不同的 LogFilter，支持 Common-Logging、Log4j 和 JdkLog，可以根据需要选择相应的 LogFilter 来监控数据库访问情况。利用 Druid 提供的 Filter-Chain 机制，可以很方便地编写 JDBC 层的扩展插件。

Druid 连接池在传统连接池的基础上，进行了许多优化和扩展，主要包括以下几个方面：多数据源支持，Druid 支持同时配置多个数据源，方便应用在不同数据库之间切换；连接池监控，Druid 提供丰富的监控信息，包括连接池的活跃连接数、空闲连接数、等待时间等，方便用户了解连接池的运行状况；SQL 防火墙，Druid 具备 SQL 防火墙功能，可以防止 SQL 注入等攻击；数据库密码加密，Druid 支持数据库密码加密，提高了安全性；多种数据库支持，Druid 支持多种数据库，如 MySQL、Oracle、SQL Server 等。

② HikariCP。HikariCP 是 Java 社区最受欢迎和广泛使用的 JDBC 连接池之一，因卓越的性能、简洁的配置以及良好的文档而广受好评。HikariCP 具备高性能、轻量等特点，很多现代的 Java 应用程序和服务都默认将其作为数据库连接池。

HikariCP 之所以流行有以下几个原因：在性能方面，HikariCP 在多种基准测试中展现出了优异的性能，通常比其他连接池快几倍；在可靠性方面，HikariCP 经过严格的测试，在生产环境中被大量使用，证明其稳定、可靠；简洁的配置，HikariCP 的默认配置已经非常合理，通常不需要进行复杂的配置；功能丰富，尽管配置简单，但 HikariCP 提供了丰富的功能，如自动连接泄露检测、自动关闭空闲连接等。Spring Boot 的默认数据库连接池也是 HikariCP，这进一步推动了其在 Java 社区的普及。

③ C3P0。C3P0 是一个开源的、完全由 Java 实现的数据库连接池，它为应用程序提供了管理和复用数据库连接的能力，从而提高了性能并优化了资源利用。C3P0 由大卫·斯通（David Stone）创建，在 GitCode 上托管，该项目自 2004 年以来一直活跃，深受开发者的欢迎。

不同的数据库连接池用法相似，本书选择目前企业中常用、功能强大的 Druid 连接池。

2. Druid 连接池常用的类及方法

（1）DruidDataSource 类

DruidDataSource 类是 Druid 连接池的核心类，它负责管理数据库连接的创建、关闭、分配和回收，常用方法如下。

① init()：初始化连接池。

② close()：关闭连接池，释放所有资源。

③ getConnection()：从连接池中获取一个数据库连接。

④ setUrl(String url)：设置数据库的 JDBC URL。

⑤ setUsername(String username)：设置数据库的用户名。

⑥ setPassword(String password)：设置数据库的密码。

⑦ setDriverClassName(String driverClassName)：设置数据库的 JDBC 驱动类名。

⑧ setInitialSize(int initialSize)：设置连接池初始大小。

⑨ setMaxActive(int maxActive)：设置连接池最大连接数。

⑩ setMinIdle(int minIdle)：设置连接池最小空闲连接数。

⑪ setMaxWait(long maxWait)：设置获取连接的最大等待时间。

⑫ setTimeBetweenEvictionRunsMillis(long timeBetweenEvictionRunsMillis)：设置间隔多久进行一次空闲连接的回收。

（2）DruidPooledConnection 类

DruidPooledConnection 类是 Druid 提供的包装了原生数据库连接的类，它实现了 Connection 接口，常用方法如下。

① close()：归还连接到连接池。

② isValid(int timeout)：检查连接是否有效。

（3）DruidPooledPreparedStatement 类

DruidPooledPreparedStatement 类是 Druid 提供的包装了原生 PreparedStatement 接口的类，常用方法如下。

① execute()：执行 SQL 语句。

② executeQuery()：执行查询 SQL 语句，并返回 ResultSet。

③ executeUpdate()：执行更新 SQL 语句，并返回影响的行数。

④ close()：关闭 PreparedStatement 对象，并释放相关资源。

（4）DruidPooledResultSet 类

DruidPooledResultSet 类是 Druid 提供的包装了原生 ResultSet 接口的类，常用方法如下。

① next()：移动到下一个 ResultSet 记录。

② getString(String columnLabel)：获取字符串类型的列值。

③ getInt(int columnIndex)：获取整型的列值。

④ close()：关闭 ResultSet 对象，并释放相关资源。

【任务实施】

1. 添加 Druid 的依赖

打开 IDEA，在 newspro 项目的 pom.xml 文件中添加 Druid 的依赖，依赖内容如下。

```
<dependency>
<groupId>com.alibaba</groupId>
<artifactId>druid</artifactId>
 <version>1.2.6</version>
 </dependency>
```

添加好依赖后，刷新 Maven 依赖项，会自动下载 Druid 的依赖 JAR 包，如图 3-7 所示。

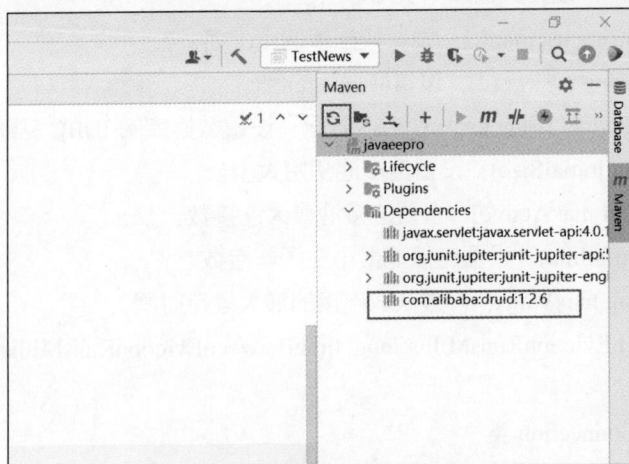

图 3-7　自动下载 Druid 的依赖 JAR 包

2. 配置数据源

在 newspro 项目的 src/main/resources 目录下新建配置文件 druid.properties，配置数据源，配置文件内容及相关含义如下。

```
# Druid 数据源配置
driverClassName=com.mysql.jdbc.Driver
url=jdbc:mysql://localhost:3306/news?characterEncoding=utf-8
#注意用户名为全小写
username=root
password=123456
# 初始化连接数
initialSize=5
# 最小空闲连接数
minIdle=5
# 最大连接数
maxActive=20
# 配置获取连接的最大等待时间
maxWait=60000
# 配置间隔多久进行一次空闲连接的回收
timeBetweenEvictionRunsMillis=60000
# 配置一个连接在池中生存的最短时间
minEvictableIdleTimeMillis=300000
```

3. 获取连接池的连接

在 newspro 项目源代码的 cn.sdcet.util 目录下新建 Java 类 DruidDBUtils，实现从数据库连接池获取连接。代码如下。

```java
package cn.sdcet.util;
import com.alibaba.druid.pool.DruidDataSourceFactory;
import javax.sql.DataSource;
import java.io.FileInputStream;
import java.sql.Connection;
import java.util.Properties;
public class DruidDBUtils {
    //静态资源可以使用
    public static DataSource ds = null;
    //资源只需要加载一次，后面就可一直使用，直接写在静态代码块中
    static {
        try {
            //加载连接池配置文件 properties 的内容到 Properties 对象中
            Properties props = new Properties();
            FileInputStream fin = new FileInputStream("src\\main\\resources\\
druid.properties");
            props.load(fin);
            //创建 Druid 连接池，使用配置文件中的参数
            ds = DruidDataSourceFactory.createDataSource(props);
            if(fin!=null) {
                fin.close();  //关闭输入流
            }
        } catch (Exception e) {
            throw new RuntimeException(e);
        }
    }
    //获取连接池中的连接
    public static Connection getConnection() throws Exception{
```

```java
            return ds.getConnection();
        }
public static void close(Connection con, PreparedStatement pstm)
{
        try {
            if(con!=null) {
            con.close();   //将连接释放回连接池
            }
            if(pstm!=null)
            {
                pstm.close();
            }
        } catch (SQLException throwables) {
            throwables.printStackTrace();
        }
}
public static void close(Connection con, PreparedStatement pstm, ResultSet rs)
{
    try {
        if(con!=null)
        {  con.close();         }
        if(pstm!=null)
        {  pstm.close();          }
        if(rs!=null)
        {  rs.close();          }
    } catch (SQLException throwables) {
        throwables.printStackTrace();
    }
}
    public static void main(String[] args) {
        try {
            Connection conn=DruidDBUtils.getConnection();
            if(conn!=null)
            {
                System.out.println("从连接池获取连接成功!");
            }
        } catch (Exception e) {
            e.printStackTrace();
        }
    }
}
```

运行上面获取连接的代码，从连接池获取连接成功的效果如图 3-8 所示。

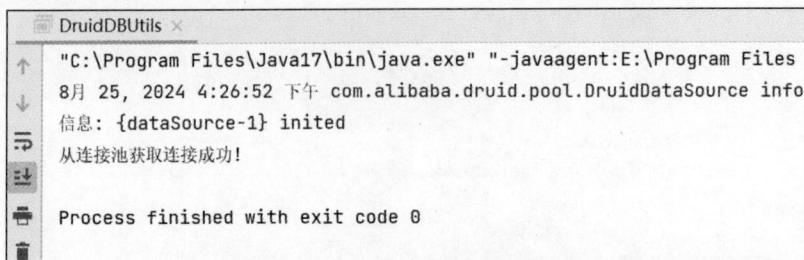

图 3-8　从连接池获取连接成功的效果

4. 基于连接池实现新闻信息修改

在项目源代码的 cn.sdcet.dao.NewsDao 接口中新增更新新闻信息的抽象方法 update()，代码如下。

```
package cn.sdcet.dao;
import cn.sdcet.entity.News;
public
 interface NewsDao {
     public Boolean add(News news);
     public Boolean update(News news); //更新新闻信息
}
```

在项目源代码的 cn.sdcet.dao.impl.NewsDaoImpl 实现类中实现抽象方法 update()，代码如下。

```
public Boolean update(News news) {
    Boolean flag= false;
    String sql ="update nrc_news set n_title=?,n_content=?,t_id=?,n_publishtime=?,
n_source=? where n_id=?";
    try {
        Connection con= DruidDBUtils.getConnection();
        pstm= con.prepareStatement(sql);
        pstm.setString(1,news.getN_title());
        pstm.setString(2,news.getN_content());
        pstm.setInt(3,news.getT_id());
        pstm.setString(4,news.getN_publishtime());
        pstm.setString(5,news.getN_source());
        pstm.setInt(6,news.getN_id());
        int t=pstm.executeUpdate();
        if(t>0) {
            flag = true;
        }
    } catch (Exception e) {
        e.printStackTrace();
    }finally {
        DruidDBUtils.close(con,pstm);  //关闭连接
    }
    return flag;
}
```

5. 创建测试方法，测试更新新闻信息

在项目源代码的 cn.sdcet.dao.TestNews 类中新建测试更新新闻信息的方法 updateNews()，并在主函数中调用，实现更新新闻信息。详细代码如下。

```
public static void updateNews()
{
    System.out.println("******更新新闻*********");
    Scanner sc=new Scanner(System.in);
    System.out.println("请输入要更新的新闻编号: ");
    int nid=sc.nextInt();
    sc.nextLine(); //读取换行符
    System.out.println("请输入更新后的新闻标题: ");
    String ntile=sc.nextLine();
    System.out.println("请输入更新后的新闻内容: ");
```

```
            String content=sc.nextLine();
            System.out.println("请输入更新后的新闻类别编号: ");
            int tid=sc.nextInt();      sc.nextLine();   //读取换行符
            System.out.println("请输入更新后的新闻发布时间: ");
            String publishTime=sc.nextLine();
            System.out.println("请输入更新后的新闻来源: ");
            String source=sc.nextLine();
            News news=new News(nid,ntile,content,tid,publishTime,source);
            Boolean bool= new NewsDaoImpl().update(news);
            if(bool)
            {
                    System.out.println("更新新闻成功!");
            }else
            {
                    System.out.println("更新新闻失败!");
            }
    }
    public static void main(String[] args) {
        updateNews();
    }
```

运行结果如图 3-9 所示。

```
"C:\Program Files\Java17\bin\java.exe" "-javaagent:E:\Program Files (x
******更新新闻*********
请输入要更新的新闻编号:
152
请输入更新后的新闻标题:
行前思政课  厚植家国情
请输入更新后的新闻内容:
将步入大学的东阳籍新生聚集一堂，参加了一场特别的行前思政课
请输入更新后的新闻类别编号:
2
请输入更新后的新闻发布时间:
2024年8月25日
请输入更新后的新闻来源:
中国教育报
1月 07, 2025 5:06:29 下午 com.alibaba.druid.pool.DruidDataSource info
信息: {dataSource-1} inited
更新新闻成功!

Process finished with exit code 0
```

图 3-9　运行结果

【任务实训】基于 Druid 连接池完成新闻信息的相关操作

任务要求：基于 Druid 连接池完成新闻信息的添加和删除、根据新闻编号查询新闻信息等。

单元评价

1. 团队自评

根据团队成员分工，由项目经理根据分工要求，对团队完成的任务进行自评，自评并改进后提交项目。

2. 任务评审

项目负责人对新闻发布系统的 JDBC 数据库操作、数据库连接池的应用情况进行评审，以进一步提高数据库操作效率。

3. 任务复盘

任务结束后，王小康带领团队成员召开项目总结会议。

第一个议题是通过任务实施掌握了哪些理论知识，汇总如下：①JDBC 的概念；②JDBC 的工作原理；③数据库访问步骤；④JDBC 常用类和接口；⑤数据连接池的配置与应用。

项目总结会议的第二个议题是在项目开发过程中团队成员培养了哪些能力，汇总如下：①应用 JDBC 技术实现数据库连接的能力；②应用 JDBC 技术实现数据持久化存储的能力；③应用 JDBC 技术实现数据增、删、改、查的能力；④应用连接池技术实现数据库连接的能力。

第三个议题是团队和个人遇到了哪些问题、采用了什么解决方案，以及获得了哪些合作经验等，体会严谨、认真的工作态度，沟通交流能力，认识问题、分析问题和解决问题的能力等在项目开发中的重要性。

单元小结

通过本任务的实践，团队成员高质量地完成了新闻发布系统数据库的创建，JDBC 连接，数据的增、删、改、查。团队成员的理解与分析能力、项目实战能力，以及团队协作能力均得到了提升。

> **①✉来自软件工程师的声音**
>
> **了解数据安全法律法规，养成良好的数据安全意识**
>
> 数据是 21 世纪的"钻石矿"，已经成为与土地、劳动力、资本和技术并列的第五大生产要素。数据对经济发展、科技创新、社会管理、商业决策、个人生活、国家安全、文化交流和教育科研等各个领域都有深刻的影响。在软件设计与开发过程中，软件工程师需要对数据进行大量操作，因此养成良好的数据安全意识极为重要。
>
> 我国自 2021 年 9 月 1 日起实施的《中华人民共和国数据安全法》明确了数据安全的基本制度、数据分类分级保护制度、数据安全审查制度等，旨在保障数据安全，促进数据开发利用。软件工程师在了解数据安全法律法规的基础上，应该努力提高自己的技术水平和综合能力，善于采取一系列安全措施（如参数化查询、数据加密、访问控制、安全配置等）来预防危害软件系统数据安全的行为，如 SQL 注入、数据泄露、数据篡改、密码攻击、软件漏洞等。

单元拓展　黄河云之旅网站后台数据添加与类别修改

基于数据库 JDBC 技术或连接池技术，完成旅游网站后台数据的添加、修改、删除、更新等，并在控制台进行测试。

3-5　借助 AI
优化代码

AI 技能拓展　借助 AI 工具精准优化代码

通义灵码具备多文件代码修改（Multi-file Edit）和工具使用（Tool-use）的能

力，可以与程序开发者协同完成编程任务，如需求实现、问题解决、单元测试用例生成、批量代码修改等。选中需要修改的代码文件，单击 IDE 工具导航"通义灵码"唤起通义灵码智能问答助手，切换到 AI 程序员功能页面，在文本框内输入完整的功能需求描述，通义灵码 AI 程序员就会自行修改代码并提示代码审查和代码变更确认。

例如，程序开发者自主编写数据库工具类，且基本功能已经实现，但是异常处理机制代码不够完善，可能存在一些漏洞，在通义灵码 AI 程序员界面文本框中输入："完善异常处理机制并优化冗余代码"，按 Enter 键后，AI 可以根据上下文内容以及需求，完整精确地进行代码的修改与优化，用户确认代码是否变更之后，单击"接受"按钮即可批量采纳整个 Java 文件优化后的代码，单击"拒绝"按钮即不接受代码修改。Java 文件包含的方法左侧有属于该方法的"拒绝"与"接受"的标志，用于确认该方法代码是否拒绝或者接受修改，如图 3-10 所示。

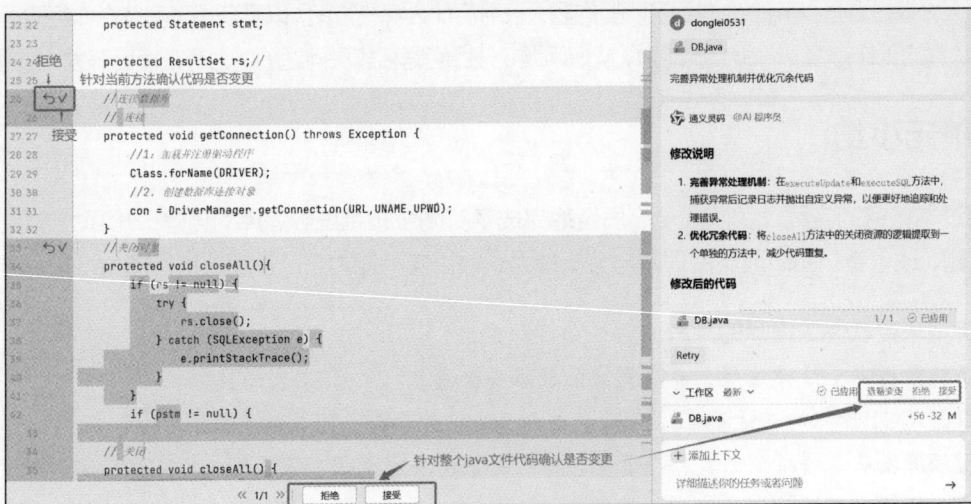

图 3-10　JDBC 驱动类使用 AI 修改后的变更确认

思考与练习

一、填空题

1. JDBC 的核心类是＿＿＿＿，它用于管理数据库连接。

2. JDBC 连接 MySQL 数据库使用的 URL 是＿＿＿＿＿＿＿＿＿＿＿＿＿＿＿。

二、选择题

1. 在使用 JDBC 进行数据库操作时，首先要加载数据库驱动，这可以通过 Class.forName("com.mysql.cj.jdbc.Driver");来实现，其中，com.mysql.cj.jdbc.Driver 是（　　　）。

    A. 数据库驱动的类名　　　　　　　　　　B. 数据库驱动的 URL

    C. 数据库驱动的密码　　　　　　　　　　D. 数据库驱动的用户名

2. 以下哪些是 JDBC 连接池的特点？（　　　）（多选题）

    A. 提高了数据库操作的效率　　　　　　　B. 降低了数据库操作的效率

    C. 提高了数据库操作的稳定性　　　　　　D. 降低了数据库操作的稳定性

3. 在 JDBC 中，以下哪个方法用于关闭数据库连接？（　　）

    A．conn.close()　　　　　B．stmt.close()　　　　　C．rs.close()　　　　　D．pstmt.close()

4. JDBC 中，以下哪个方法用于执行查询 SQL 语句？（　　）

    A．stmt.executeQuery()　　　　　　　　　B．stmt.executeUpdate()

    C．stmt.execute()　　　　　　　　　　　　D．pstmt.executeQuery()

5. 在 JDBC 中，预处理语句是一种安全的 SQL 执行方式，它将数据和 SQL 代码分离处理。使用预处理语句时，需要创建一个 PreparedStatement 对象，以下是一个创建预处理语句的示例代码：PreparedStatement pstmt = conn.prepareStatement("SELECT * FROM users WHERE id = ?");。其中，SELECT * FROM users WHERE id = ?是（　　）。

    A．预处理语句的 SQL 语句　　　　　　　B．预处理语句的参数

    C．预处理语句的查询结果　　　　　　　D．预处理语句的执行结果

三、简答题

1. 什么是 JDBC？有什么作用？

2. 请描述基于 JDBC 访问数据库的操作步骤。

3. 什么是数据库连接池？有哪些优势？

工作单元4
新闻发布系统
——JSP技术实现

04

【任务背景】

新闻发布系统动态网站的需求分析与系统设计已经完成，在此基础上，进入新闻发布系统的开发阶段。本工作单元使用 JSP 技术完成新闻发布系统的编程与测试，包括新闻发布系统首页的新闻显示、新闻详情显示、新闻搜索等功能的实现。

【学习目标】

- 知识目标
  - ✓ 了解 JSP 基本概念
  - ✓ 理解 JSP 执行过程
  - ✓ 掌握 JSP 页面元素
  - ✓ 掌握 JSP 隐式对象
  - ✓ 掌握 JSP 动作元素
- 能力目标
  - ✓ 具备灵活使用声明、Java 脚本段、表达式等 JSP 脚本元素的能力
  - ✓ 具备灵活使用隐式对象的能力
  - ✓ 具备合理使用作用域对象的能力
  - ✓ 具备独立使用 JSP 技术开发项目的能力
  - ✓ 具备使用 AI 工具辅助编程的能力
- 素养目标
  - ✓ 具备严谨、认真的工作态度
  - ✓ 具备社会责任感
  - ✓ 提高自主学习能力
  - ✓ 提高团队合作能力
  - ✓ 提高沟通交流能力
  - ✓ 提高认识问题、分析问题和解决问题的能力

任务 4.1　实现新闻发布系统首页的新闻显示功能

【任务描述】

软件工程师王小康组织项目组成员根据前期设计的系统功能架构、系统功能要求，完成新闻发布系统首页的新闻显示功能。

【知识准备】

4.1.1　JSP 概述

JSP（Java Server Pages，Java 服务器页面）是 Sun 公司倡导、众多公司参与建立的一种动态网页技术标准。JSP 建立在 Servlet 规范提供的功能之上，它通过在 HTML 文件中嵌入 Java 代码和 JSP 标签来产生动态内容。HTML 代码用来实现网页中静态内容的显示，Java 代码用来实现网页中动态内容的显示。为了与传统的 HTML 有所区别，JSP 文件的扩展名为.jsp，文件名必须是合法的标识符，并且大小写敏感，文件名一般采用小写字母。

使用 JSP 技术开发的 Web 应用程序基于 Java，JSP 技术可以用一种简捷而快速的方法从 Java 程序生成 Web 页面，JSP 技术具有如下特征。

（1）跨平台：JSP 是基于 Java 的，它可以使用 Java API，所以 JSP 是跨平台的，可以应用于不同的系统中，如 Windows、Linux 等。当从一个平台移植到另一个平台时，因为 Java 的字节码与平台无关，所以 JSP 和 JavaBean 的代码并不需要重新编译。

（2）业务代码相分离：在使用 JSP 技术开发 Web 应用程序时，界面的开发与应用程序的开发可以分离开。前端开发人员使用 HTML 来设计界面，后端开发人员使用 JSP 标签和脚本来动态生成页面上的内容。在服务器端，JSP 引擎（或容器，在本书中是指 Tomcat）负责解析 JSP 标签和脚本程序，生成客户端所请求的内容，并将执行结果以 HTML 页面的形式返回给浏览器。

（3）组件重用：JSP 开发可以使用 JavaBean 编写业务组件，也就是使用一个 JavaBean 类封装业务处理代码或者作为一个数据存储模型，在 JSP 文件甚至整个项目中，都可以重复使用这个 JavaBean。同时，JavaBean 也可以应用到其他 Java 应用程序中。

（4）预编译：预编译就是在用户第一次通过浏览器访问 JSP 文件时，服务器将对 JSP 文件代码进行编译，并且仅执行一次编译。编译好的代码将被保存，在用户下一次访问时，会直接执行编译好的代码。这样不仅节约了服务器的 CPU 资源，还大大提升了客户端的访问速度。

4.1.2　JSP 执行过程

JSP 工作模式是请求/响应模式，JSP 的执行过程主要包括 3 个阶段，分别为转译阶段、编译阶段和执行阶段，如图 4-1 所示。

具体执行过程如下。

（1）客户端发出请求，请求访问 JSP 文件。

4-1　JSP 执行过程

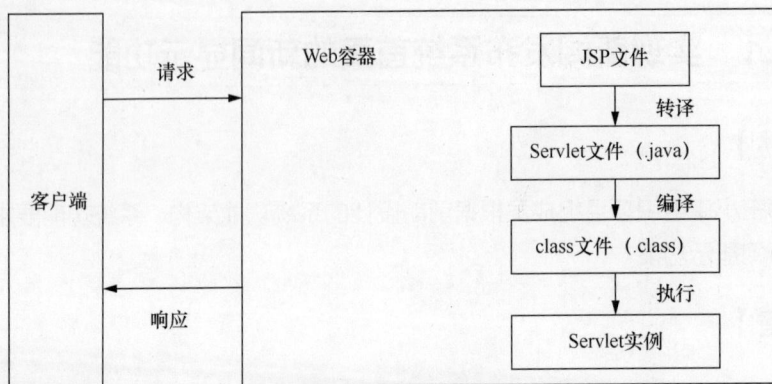

图 4-1　JSP 执行过程

（2）JSP 文件会被 Web 容器中的 JSP 引擎转译成 Java 源代码（Servlet 文件），在转译过程中，如果发现 JSP 文件中存在任何语法错误，则中断转译，并向服务器端和客户端返回出错信息（**转译阶段**）。

（3）如果转译成功，则 Java 源文件被编译成可执行的字节码文件（class 文件）（**编译阶段**）。

（4）由 Servlet 容器加载字节码文件并创建一个 Servlet 实例（JSP 页面的转换结果），执行 jspInit()方法。jspInit()方法在 Servlet 的整个生命周期中只会执行一次（**执行阶段**）。

（5）执行 jspService()方法来处理客户端的请求。对于每一个请求，JSP 容器都会创建一个新的线程来处理。如果多个客户端同时请求该 JSP 文件，则 JSP 容器会创建多个线程，使得每一个客户端请求都对应一个线程（**执行阶段**）。

（6）如果 JSP 文件被修改，则服务器将根据设置决定是否对该文件重新编译，如果需要重新编译，则重新编译后的结果取代内存中常驻的 Servlet，并继续上述处理过程（**编译阶段**）。

（7）由于系统资源不足等原因，JSP 容器可能会以某种不确定的方式将 Servlet 从内存中移除。发生这种情况时，JSP 容器首先会调用 jspDestroy()方法，然后对 Servlet 实例进行"垃圾收集"处理（**执行阶段**）。

（8）当请求处理完成后，响应对象由 JSP 容器接收，并将 HTML 格式的响应信息发送回客户端。

> **小提示**　第一次调用 JSP 文件时，由于需要转译和编译，会产生一些轻微的延迟，生成 Servlet 实例后其常驻内存，所以再次访问 JSP 文件时响应速度非常快；JSP 运行过程中采用多线程的执行方式可以极大降低对系统资源的需求，提高系统的并发量并缩短响应时间；可以在 jspInit()中进行一些初始化工作（建立数据库的连接、建立网络连接、从配置文件中获取一些参数等）；可以在 jspDestroy()中释放相应的资源。

4.1.3　JSP 页面元素

4-2　JSP 页面
元素

一个 JSP 文件由多种页面元素组成，包括 HTML 静态元素、JSP 脚本元素、JSP 注释、JSP 指令等。

1. HTML 静态元素

在 JSP 文件中，HTML 静态元素是指那些不需要服务器端处理就可以直接发送给客户端的元素，如 HTML 标签、文本内容、注释等。可以在静态 HTML

内容中嵌套 JSP 的其他元素来产生动态内容，JSP 页面中的 HTML 静态元素定义了页面的结构和外观。

2. JSP 脚本元素

JSP 脚本元素是指嵌套在<%和%>中的一条或多条 Java 程序代码。通过 JSP 脚本元素可以将代码嵌入 HTML 页面中，实现页面的动态内容。

JSP 脚本元素主要包含 Java 脚本段、表达式、声明 3 种类型。

（1）Java 脚本段

语法格式：<%Java 语句 1,Java 语句 2;...%>。

脚本段中是合法的 Java 代码，可以输出内容，也可以是一些流程控制语句。

（2）表达式

语法格式：<%=Java 表达式%>。

表达式用于向页面输出内容，在处理用户请求时，表达式被计算，计算结果被转换为字符串插入输出流中。

（3）声明

语法格式：<%!声明 1;声明 2;...%>。

可以声明变量、方法和类，声明可以在 JSP 页面的任何地方使用，但仅在当前 JSP 页面内有效。在上述语法格式中，被声明的 Java 代码将被编译到 Servlet 的_jspService()方法之外，即在 JSP 声明语句中定义的都是成员方法、成员变量、静态方法、静态变量、静态代码块等。在 JSP 声明语句中声明的方法在整个 JSP 页面内有效，但是在方法内定义的变量只在该方法内有效。当声明的方法被调用时，会为方法内定义的变量分配内存，而调用结束后会立刻释放所占的内存。

> **小提示** 在<%!和%>中定义的属性是成员属性，相当于类的属性；定义的方法相当于全局的方法，也相当于类中的方法，但不可以输出，因为它只是进行方法的定义和属性的定义。在 Java 脚本段的<%和%>中可以进行属性的定义，也可以输出内容，但是不可以进行方法的定义。因为这对标签中的内容在被编译后放在_jspService()方法中，这个方法是服务器向客户端输出内容的，它本身就是一个方法，如果再在里面定义方法就相当于在类的方法中嵌套定义方法，这在 Java 中是不允许的。

3. JSP 注释

JSP 注释的基本语法格式如下。

```
<%--JSP 注释--%>
```

Tomcat 在将 JSP 页面转译成 Servlet 源文件时，会忽略 JSP 页面中被注释的内容，不会将注释信息发送到客户端。

4. JSP 指令

在 JSP 页面中，JSP 指令对页面的某些特性进行描述，如页面的编码方式、JSP 页面采用的语言等，该类标记并不直接产生任何可见的输出。

常用的 JSP 指令包括 page 指令、include 指令、taglib 指令。

（1）page 指令

page 指令用于定义与整个 JSP 页面相关的各种属性，其基本语法格式如下。

```
<%@page 属性 1="值 1" 属性 2="值 2" ...属性 n="值 n" %>
```

page 指令的常用属性如表 4-1 所示，其中，除了 import 属性外，其他的属性都只能出现一次，否则会编译失败。需要注意的是，page 指令的属性名称都是区分大小写的。

表 4-1　page 指令的常用属性

属性名称	描述	取值
language	指定解释 JSP 文件时采用的语言，默认为 Java	java
import	JSP 页面转译成 Servlet 源文件时导入的包或类，import 是唯一可以声明多次的 page 指令属性，一个 import 属性可以引用多个类，各类之间用英文逗号隔开。JSP 引擎自动导入以下 4 个包：java.lang.*、javax.servlet.*、javax.servlet.jsp.*、javax.servlet.http.*	任何包名、类名
session	指明 JSP 是否内置 Session 对象，如果为 true，则说明内置 Session 对象，可以直接使用，否则没有内置 Session 对象。默认情况下，session 属性的值为 true	true、false
isErrorPage	指定 JSP 页面是否为错误处理页面，如果为 true，则该 JSP 内置一个 Exception 对象的 exception，可直接使用。默认情况下，isErrorPage 属性的值为 false	true、false
errorPage	指定一个错误页面，如果 JSP 程序抛出一个未捕捉的异常，则转到 errorPage 指定的页面。errorPage 指定的页面 isErrorPage 属性的值为 true，且内置的 exception 对象为未捕捉的异常	某个 JSP 页面的相对路径
contentType	客户端浏览器根据该属性判断文档类型，例如，HTML 格式为 text/html，纯文本格式为 text/plain，JPG 图像为 image/jpeg，GIF 图像为 image/gif，Word 文档为 application/msword	有效的文档类型
pageEncoding	指定 JSP 页面编码格式	JSP 页面的字符编码

无论 page 指令出现在 JSP 页面的哪个地方，其作用范围都是整个 JSP 页面。为了保持程序的可读性和养成良好的编程习惯，建议将 page 指令放在整个 JSP 页面的起始位置。

（2）include 指令

在实际开发时，有时需要在 JSP 页面中包含另一个文件，如 HTML 文件、文本文件等，可以通过 include 指令来实现。include 指令的具体语法格式如下。

```
<%@include file="相对 URL"%>
```

include 指令只有一个 file 属性，该属性用来指定插入 JSP 页面目标位置的文件资源，设置 file 属性的值时必须使用相对路径，如果以/开头，则表示相对于当前 Web 应用程序的根目录。被引入的文件资源必须遵循 JSP 语法，其中的内容可以包含静态 HTML、JSP 脚本元素等。除了指令元素之外，被引入的文件中的其他元素都被转换成相应的 Java 源代码，然后插入当前 JSP 页面所编译成的 Servlet 源文件中，插入位置与 include 指令在当前 JSP 页面中的位置保持一致。

（3）taglib 指令

在 JSP 页面中，可以通过 taglib 指令标识页面使用的标签库，同时引用标签库并指定标签的前缀。taglib 指令的具体语法格式如下。

```
<%@taglib prefix="tagPrefix" uri="tagURI" %>
```

taglib 指令的 prefix 属性用于指定标签的前缀，该前缀不能为 jsp、jspx、java、sun、servlet、sunw。uri 属性用于指定标签库文件的存放位置。

【**例 4-1**】在 JSP 页面包含显示年份及闰年或平年的表格。

案例技能点：JSP 页面元素，包括 JSP 指令、声明、表达式、Java 脚本段。

实现步骤如下。

① 打开 IntelliJ IDEA，创建一个新的 Web 项目，将项目命名为 JspProj，在 web 目录下新建文件 table.jsp。

② 在 table.jsp 文件中编写声明语句，在声明中定义一个存储年份的数组、一个判断是否为闰年的方法。

③ 编写 Java 脚本段，调用声明中定义的方法，并返回相应的值，使用表达式输出表格内容。

④ 添加服务器配置，将项目部署至服务器后启动服务器。

⑤ 在浏览器地址栏中输入 http://localhost:8080/JspProj_war_exploded/table.jsp 后按 Enter 键，查看浏览器输出结果。

文件 table.jsp 代码示例如下。

```jsp
<%@ page contentType="text/html;charset=UTF-8" language="java" %>   ← JSP 指令
<html>
<head>
    <title>JSP 页面基本元素测试</title>   ← JSP 静态元素
</head>
<%!
    int[] year={1500,1900,2000,2005,2008,2010};
    public String isLeap(int year){
        String str=null;                      ← 声明
        if(year%4==0&&year%100!=0||year%400==0){
            str="闰年";
        }else {
            str="平年";
        }
        return str;
    }
%>
<%--这是一个显示年份是闰年或平年的 JSP 页面 --%>   ← JSP 注释
<body>
<table align="center" width="50%" border="1">
    <caption>年份信息表</caption>   ← JSP 静态元素
    <tr>
        <td align="center">年份</td> <td align="center">闰年或平年</td>
    </tr>
    <% for(int i=0;i<year.length;i++){   ← Java 脚本段
    %>
    <tr>
        <td align="center"> <%=year[i]%></td><td align="center">
<%=isLeap(year[i])%></td>   ← 表达式
    </tr>
    <%}   ← Java 脚本段
    %>
</table>
```

```
    </body>
</html>
```

输出结果如图 4-2 所示。

年份	闰年或平年
1500	平年
1900	平年
2000	闰年
2005	平年
2008	闰年
2010	平年

图 4-2　输出结果

【任务实施】

1. 新建新闻发布系统 Java Web 项目

打开 IntelliJ IDEA，创建一个 Java Web 项目，命名为 news_jsp，设计并创建 Java Web 项目的目录结构，如图 4-3 所示。

（1）在 src 目录下创建 com.sdcet.news 包，创建子包 dao（用于存放数据库操作的接口与实现类）、entity（用于存放实体类）、utils（用于存放数据库连接类）。

（2）在 web 目录下创建子目录 img（用于存放网页上的图片）、js（用于存放 js 文件）、layui（用于存放样式表文件、图片文件等）。

（3）在 web 目录下创建目录 manager，用于存放后台管理界面的相关 JSP 文件。

（4）在 web 目录下存放前台界面相关 JSP 文件。

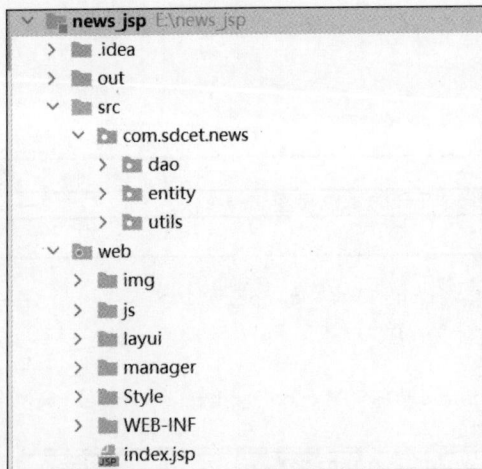

图 4-3　news_jsp 项目目录结构

2. 完善数据库访问的相关接口与实现类

在工作单元 3 中，项目团队已经实现了数据库访问类，并针对数据库的每个工作表设计实现了相关的访问接口与接口的实现类，如图 4-4 所示。新闻发布系统首页效果实现主要涉及接口 TypeDao、NewsDao、ReviewDao 及实现类 TypeDaoImpl、NewsDaoImpl、ReviewDaoImpl。

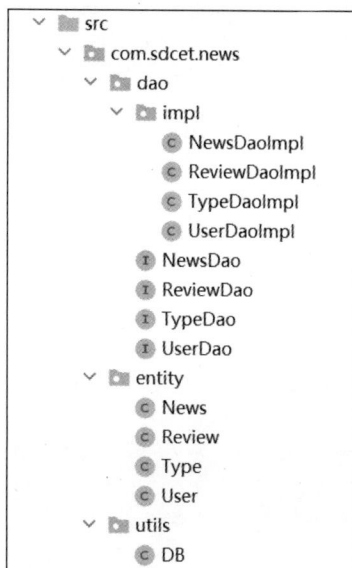

图 4-4　数据库访问接口与接口的实现类

接口 TypeDao 的代码示例如下。

```
public interface TypeDao {
    public List<Type> search();
    public Type search(int t_id);
    public Boolean add(Type type);
    public Boolean delete(int t_id);
    public Boolean update(Type type);
}
```

TypeDao 接口的实现类 TypeDaoImpl 的部分代码示例如下。

```
public class TypeDaoImpl extends DB implements TypeDao {
    public List search() {
        List list = new ArrayList();
        String sql = "select * from nrc_type";
        try{
            super.getConnection();
            pstm = con.prepareStatement(sql);
            rs = pstm.executeQuery();
            while (rs.next()){
                Type type = new Type();
                type.setT_id(rs.getInt(1));
                type.setT_name(rs.getString(2));
                type.setT_demo(rs.getString(3));
                list.add(type);
            }
        } catch (Exception e) {
            // TODO Auto-generated catch block
            e.printStackTrace();
        } finally {
            super.closeAll();
        }
        return list;
    }
```

接口 NewsDao 代码示例如下。

```java
public interface NewsDao {
    public List<News> search();
    public List<News> search(int t_id);
    public List<News> searchByNtitle(String n_title);
    public List<News> searchByNcontent(String n_content);
    public News searchByNid(int n_id);
    public boolean add(News news);
    public boolean delete(int id);
    public boolean update(News news);
}
```

NewsDao 接口的实现类 NewsDaoImpl 部分代码示例如下。

```java
public class NewsDaoImpl extends DB implements NewsDao {
        public List<News> search() {// 新闻查询方法
        List<News> list = new ArrayList();
        String sql = "select * from nrc_news";
        try{
            super.getConnection();
            pstm = con.prepareStatement(sql);
            rs = pstm.executeQuery();
            while (rs.next()){
                News news = new News();
                news.setN_id(rs.getInt("n_id"));
                news.setN_title(rs.getString("n_title"));
                news.setN_content(rs.getString("n_content"));
                news.setT_id(rs.getInt("t_id"));
                news.setN_publishtime(rs.getString("n_publishtime"));
                list.add(news);
            }
        } catch (Exception e) {
            // TODO Auto-generated catch block
            e.printStackTrace();
        } finally {
            super.closeAll();
        }
        return list;
    }
public News searchByNid(int n_id) {// 根据新闻 ID 查询新闻的方法
        News news = null;
        String sql = "select * from nrc_news where n_id=?";
        try{
            super.getConnection();
            pstm = con.prepareStatement(sql);
            pstm.setInt(1, n_id);
            rs = pstm.executeQuery();
            if (rs.next()){
                String n_title = rs.getString("n_title");
                String n_content = rs.getString("n_content");
                int t_id = rs.getInt("t_id");
                String n_publishtime = rs.getString("n_publishtime");
                news = new News(n_id, n_title, n_content, t_id, n_publishtime);
            }
```

```
        } catch (Exception e) {
            // TODO Auto-generated catch block
            e.printStackTrace();
        } finally {
            closeAll();
        }
        return news;
    }
}
```

3. 实现新闻发布系统首页

以新闻发布系统首页为例，在 news_jsp 项目的 web 目录下新建文件 index.jsp。在新闻发布系统首页 index.jsp 文件中添加 Java 脚本段，实现动态页面效果。

其中，新闻类别显示代码示例如下。

```html
<!--垂直导航条-->
        <ul class="type-tree layui-tree layui-col-md3">
        <li><h2>新闻类别</h2></li>
        <%
        TypeDaoImpl typedao = new TypeDaoImpl();
        List<Type> typelist = typedao.search();
        for (Typetype : typelist) {
        %>
        <li class="site-tree-noicon layui-this"><a
    href="newsListByTypeId.jsp?typeID=<%=type.getT_id()%>"><%=type.getT_name()%>
        </a></li>
        <%
        }
        %>
        </ul>
```

新闻列表显示代码示例如下。

```html
<!--具体内容-->
        <div class="layui-col-md9">
        <table class="layui-table" lay-skin="line"
            style="text-align: center">
            <tr>
                <th style="text-align: center; font-weight: bolder;">新闻类别</th>
                <th style="text-align: center; font-weight: bolder;">新闻标题</th>
                <th style="text-align: center; font-weight: bolder;">新闻时间</th>
            </tr>
            <%
            NewsDaoImpl newsdao = new NewsDaoImpl();
            List<News> newsList = newsdao.search();
            for (Newsnews : newsList) {
                Typetype = typedao.search(news.getT_id());
            %>
            <tr>
                <td><span class="category"><%=type.getT_name()%></span></td>
                <td><a href="information.jsp?n_id=<%=news.getN_id()%>"
                    target="_blank"><%=news.getN_title()%> </a></td>
                <td><span class="date"><%=news.getN_publishtime()%></span></td>
```

```
                         </tr>
                         <%
                         }
                         %>
                </table>
        </div>
```

【注】index.jsp 文件内容中出现的 layui 相关样式及 lay-even 等属性来源于前端 UI 开源框架——Layui 框架，限于篇幅不展开叙述，读者可参考 Layui 框架内容。本书的配套资源提供了新闻发布系统的静态页面，读者可以在静态页面的基础上完成动态页面的任务实施。

4. 新闻发布系统首页测试

新闻发布系统首页编程实现后需要进行测试。

（1）运行环境搭建与测试

① 检查项目 web 目录下是否有 MySQL 数据库驱动 JAR 包，检查 Tomcat 服务器安装目录 lib 子目录中是否有 MySQL 数据库驱动 JAR 文件。

② 检查数据库连接类 BaseDao 中连接 MySQL 数据库的账号与密码是否正确，检查数据库的名称，检查相关方法中的 SQL 语句是否与数据表的名称、字段名称一致。

③ 检查 IDEA 中 Tomcat 服务器的配置、端口号、项目部署等。

④ 启动 Tomcat 服务器，在浏览器地址栏中输入以下路径并访问。http://localhost:8080/news_jsp_war_exploded/index.jsp

（2）新闻发布系统首页运行测试

常见错误如下。

① 运行界面报 404 错误，常见问题是地址栏输入的项目名称、资源名称错误。

② 运行界面报 500 错误，常见问题是服务器端 JSP 脚本元素中有语法错误。

③ 运行界面无内容显示，检查控制台，查看错误提示，常见错误有 4 个：Tomcat 服务器安装目录 lib 子目录中无 MySQL 数据库驱动 JAR 文件；BaseDao 中连接 MySQL 数据库的账号与密码不正确，连接数据库不成功；BaseDao 中访问的数据库不存在或名称写错；SQL 语句不正确。

新闻发布系统首页效果如图 4-5 所示。

图 4-5 新闻发布系统首页效果

素养小贴士

在设计与实现新闻网站时，建议多观察官方新闻网站的设计、内容呈现效果等。例如，新华网科普中国频道包含前沿脉动、科技之路、热点探究等栏目，呈现了我国最新科学研究成果、科普信息及相关资讯等。在日常生活中，应积极去发现、去探索、去感受科技强国的力量。

【任务实训】根据新闻类别显示相应新闻列表

任务要求：在新闻发布系统首页的新闻类别列表区域单击某个新闻类别，显示该类别的新闻列表，如图 4-6 所示。

图 4-6　根据新闻类别显示相应新闻列表

任务 4.2　实现新闻详情显示与新闻搜索功能

【任务描述】

实现新闻发布系统新闻详情显示功能，即实现首先在新闻列表中单击某条新闻，再通过该条新闻的 ID 获取新闻对象，并在新闻详情页显示该条新闻的新闻标题、新闻内容、新闻来源、新闻发布时间等详细信息。新闻搜索功能即通过搜索类别来调用不同的搜索方法，并将搜索结果显示在相应的页面。王小康带领开发团队一起来实现新闻详情显示和新闻搜索功能。

【知识准备】

4.2.1　JSP 隐式对象

JSP 隐式（内置）对象是 Web 容器加载的一组类的实例，它是可以直接在 JSP 页面使用的对象。JSP 2.0 规范提供了 9 个隐式对象，分为 4 个主要类别，如图 4-7 所示。

4-3　JSP 隐式
对象

- 输入/输出对象：控制页面的输入和输出（request、response、out）。
- 作用域通信对象：检索与 JSP 页面的 Servlet 相关的信息（pageContext、request、session、application）。
- Servlet 对象：提供有关页面环境的信息（page、config）。
- 错误对象：处理页面中的错误（exception）。

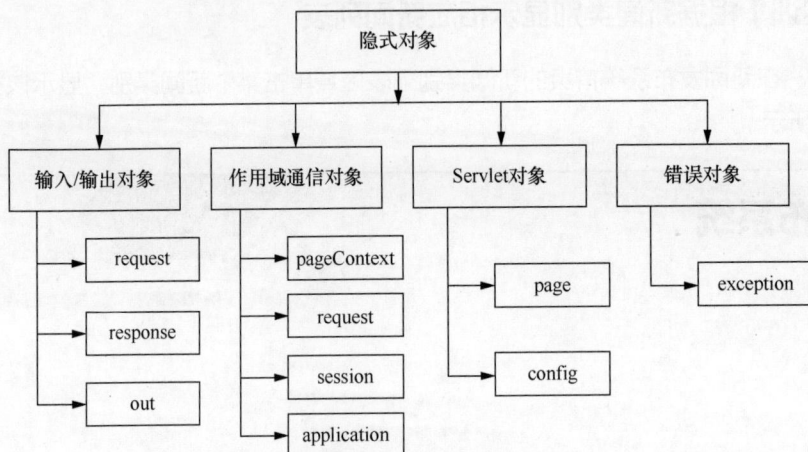

图 4-7　JSP 隐式对象

隐式对象的名称、类型和描述如表 4-2 所示。本工作单元重点介绍输入/输出对象与作用域通信对象。

表 4-2　隐式对象的名称、类型与描述

名称	类型	描述
out	javax.servlet.jsp.JspWriter	用于页面输出
request	javax.servlet.http.HttpServletRequest	封装用户请求信息
response	javax.servlet.http.HttpServletResponse	服务器发送给客户端的响应信息
config	javax.servlet.ServletConfig	服务器配置，获取初始化参数
session	javax.servlet.http.HttpSession	保存用户信息
application	javax.servlet.ServletContext	保存所有用户的共享信息
page	javax.lang.Object	当前页面转换后的 Servlet 实例
pageContext	javax.servlet.jsp.PageContext	JSP 的页面容器
exception	javax.lang.Throwable	表示 JSP 页面发生的异常，在错误页中起作用

小提示　若 JDK 8 以上版本，则隐式对象的包路径迁移至 jakarta。

1. 输入/输出对象

在 JSP 页面中，经常需要封装客户端的请求信息、封装响应信息、向客户端输出信息等，可以通过 request 对象、response 对象和 out 对象来实现。

（1）request 对象

request 对象封装客户端的请求，包含所有的请求信息。request 对象的常用方法如表 4-3 所示。

表 4-3　request 对象的常用方法

方法	功能描述
String getParameter(String name)	根据页面表单组件名称获取请求页面提交的数据
String getParameterValues(String name)	获取页面请求中一个表单组件对应多个值时用户的请求数据
void setCharacterEncoding (String charset)	指定每个请求的编码，在调用 request.getParameter() 之前设定，用于解决中文乱码问题
void request.getRequestDispatcher(String name).forward(request,response)	获取转发器并将请求转发至指定的 URL

（2）response 对象

response 对象处理 JSP 生成的响应，然后将响应结果发送给客户端。response 对象的常用方法如表 4-4 所示。

表 4-4　response 对象的常用方法

方法	功能描述
void setContentType(String name)	设置响应内容的类型和字符编码
void sendRedirect(String name)	发送一个响应给浏览器，指示其应请求另一个 URL

（3）out 对象

out 对象主要用于向客户端输出信息。out 对象的常用方法如表 4-5 所示。

表 4-5　out 对象的常用方法

方法	功能描述
int getBufferSize()	获取 out 对象缓冲区的大小
int getRemaining()	获取 out 对象剩余缓冲区的大小
void print(String x)	输出参数的值
void println(String x)	输出参数的值并换行
void clear()	清除缓冲区中的内容，如果缓冲区已经刷新，则抛出异常
void clearBuffer()	清除缓冲区中的内容，如果缓冲区已经刷新，则不会抛出异常
void close()	刷新缓冲区，关闭输出流
void flush()	刷新缓冲区
void newLine()	输出一个换行符

【例 4-2】创建用户登录页面，并根据用户的合法性实现页面跳转。

案例技能点：JSP 的 request、response 对象。

实现步骤如下。

① 在项目 JspProj 的 web 目录下创建用户登录页面 login.jsp，在登录页面录入用户名和密码，提交至登录处理页面（doLogin.jsp）进行登录验证。

文件 login.jsp 中表单实现代码示例如下。

```
<form name="form1" method=post action="doLogin.jsp">
用户名: <input type="text" name="userName">
密码: <input type="password" name="passWord">
<input type="submit" value="登录">
</form>
```

② 创建登录处理页面 doLogin.jsp，编写 JSP 脚本段，如果用户名和密码都是 admin，则重定向到欢迎页面（welcome.jsp），否则重定向回登录页面（login.jsp）。

文件 doLogin.jsp 代码示例如下。

```
<%
request.setCharacterEncoding("UTF-8");
String userName= request.getParameter("userName");
String passWord= request.getParameter("passWord");
if("admin".equals(userName) && "admin".equals(passWord)) {
    response.sendRedirect("welcome.jsp");           //使用相对路径
  //response.sendRedirect(request.getContextPath() + "/welcome.jsp");  //使用绝对路径
} else {
    response.sendRedirect("login.jsp ");
}
%>
```

③ 创建欢迎页面 welcome.jsp，编写 JSP 脚本段，获取用户名，显示"'欢迎'+用户名+'登录!'"。
文件 welcome.jsp 代码示例如下。

```
<body>
  <%
    String username = request.getParameter("userName");
%>
    欢迎<%=username%>登录!
</body>
```

④ 重新启动服务器，在浏览器地址栏中输入 http://localhost:8080/JspProj_war_exploded/login.jsp 后按 Enter 键，输入正确的用户名和密码，查看浏览器输出结果。页面显示"欢迎 null 登录!"。

案例分析如下。

如果重定向语句写为 response.sendRedirect("/welcome.jsp");，则测试时会显示路径错误，其中，URL 正确的写法应该是"welcome.jsp"或者 request.getContextPath()+"/welcome.jsp"，原因是使用重定向 URL 不加/默认为当前路径下的 welcome.jsp，加/为 Tomcat 服务器根目录下的 welcome.jsp。

重定向后要先将响应返回客户端，由浏览器发起第二次请求，重定向时，地址栏中的地址为所访问项目下的 welcome.jsp，因之前 request 中封装的用户请求信息不能在第二次请求中共享，故无法在 welcome.jsp 中读取登录的用户名。

【注】此案例需要在项目中添加 Tomcat 依赖包。

【例 4-3】在例 4-2 的基础上实现 welcome.jsp 页面显示登录用户名。

案例技能点：请求转发的用法。

实现步骤如下。

① 参考例 4-2 中的步骤，修改 doLogin.jsp 文件，进行登录验证后，使用请求转发跳转页面至欢迎页面（welcome.jsp），否则重定向回登录页面（login.jsp）。

文件 doLogin.jsp 代码示例如下。

```
<%
request.setCharacterEncoding("UTF-8");
String userName= request.getParameter("userName");
String passWord= request.getParameter("passWord");
if("admin".equals(userName) && "admin".equals(passWord)) {
    request.getRequestDispatcher("/welcome.jsp").forward(request,response);//请求转发
} else {
    response.sendRedirect("login.jsp ");
}
%>
```

② welcome.jsp 文件参考例 4-2 中的代码。

③ 重新启动服务器，在浏览器地址栏中输入 http://localhost:8080/JspProj_war_exploded/login.jsp 后按 Enter 键，输入正确的用户名和密码，查看浏览器输出结果。页面显示"欢迎 admin 登录！"。

案例分析如下。

定义转发器时指定的相对 URL 以/开头，与重定向不同，它是相对于当前 Web 应用程序的根目录。

请求转发是在服务器内部实现，登录成功转发到欢迎页面（welcome.jsp）后，浏览器地址栏中显示的 URL 不会发生改变。

请求转发时，两个 JSP 处于一个请求当中，使用的是一个 request 对象。

请求转发只能在相同应用中使用，重定向可以定向到其他 Web 应用中。

2. 作用域通信对象

在 Web 应用中，JSP 创建的对象有一定的生命周期，有可能被其他组件或者对象访问。对象的生命周期和可访问性称为作用域（scope）。作用域规定的是对象的有效范围。

隐式对象的作用域包括 page、request、session 和 application，各自对应的作用域通信对象以及有效范围如表 4-6 所示。

4-4 JSP 作用域
通信对象

表 4-6 隐式对象的作用域、作用域通信对象及有效范围

作用域	作用域通信对象	有效范围
page	pageContext 对象	在一个页面范围内有效
request	request 对象	在一个服务器请求范围内有效
session	session 对象	在一次会话范围内有效
application	application 对象	在一个应用服务器范围内有效

作用域通信对象包括 pageContext、request、session 和 application，它们均提供了存储数据的功能，存储数据是通过操作属性来实现的，常用方法如表 4-7 所示。

表 4-7 作用域通信对象的常用方法

方法	功能描述
void setAttribute(String name, Object value)	以名称/值的方式，将一个对象的值保存到对应作用域中
Object getAttribute(String name)	根据属性名称获取对应作用域中属性的值
void removeAttribute(String name)	删除名称为 name 的属性

4-5　pageContext
对象

（1）pageContext 对象

pageContext 对象代表页面上下文，该对象主要用于访问当前页面作用域中定义的所有隐式对象。可以使用 pageContext 来访问 request、session 和 application 作用域内的属性，也可以使用 pageContext 来访问其他隐式对象，常用方法如表 4-8 所示。

表 4-8　pageContext 对象的常用方法

方法	功能描述
getRequest()	获取当前的请求对象
getResponse()	获取当前的响应对象
getSession()	获取当前的会话对象
getServletContext()	获取当前的 Servlet 上下文对象
getOut()	获取当前的输出流对象
getServletConfig()	获取当前的 ServletConfig 实例
getPage()	获取当前的 page 对象
getException()	获取当前的异常对象
void removeAttribute(String name,int scope)	删除指定范围内名称为 name 的属性
Object findAttribute(String name)	查找名称为 name 的属性

注意　当使用 pageContext 对象的 removeAttribute()方法或 findAttribute()方法删除或查找名称为 name 的属性时，会按照 page→request→session→application 的顺序进行，使用 findAttribute()方法查找以 name 为名的属性，找到就返回属性对象，否则返回 null。

4-6　request 对象

（2）request 对象

request 对象用来存储用户的一次请求信息，当请求到达服务器时创建 request 对象，当响应送回到浏览器时销毁 request 对象。

【例 4-4】 实现登录及验证页面跳转功能。

案例技能点：作用域通信对象 request。

实现步骤如下。

① 修改例 4-3 中项目 JspProj 的 web 目录下的文件 doLogin.jsp，设置请求字符集，获取客户端登录页面的用户请求参数。

② 假设用户名和密码都为 admin。如果用户名和密码正确，使用 request 对象的 setAttribute()方法保存用户名。则使用请求转发的方法跳转至 welcome.jsp 页面；如果用户名和密码不正确，则使用重定向的方法跳转至 login.jsp 页面，重新登录。

文件 doLogin.jsp 代码示例如下。

```
<%
    request.setCharacterEncoding("UTF-8");
    String username=request.getParameter("userName");
    String password=request.getParameter("passWord");
    if("admin".equals(username)&&("admin".equals(password))){
        request.setAttribute("username", username);
        request.getRequestDispatcher("/welcome.jsp").forward(request, response);
//请求转发
    }else{
```

```
                response.sendRedirect("login.jsp");
        }
    %>
```

③ 在 welcome.jsp 页面使用 request 对象的 getAttribute()方法获取用户名，在 welcome.jsp 页面中显示用户名信息。

文件 welcome.jsp 代码示例如下。

```
<body>
    欢迎 <%=(String)request.getAttribute("username") %>登录！<br>
</body>
```

④ 重新启动服务器，在浏览器地址栏中输入 http://localhost:8080/JspProj_war_exploded/login.jsp 后按 Enter 键，输入正确的用户名和密码，查看浏览器输出结果。页面显示"欢迎 admin 登录！"。

案例分析如下。

与例 4-3 相比，doLogin.jsp 文件中的 Java 脚本段更新了 request.setAttribute("username",username)，作用是将 username 的值保存到 request 作用域中，作用域的名称为 username。文件 welcome.jsp 获取 request 作用域名称为 username 的值并显示。

（3）session 对象

session 对象表示用户的会话状况，可以用此项机制识别每一个用户、存储用户会话的所有信息、跟踪用户的会话状态。

【例 4-5】完善例 4-4，实现非法用户无法访问 welcome.jsp。

案例技能点： 作用域通信对象 session。

4-7　session 对象

实现步骤如下。

① 修改项目 JspProj 的 web 目录下 doLogin.jsp 文件中的 Java 脚本段，利用 session 对象的特性防止非法用户访问欢迎页面（welcome.jsp），设置 session 作用域 username 的值。

文件 doLogin.jsp 代码示例如下。

```
<%
    request.setCharacterEncoding("UTF-8");
    String username=request.getParameter("userName");
    String password=request.getParameter("passWord");
    if("admin".equals(username)&&("admin".equals(password))){
        session.setAttribute("username", username);
        request.getRequestDispatcher("/welcome.jsp").forward(request, response);
//请求转发
    }else{
        response.sendRedirect("login.jsp");
    }
%>
```

② 修改 welcome.jsp 文件中的 Java 脚本段。获取 session 作用域 username 的值，如果值为空，则说明是未登录的非法用户，跳转至 login.jsp；如果值非空，则说明是登录用户，显示"'欢迎' + 用户名+'登录！'"。

文件 welcome.jsp 代码示例如下。

```
<body>
<%
    String username= (String)session.getAttribute("username");
    if(username==null){
```

```
        request.getRequestDispatcher("/login.jsp").forward(request, response);
    }
%>
    欢迎<%=username%>登录！<br>
</body>
```

③ 重新启动服务器，在浏览器地址栏中输入 http://localhost:8080/JspProj_war_exploded/welcome.jsp 后按 Enter 键，查看浏览器输出结果。

案例分析如下。

与例 4-4 相比，doLogin.jsp 文件中的 Java 脚本段更新了 session.setAttribute("username",username)，作用是将 username 的值保存到 session 作用域中，作用域的名称为 username。文件 welcome.jsp 首先获取 session 作用域名称为 username 的值，如果存在该值，则说明是已经登录的合法用户，显示"欢迎 admin 登录！"；如果为空，则说明未登录，跳转至登录页面。这样就实现了非法用户无法访问 welcome.jsp 的功能。

（4）application 对象

application 对象作用于整个应用程序，用于实现用户之间的数据共享，从服务器启动就存在，直到服务器关闭为止。

4-8 application 对象

【例 4-6】 welcome.jsp 页面显示已访问人数。

案例技能点： 作用域通信对象 application。

实现步骤如下。

① 修改项目 JspProj 的 web 目录下的文件 doLogin.jsp。

② 假设用户名和密码都为 admin 或者 root，则说明是已注册用户，将登录用户名保存到登录用户集合中，将集合保存至 application 的作用域，利用 application 对象的特性实现所有登录用户的存储。

③ 使用请求转发的方法跳转至 welcome.jsp 页面，如果用户名和密码不正确，则使用重定向的方法跳转至 login.jsp 页面，重新登录。

文件 doLogin.jsp 代码示例如下。

```
<%
    request.setCharacterEncoding("UTF-8");
    String username = request.getParameter("userName");
    String password= request.getParameter("passWord");
    if("admin".equals(username)&&("admin".equals(password))
      ||"root".equals(username)&&("root".equals(password))) {
    //如果是已注册用户，则在会话中存放已登录用户信息
      List loginedUsers = new ArrayList(); //创建已访问用户列表
      //从全局范围内取出原有的已访问用户列表
      if (application.getAttribute("LOGINED_USER") != null) {
          loginedUsers = (List) application.getAttribute("LOGINED_USER");
      }
          //把新登录用户的信息存入已访问用户列表中
      loginedUsers.add(username);
      //在全局范围内存入已访问用户列表
      application.setAttribute("LOGINED_USER", loginedUsers);
      //请求转发到欢迎首页
      request.getRequestDispatcher("/welcome.jsp").forward(request,response);
    }else{
      response.sendRedirect("login.jsp");
    }
%>
```

④ 在 welcome.jsp 文件中使用 application 对象的 getAttribute()方法获取登录用户集合，显示已登录用户数。

文件 welcome.jsp 代码示例如下。

```
<% List loginedUsers = new ArrayList();
   if (application.getAttribute("LOGINED_USER") != null)
   loginedUsers = (List) application.getAttribute("LOGINED_USER"); %>
   已经有<%=loginedUsers.size()%>人登录本网站!<br>
%>
```

⑤ 重新启动服务器，在浏览器地址栏中输入 http://localhost:8080/JspProj_war_exploded/login.jsp，在登录页面使用 admin 用户名和密码登录，进入欢迎页面，查看已登录用户数。再重新开启一个浏览器窗口，使用 root 用户名和密码登录进入欢迎页面，查看已登录用户数。

4.2.2 JSP 动作元素

JSP 动作元素用于控制 JSP 的行为，执行一些常见的 JSP 页面动作，如包含页面文件、实现请求转发、调用 JavaBean 等。其中，调用 JavaBean 的 JSP 动作元素将在工作单元 6 中讲解。

1. 包含文件动作元素<jsp:include>

在 JSP 页面中，<jsp:include>动作元素用于向当前页面引入其他的文件，被引入的文件可以是动态文件，也可以是静态文件。

具体语法格式如下。

```
<jsp:include page="URL" flush="true|false" />
```

4-9 包含文件动作元素

其中，page 属性用于指定被引入文件的相对路径，即所要包含进来的文件位置。flush 属性用于指定是否将当前页面的输出内容刷新到客户端，默认情况下 fluse 属性值为 false。

<jsp:include>包含的原理是将被包含的页面编译处理后的结果包含在当前页面中。当浏览器第一次请求一个使用<jsp:include>包含的其他页面时，Web 容器首先编译被包含的页面，然后将编译处理后返回的结果包含在当前页面中，之后编译当前页面，最后将两个页面组合的结果回应给浏览器。

小提示　include 指令和<jsp:include>动作元素都可以用于包含文件，但是两者之间存在很大的区别，include 指令和<jsp:include>动作元素的区别如表 4-9 所示。

表 4-9　include 指令和<jsp:include>动作元素的区别

include 指令	<jsp:include>动作元素
include 指令通过 file 属性指定被包含的文件，file 属性不支持任何表达式	<jsp:include>动作元素通过 page 属性指定被包含的文件，page 属性支持 JSP 表达式
使用 include 指令时，被包含的文件内容会原样插入包含页中，JSP 编译器再将合成后的文件编译成一个 Java 文件	使用<jsp:include>动作元素包含文件，该元素被执行时，程序会将请求转发至被包含的页面，并将执行结果输出到浏览器中，然后返回包含文件，继续执行后面的代码，即 JSP 编译器会分别对被包含的文件进行编译
使用 include 指令包含文件时，包含与被包含的文件最终会生成一个文件，所以在被包含文件、包含文件中不能有重复的变量名或方法	使用<jsp:include>动作元素包含文件时，因为每个文件是单独编译的，所以被包含文件、包含文件中的重名变量和方法不冲突

【例 4-7】<jsp:include>动作元素的应用。

案例技能点：<jsp:include>动作元素。

实现步骤如下。

① 在项目 JspProj 的 web 目录下创建一个 welcomeDemo .jsp 文件，示例代码如下。

```jsp
<%@ page contentType="text/html;charset=UTF-8" language="java" %>
<html>
<head>
    <meta charset="UTF-8">
    <title>欢迎访问</title>
</head>
<body>
  <h2 align="center">欢迎您访问</h2>
</body>
</html>
```

② 在项目 JspProj 的 web 目录下创建一个 includeDemo.jsp 文件，示例代码如下。

```jsp
<%@ page contentType="text/html;charset=UTF-8" language="java" %>
<html>
<head>
  <title>使用 include 动作</title>
  <style>
        div{text-align: center}
  </style>
</head>
<body>
  <jsp:include page="welcomeDemo.jsp"  flush="true" />
  <div>新闻发布系统网站</div>
</body>
</html>
```

③ 重启服务器，在浏览器地址栏中输入 http://localhost:8080/JspProj_war_exploded/includeDemo.jsp 后按 Enter 键，运行效果如图 4-8 所示。

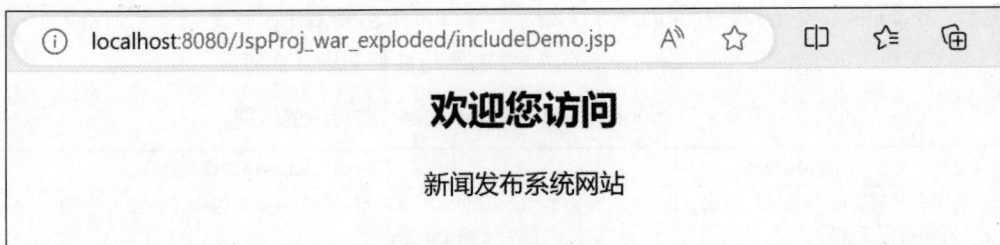

图 4-8　运行效果

2. 请求转发动作元素<jsp:forward>

<jsp:forward>动作元素将当前请求转发到其他 Web 资源（HTML 页面、JSP 页面和 Servlet 等），执行请求转发之后的当前页面将不再执行，而是执行该元素指定的目标页面。其具体语法格式如下。

```jsp
<jsp:forward page="relativeURL"/>
```

4-10　请求转发
动作元素

在上述语法格式中，page 属性用于指定请求转发到的资源的相对路径，该路径是相对于当前 JSP 页面的 URL，该路径的目标文件必须是当前应用的内部资源。

【任务实施】

1. 实现新闻详情显示功能

在 news_jsp 项目的 web 目录下新建 information.jsp 页面，在静态代码的基础上加入 Java 脚本段，根据在新闻发布首页单击的新闻标题链接获取该新闻 ID，调用 NewsDaoImpl 中的 searchByNid(int n_id)方法获取该新闻对象，实现新闻详情的显示。

文件 information.jsp 部分代码示例如下。

```
<%
    String sn_id = request.getParameter("n_id");//
    int n_id = Integer.parseInt(sn_id);
    NewsDaoImpl newsdao = new NewsDaoImpl();
    News news = newsdao.searchByNid(n_id);
    TypeDaoImpl typeDao = new TypeDaoImpl();
    Typetype = typeDao.search(news.getT_id());
%>
<!--新闻主体-->
<div class="main">
    <div class="layui-row">
        <h1><%=news.getN_title()%></h1>
    </div>
    <hr class="layui-bg-cyan" />
    <div class="layui-breadcrumb" style="text-align: center">
    <a href=""><%=news.getN_publishtime()%></a> <a href=""><%=type.getT_name()%></a>
    </div>
    <div class="xxn">
          <%=news.getN_content()%>
    </div>
    <hr class="layui-bg-cyan" />
</div>
```

2. 新闻详情显示功能测试

在新闻发布系统首页单击新闻列表中的任意一条新闻标题，测试是否能正常跳转至 information.jsp，如不能跳转，则检查如下内容：①是否有 information.jsp 文件；②information.jsp 的存放位置；③index.jsp 中 information.jsp 的位置超链接是否正确。

测试跳转至 information.jsp 后是否能够显示新闻详情，如不能正确显示，则检查如下内容：①单击 index.jsp 中的新闻标题时，新闻 ID 是否正确传递；②information.jsp 文件是否正确获取到新闻 ID；③information.jsp 文件获取到新闻 ID 后是否进行了类型转换；④调用 Newsdao 的 searchByNid(n_id)方法后是否获取到 News 对象；⑤information.jsp 文件显示新闻标题、新闻内容、新闻发布时间等属性时使用的表达式是否正确。

新闻详情显示效果如图 4-9 所示。

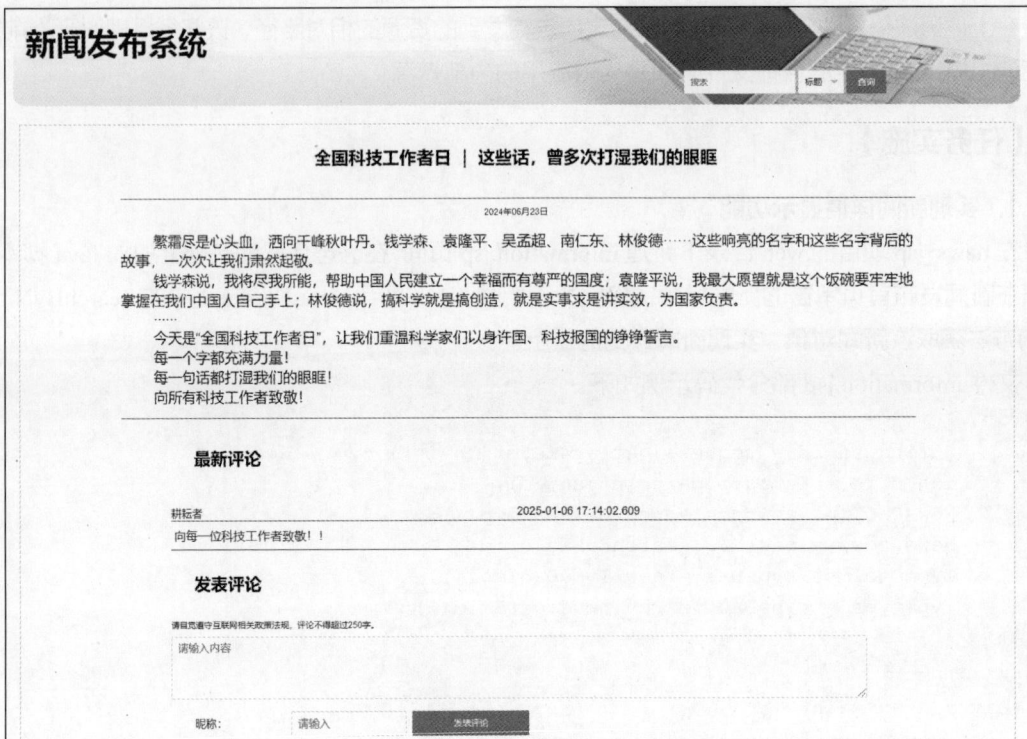

图 4-9　新闻详情显示效果

3. 实现新闻搜索功能

（1）在 index.jsp 文件中的新闻搜索表单处完善代码，代码示例如下。

```
<div class="search">
    <form class="layui-form" lay-filter="component-form-group"
        id="search_submits"method="post" action="search.jsp">
        <div class="layui-input-inline">
            <input type="text" class="layui-input" id="name" name="textfield"
                placeholder="查询" width="60px">
        </div>
        <div class="layui-input-inline" id="layui-select-content">
            <select name="select" id="statusFeed">
                <option value="标题">标题</option>
                <option value="内容">内容</option>
            </select>
        </div>
        <button class="layui-btn layui-input-inline"
            lay-submit="search_submits" lay-filter="reloadlst_submit">查询
            </button>
         </form>
</div>
```

（2）在 web 目录下新建 search.jsp 文件，编写显示搜索结果的代码，代码示例如下。

```
<%--新闻主体信息--%>
        <table class="layui-table" lay-skin="line" style="text-align: center">
            <tr>
```

```html
        <th style="text-align: center; font-weight: bolder;">新闻类别</th>
        <th style="text-align: center; font-weight: bolder;">新闻标题</th>
        <th style="text-align: center; font-weight: bolder;">新闻时间</th>
    </tr>
    <%
    request.setCharacterEncoding("utf-8");
    String tf = request.getParameter("textfield");
    String select = request.getParameter("select");
    TypeDaoImpl typeDao = new TypeDaoImpl();
    NewsDaoImpl newsdao = new NewsDaoImpl();
    List<News> newsList = new ArrayList();
    if("".equals(tf)) {
        newsList = newsdao.search();
        for (Newsnews : newsList) {
            Typetype = typeDao.search(news.getT_id());
    %>
    <tr>
        <td><span class="category"><%=type.getT_name()%></span></td>
        <td><a href="information.jsp?n_id=<%=news.getN_id()%>"
            target="_blank"><%=news.getN_title()%> </a></td>
        <td><span class="date"><%=news.getN_publishtime()%></span></td>
    </tr>
    <%
    }
    } else if ("标题".equals(select)) {
        newsList = newsdao.searchByNtitle(tf);
        for (Newsnews : newsList) {
        Typetype = typeDao.search(news.getT_id());
        '%>
        <tr>
            <td><span class="category"><%=type.getT_name()%></span></td>
            <td><a href="information.jsp?n_id=<%=news.getN_id()%>"
                target="_blank"><%=news.getN_title()%> </a></td>
            <td><span class="date"><%=news.getN_publishtime()%></span></td>
    </tr>
    <%
    }
} else if ("内容".equals(select)) {
    newsList = newsdao.searchByNcontent(tf);
    for (Newsnews : newsList) {
    Typetype = typeDao.search(news.getT_id());
    %>
    <tr>
        <td><span class="category"><%=type.getT_name()%></span></td>
        <td><a href="information.jsp?n_id=<%=news.getN_id()%>"
            target="_blank"><%=news.getN_title()%> </a></td>
        <td><span class="date"><%=news.getN_publishtime()%></span></td>
    </tr>
    <%
    }
}
    %>
</table>
```

4. 新闻搜索功能测试

在新闻发布系统首页通过新闻搜索框等测试如下内容：①不输入内容直接单击"查询"按钮，是否能跳转至 search.jsp 页面显示所有新闻列表；②输入关键字后选择"标题"选项再单击"查询"按钮，是否能跳转至 search.jsp 页面显示新闻标题中包括关键字的所有新闻列表；③输入关键字后选择"内容"选项再单击"查询"按钮，是否能跳转至 search.jsp 页面显示新闻内容中包括关键字的所有新闻列表。

如不能正常跳转显示，则检查以下内容：①新闻搜索表单的 action 属性值；②search.jsp 文件是否存在；③search.jsp 文件是否保存在 web 根目录下；④search.jsp 文件是否获取到了搜索表单中的请求参数；⑤search.jsp 文件中 Java 脚本段的语法是否正确。

搜索标题关键字包含"人工智能"的新闻，效果如图 4-10 所示。

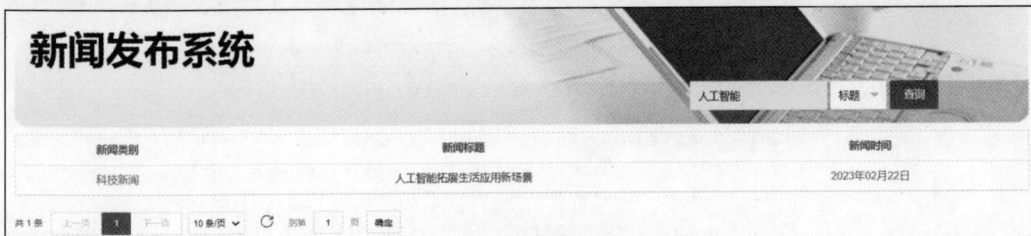

图 4-10　新闻搜索功能测试效果

【任务实训】实现在新闻详情页中显示用户评论信息

任务要求：在新闻详情页中显示所有针对本条新闻的用户评论，包括用户名、评论内容与评论发表时间。

单元评价

1. 团队自评

由项目经理根据团队成员前期分工要求，对团队完成的任务进行自评，根据自评结果改进后提交项目。

2. 任务评审

项目负责人对新闻发布系统 Web 项目的结构、实体类、接口及实现类的代码进行评审，对功能实现完整性、正确性，以及界面的友好性进行评审。根据结果决定是否进入下一阶段，若评审未通过，则进行代码完善。

团队演示项目的各项功能、汇报任务完成过程、制作过程视频，由用户代表、开发部门主管、测试部门主管等共同完成评审。

3. 任务复盘

任务结束后，王小康带领团队成员召开项目总结会议。

第一个议题是通过任务实施掌握了哪些理论知识，汇总如下：①JSP 基本概念；②JSP 执行过程；③JSP 页面元素；④JSP 隐式对象；⑤JSP 动作元素。

第二个议题是在项目开发过程中，团队成员培养了哪些能力，汇总如下：①灵活使用声明、Java

脚本段、表达式等 JSP 脚本元素的能力；②灵活使用隐式对象的能力；③合理使用作用域的能力；④独立使用 JSP 技术开发项目的能力。

第三个议题是团队和个人遇到了哪些问题、采用了什么解决方案，以及获得了哪些合作经验等，体会严谨、认真的工作态度，自主学习能力，团队合作能力，沟通交流能力，认识问题、分析问题和解决问题的能力等在项目开发中的重要性。

单元小结

通过本任务的实践，团队成员高质量地完成了各自的工作任务，团队成员之间积极合作，实现了新闻发布系统项目首页新闻列表显示、新闻详情显示、新闻搜索等功能，掌握了 JSP 技术，团队成员的理解与分析能力、项目实战能力、沟通交流能力，以及团队协作能力均得到了提升。

限于篇幅，使用 JSP 技术实现新闻发布系统的后台管理功能本工作单元不做详细介绍，配套资源提供了功能实现的完整代码。

---

①✉来自软件工程师的声音

- **JSP 在企业实际开发过程中的应用**

JSP 技术广泛应用于企业级 Web 开发，用于动态网页构建和 Web 应用程序开发，如电子商务网站、办公系统等。JSP 技术可以用于处理企业级应用的业务逻辑，实现业务逻辑与表示层的分离，通过与 Java 代码结合，实现复杂的业务功能。JSP 技术可以用于展示企业级应用的数据，根据用户需求和系统数据实现数据的动态展示。

- **JSP 技术的优缺点**

JSP 技术的优点包括简单易学、强大的数据库访问能力、与 Jakarta EE 平台无缝集成等。

简单易学：JSP 技术的学习曲线相对平缓，易于掌握，开发人员利用 JSP 技术能够高效、快速地开发出 Web 应用程序。强大的数据库访问能力：JSP 技术提供了丰富的数据库访问 API 和工具，使得开发人员能够方便地访问各种数据库，提高处理数据的效率。与 Jakarta EE 平台无缝集成：JSP 技术作为 Jakarta EE 平台的一部分，可以与其他 Jakarta EE 技术无缝集成，提供强大的可扩展性和稳定性。

JSP 技术的缺点主要体现在性能和安全性上。性能：JSP 技术可能会导致应用程序的性能问题，尤其是在处理大量用户请求时。安全性：JSP 技术可能存在一些安全漏洞，如跨站脚本攻击（XSS）和 SQL 注入等。

- **JSP 技术的未来发展**

JSP 2.0 规范的出现为 JSP 技术的发展提供了新的方向和标准，推动了 JSP 技术的进步和应用。JSP 2.0 规范引入了许多新功能和特性，如表达式语言、自定义标签库等，增强了 JSP 技术的功能和灵活性。此外，JSP 与 JSF（JavaServer Faces，一种用于构建基于 Web 的应用程序的 Java 框架）结合使用，可提供更强大的 Web 开发功能；JSP 与 EJB（Enterprise Java Beans，一种用于构建基于 Java 的企业级应用程序的框架）结合使用，可提供更强大的企业级应用程序开发功能。

///// **单元拓展** 黄河云之旅网站首页与景点搜索功能实现

前面，王小康带领团队完成了黄河云之旅网站需求分析和系统设计，本任务使用 JSP 技术实现黄河云之旅网站首页和景点搜索功能。

任务要求：

1. 参考图 4-11 实现黄河云之旅网站首页；

图 4-11　黄河云之旅网站首页

2. 参考图 4-12 实现景点搜索功能。

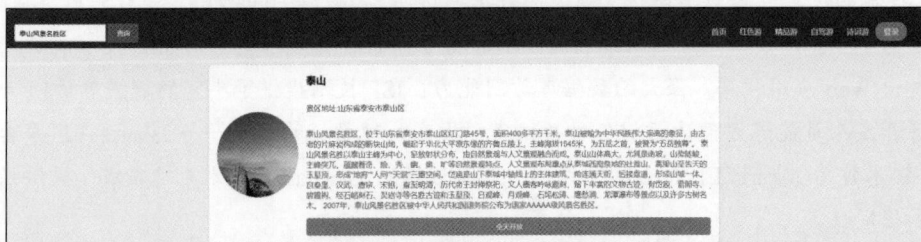

图 4-12　景点搜索功能实现效果

///// **AI 技能拓展** 借助 AI 工具，基于自然语言快速生成建议代码

4-11　借助 AI 建议快速生成代码

智能编程助手作为 AI 工具的一种，可以在编程过程中快速生成建议代码和进行代码智能补全。通义灵码提供了多种代码智能补全的方式，可以根据当前代码文件、跨文件的上下文或企业代码规范等，生成行级/函数级代码。最为常用的是自然语言生成代码和离线单行补全。

（1）自然语言生成代码

在 IDE 编辑器中输入自然语言描述需求，通义灵码可以在编辑器中生成代码建议，按 Tab 键可直接采纳。

例如，在 IDEA 编辑区输入自然语言："//根据新闻类别查询新闻，且根据新闻发布时间进行降序排列"，按 Enter 键后，AI 可以自动根据上下文完整精确地生成代码提示，按 Tab 键可直接采纳，如图 4-13 所示。

```java
// 根据新闻类别查询新闻，且根据新闻发布时间进行降序排列
public List searchByTid(int t_id) {
    List list = new ArrayList();
    String sql = "SELECT * FROM nrc_news WHERE T_ID=? ORDER BY N_PUBLISHTIME DESC";
    try {
        super.getConnection();
        pstm = con.prepareStatement(sql);
        pstm.setInt( parameterIndex: 1, t_id);
        rs = pstm.executeQuery();
        while (rs.next()) {
            News news = new News();
            news.setN_id(rs.getInt( columnLabel: "n_id"));
            news.setN_title(rs.getString( columnLabel: "n_title"));
            news.setN_content(rs.getString( columnLabel: "n_content"));
            news.setT_id(rs.getInt( columnLabel: "t_id"));
            news.setN_publishtime(rs.getString( columnLabel: "n_publishtime"));
            list.add(news);
        }
    }
    catch (Exception e) {
        // TODO Auto-generated catch block
        e.printStackTrace();
    }
    finally {

    return list;
}
```

Accept:Tab Prev/Next:Alt+[/Alt+] Cancel:Esc Trigger:Alt+P

图 4-13　自然语言生成代码示例

（2）离线单行补全

通义灵码代码补全默认使用云端大模型进行智能续写，当网络情况有限制时，可使用本地补全模型，单击状态栏图标切换至本地补全模型，如图 4-14 所示，在 IDE 编辑器中进行编程时，通义灵码会给出单行的代码补全建议。

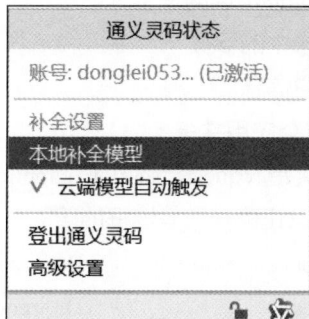

图 4-14　通义灵码状态设置

思考与练习

一、填空题

1. 新创建的 JSP 文件与传统的 HTML 文件的区别是默认创建时，页面代码最上方多了一条_____，并且该文件的扩展名是.jsp，而不是.html。

2. 在 JSP 页面中经常需要处理一些异常信息，可以通过_____对象来实现。

3. 当用户第一次访问 JSP 页面时，该页面会被_____转译成一个 Servlet 源文件，然后 Servlet 源文件将被编译为扩展名为 _____的文件。

4. 在 JSP 页面中进行访问控制时，一般会使用 JSP 的隐式对象_____实现对用户的会话跟踪。

5. 在 JSP 中，数据的共享可通过不同的作用域对象实现。如果该数据仅限当前页面有效，则可选择的作用域对象是_____。

6. JSP 工作模式是_____模式，JSP 的执行过程主要包括 3 个阶段，分别为_____阶段、_____阶段和_____阶段。

二、选择题

1. 下列选项中，属于 JSP 模板元素的是（   ）。

    A．Java 代码   B．HTML 代码   C．Java 注释   D．JSP 指令

2. 将 JSP 转译成 Servlet 源代码后，用户访问 JSP 文件时会调用的方法是（   ）。

    A．_jspInit()   B．_jspDestroy()   C．_jspService()   D．Serivce()

3. 下列选项中，哪个是正确的 JSP 注释格式？（   ）

    A．<!-- 注释信息 -->   B．<%! 注释信息 %>

    C．<%= 注释信息 %>   D．<%-- 注释信息 --%>

4. 新建一个 Web 项目 test 后，有一个默认 index.jsp 页面（位于 test 项目 web 目录下），将 test 项目发布到 Tomcat 中并启动项目，在浏览器地址栏中输入下列哪个地址可以正常访问 index.jsp 页面（在本机上并使用默认端口号）？（   ）

    A．http://localhost/test/index.jsp   B．http://localhost:8080/test/web/index.jsp

    C．http://localhost:8080/test/web/jsp/index.jsp   D．http://localhost:8080/test/index.jsp

5. 下面关于 JSP 作用域对象的描述错误的是（   ）。

    A．request 对象可以得到请求中的参数

    B．session 对象可以保存用户信息

    C．application 对象可以被多个应用共享

    D．作用域范围从小到大依次是 request、session、application

6. 在 JSP 中，以下哪个方法可以正确获取复选框的值？（   ）

    A．request.getParameterValue()   B．response.setParameterValues()

    C．request.getParameterValues()   D．request.getParameter()

7. 在 JSP 中，假设表单的 method="post"，在发送请求时，对中文乱码处理的正确做法是

使用（　　　）。

    A．request.setCharacterEncoding("utf-8");

    B．response.setCharacter("utf-8");

    C．request.setContentType("text/html;charset=utf-8");

    D．response.setContentType("text/html;charset=utf-8");

8．下列选项中，哪些是 JSP 文件在被访问前需要经历的阶段？（　　　）（多选题）

    A．转译　　　　　　　B．访问　　　　　　　C．编译　　　　　　　D．执行

9．下面关于 JSP 的说法中错误的是（　　　）。（多选题）

    A．JSP 的内容会被直接发送到浏览器中，由浏览器解释和执行

    B．JSP 看起来像 HTML 一样，所以是静态 Web 资源的一种

    C．浏览器每次访问 JSP 页面时，JSP 引擎都会将该 JSP 页面转译为 Servlet 源代码

    D．如果说 Servlet 是在 Java 代码中嵌入 HTML，那么 JSP 就是在 HTML 中嵌入 Java 代码

10．下面关于 JSP 的说法中正确的是（　　　）。（多选题）

    A．它是建立在 Servlet 规范之上的动态网页开发技术

    B．它的代码由 HTML 代码与 Java 代码组成

    C．JSP 文件中，HTML 代码用来实现网页中静态内容的显示

    D．JSP 文件中，Java 代码用来实现网页中动态内容的显示

三、判断题

1．JSP 模板元素定义了网页的基本骨架，即定义了页面的结构和外观。（　　　）

2．JSP 是 Java Server Pages 的缩写，它是一套全新的技术，与 Servlet 没有任何联系。（　　　）

3．用户每次访问 JSP 页面时，该页面都会被 JSP 引擎转译成一个 Servlet 源文件，然后源文件被编译为.class 文件。（　　　）

4．Tomcat 在将 JSP 页面转译成 Servlet 源代码时，会忽略 JSP 注释的内容，不会将注释信息发送到客户端。（　　　）

5．以.jsp 为扩展名的 URL 访问请求都是由 org.apache.jasper.servlet.JspServlet 处理，所以 Tomcat 中的 JSP 引擎就是这个 Servlet 程序。（　　　）

6．JSP 隐式对象 out 可以通过 response.getWriter()方法获取，然后通过 println()或者 write()方法向页面发送文本内容。（　　　）

四、简答题

1．JSP 页面元素有哪些？

2．JSP 隐式对象有哪些？作用分别是什么？

3．简述 include 指令和<jsp:include>动作元素的区别。

4．简述 JSP 执行过程。

工作单元5

新闻发布系统
——Servlet技术实现

05

【任务背景】

使用 JSP 技术实现新闻发布系统已经完成，在此基础上，进入使用 Servlet 技术开发新闻发布系统的阶段。本任务将使用 Servlet 技术，完成新闻发布系统的开发与测试，包括新闻发布系统注册、登录等功能的实现。

【学习目标】

- 知识目标
  - ✓ 掌握 Servlet 体系结构及生命周期
  - ✓ 掌握 Servlet 编写及配置方法
  - ✓ 掌握 ServletConfig、ServletContext、请求和响应对象的使用方法
  - ✓ 掌握 Cookie、Session 技术的使用方法
  - ✓ 掌握过滤器、监听器的使用方法
- 能力目标
  - ✓ 具备灵活编写与配置 Servlet 的能力
  - ✓ 具备灵活使用请求和响应对象的能力
  - ✓ 具备合理使用 Cookie、Session 技术的能力
  - ✓ 具备灵活使用过滤器的能力
  - ✓ 具备灵活使用监听器的能力
  - ✓ 具备借助 AI 工具开发项目的能力
- 素养目标
  - ✓ 具备严谨、认真的工作态度
  - ✓ 具备社会责任感
  - ✓ 提高自主学习能力
  - ✓ 提高团队合作能力
  - ✓ 提高沟通交流能力
  - ✓ 提高认识问题、分析问题和解决问题的能力

任务 5.1　实现新闻发布系统用户注册功能

【任务描述】

在新闻发布系统中，管理员用户登录后方可对新闻后台系统进行管理。如果用户没有账户信息，则需要先注册，注册成功后方可登录。本任务使用 Servlet 技术实现用户注册功能。

【知识准备】

5.1.1　Servlet 体系结构及生命周期

Servlet 是运行在 Web 服务器中的一小段 Java 程序，它能够通过 Web 服务器接收客户端浏览器发送的请求并进行处理，然后把动态生成的结果应答给客户端，从而实现动态网页的功能。Servlet 具有独立于平台和协议的特性。狭义上的 Servlet 是指 Java 实现的一个接口，广义上的 Servlet 是指任何实现了这个 Servlet 接口的类，平时说的 Servlet 多指广义上的 Servlet。

1. Servlet 体系结构

Servlet 体系结构最顶层是一个名为 javax.servlet.Servlet 的接口（简称 Servlet 接口），所有的 Servlet 类都要直接或者间接地实现该接口。GenericServlet 实现了 Servlet 接口，而 HttpServlet 则继承了 GenericServlet。因此，当用户开发自己的 Servlet 时，可以使用以下 3 种方式，推荐使用第 3 种方式。

（1）实现 Servlet 接口

如果自定义 Servlet 类实现了 Servlet 接口，则必须实现该接口中的所有方法，即需要实现 init(ServletConfig config)、service(ServletRequest req,ServletResponse res)、destroy()、getScrvletConfig()、getServletInfo()这 5 个方法。

（2）扩展 GenericServlet 类

如果自定义 Servlet 类扩展了 GenericServlet 类，则必须实现 service()方法。这个方法有两个参数：ServletRequest 和 ServletResponse。Servlet 容器将用户的请求信息封装在 ServletRequest 对象中，然后传递给 service()方法；service()方法将响应客户端的结果通过 ServletResponse 对象传给客户端。service()方法的声明如下。

```
public abstract void service(ServletRequest request, ServletResponse response)
throws ServletException, IOException
```

（3）扩展 HttpServlet 类

如果自定义 Servlet 类扩展了 HttpServlet 类，则通常不必实现 service()方法，因为 HttpServlet 已经实现了这个方法。HttpServlet 的 service()方法首先从 HttpServletRequest 对象中获取 HTTP 的请求方式，然后根据请求方式调用相应的方法。

HTTP 的请求方式包括 DELETE、GET、OPTIONS、POST、PUT 和 TRACE，在 HttpServlet 类中分别提供了相应的方法，它们是 doDelete()、doGet()、doOptions()、doPost()、doPut()和 doTrace()。

Servlet 体系结构如图 5-1 所示。

```
<<接口>>
Servlet

+init(ServletConfig config)
+service(ServletRequest req,ServletResponse res)
+destroy()
+getServletConfig()
+getServletInfo()
```

```
GenericServlet

+init(ServletConfig config)
+abstractservice(ServletRequest req,ServletResponse res)
+destroy()
+getServletConfig()
+getServletInfo()
+init()
+log(String msg)
+log(String message, Throwable t)
+getServletName()
+getServletContext()
+getInitParameterNames()
+getInitParameter(String name)
```

```
HttpServlet

+service(ServletRequest req, ServletResponse res)
#service(HttpServletRequest req, HttpServletResponse resp)
#doGet(HttpServletRequest req, HttpServletResponse resp)
#doPost(HttpServletRequest req, HttpServletResponse resp)
#doOptions(HttpServletRequest req, HttpServletResponse resp)
#doHead(HttpServletRequest req, HttpServletResponse resp)
#doDelete(HttpServletRequest req, HttpServletResponse resp)
#doPut(HttpServletRequest req, HttpServletResponse resp)
#doTrace(HttpServletRequest req, HttpServletResponse resp)
#getLastModified(HttpServletRequest req)
```

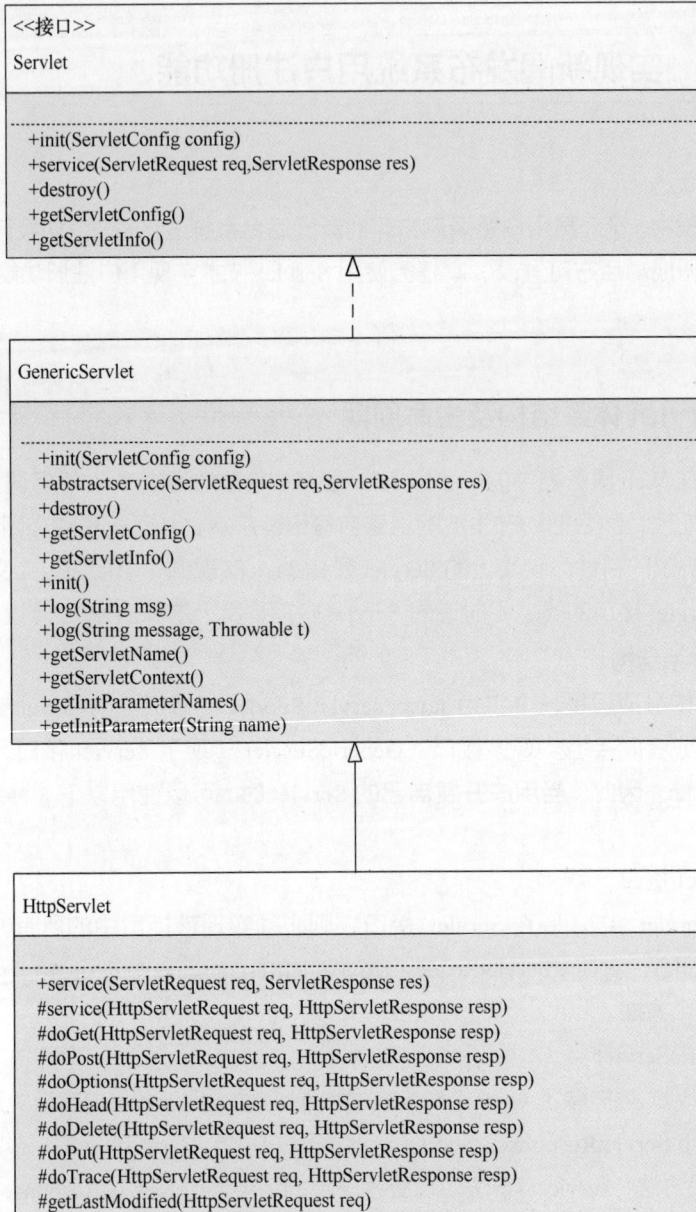

图 5-1　Servlet 体系结构

2. Servlet 的生命周期

5-1　Servlet 的
生命周期

Servlet 的生命周期就是 Servlet 从创建到销毁的过程。Servlet 的生命周期由
Servlet 容器管理，主要分为 3 个阶段，分别是初始化阶段、运行时（服务/请求处
理）阶段和销毁阶段。

当一个 Servlet 被请求时，Web 容器将按照下面的步骤进行操作。

（1）如果 Servlet 实例不存在，则 Web 容器会先加载 Servlet 类，然后创建一
个 Servlet 实例，接着调用它的 init()方法进行初始化（**初始化阶段**）。

（2）调用 service()方法，并向它传递请求和响应对象（运行时阶段）。

（3）当 Web 容器检测到一个 Servlet 实例被移除时，就会调用它的 destroy()方法，以便让该实例可以释放它所使用的资源（销毁阶段）。

Servlet 的生命周期如图 5-2 所示。

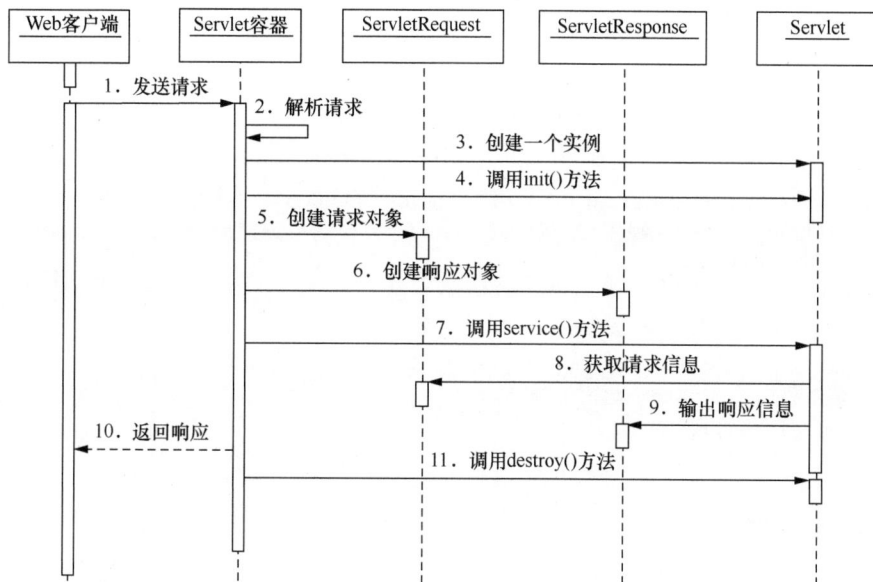

图 5-2　Servlet 的生命周期

5.1.2　Servlet 编写及配置

当用户编写自己的 Servlet 时，可以编写一个类，使其实现 Servlet 接口、扩展 GenericServlet 类或扩展 HttpServlet 类。官方推荐使用扩展 HttpServlet 类的方式，所以本书后续编写的 Servlet 均采用扩展 HttpServlet 类的方式。若想让 Servlet 正确运行在服务器中并处理请求信息，则必须进行适当的配置。

1. Servlet 编写

Servlet 编写首先要保证已创建好 Java Web 项目（如 ServletProj），在项目下创建一个类，使其继承自 HttpServlet 类，重写其 doGet()、doPost()方法。

【例 5-1】创建一个名为 HelloServlet 的 Servlet 类，将其放置在 cn.sdcet.servlet 包中，使 HelloServlet 类继承自 HttpServlet 类，然后重写 doGet()、doPost()方法，在方法体内输出部分信息。

案例技能点：doGet()、doPost()方法。

实现步骤如下。

① 在 IDEA 中新建一个 Java Web 项目，命名为 ServletProj。

② 在项目结构的 src 目录下新建 cn.sdcet.servlet 包。

③ 在 cn.sdcet.servlet 包中新建一个 Servlet 类，命名为 HelloServlet。

④ 重写 doGet()、doPost()方法。

具体实现示例代码如下。

```
package cn.sdcet.servlet;
import java.io.IOException;
import javax.servlet.ServletException;
import javax.servlet.http.HttpServlet;
import javax.servlet.http.HttpServletRequest;
import javax.servlet.http.HttpServletResponse;
public class HelloServlet extends HttpServlet{
    @Override
    protected void doGet(HttpServletRequest request, HttpServletResponse response)
throws ServletException, IOException {
        doPost(request, response);
    }
    @Override
    protected void doPost(HttpServletRequest request, HttpServletResponse response)
throws ServletException, IOException {
        //获取输出流对象
        PrintWriter out = response.getWriter();
        //通过输出流对象将数据输出到客户端浏览器
        out.print(" Welcome HelloServlet!");
        //关闭 PrintWriter 类型的对象 out
        out.close();
    }
}
```

2. Servlet 配置

Servlet 编写完成后，如果用户要访问该 Servlet，则必须对该 Servlet 进行配置。对 Servlet 进行配置主要有两种方式，一种是通过 web.xml 文件进行配置，另一种是通过@WebServlet 注解进行配置。Servlet 的配置主要包括 Servlet 的名称、Servlet 类、初始化参数、启动装入的优先级和 Servlet 映射等内容。

（1）在 web.xml 文件中进行配置

Servlet 是在 web.xml 文件的<servlet>和<servlet-mapping>元素中进行配置的，这两个元素的约束规则及具体说明如下。

```
<!ELEMENT servlet (icon?, servlet-name, display-name?, description?,
(servlet-class|jsp-file), init-param*, load-on-startup?, run-as?, security-role-ref*)>
<!ELEMENT servlet-mapping (servlet-name, url-pattern)>
```

① <servlet>：用于注册 Servlet，即给 Servlet 起一个独一无二的名称。

<servlet>包含两个主要的子元素<servlet-name>和<servlet-class>，分别用于指定 Servlet 的名称和 Servlet 的完整限定名（包名+类名）。在 web.xml 中配置 Servlet 时，必须指定这个 Servlet 的名称和 Servlet 类。

除此之外，还可以在配置时为 Servlet 添加描述信息及在发布时显示的名称。<description>元素的内容是 Servlet 的描述信息，<display-name>元素用于为 Servlet 指定一个简短的名称，这个名称可以被一些工具所显示。

初始化参数在<init-param>元素中定义，它包含<param-name>和<param-value>两个必需的子元素。

Servlet 的创建和销毁是由 Web 容器控制的。默认情况下，Web 容器在客户端请求 Servlet 时才创建它的实例。如果需要 Web 应用程序启动时就加载 Servlet，则可以使用 load-on-startup 元素。

load-on-startup 元素的内容必须是一个整型值。如果这个元素的值是一个负数或者没有设置这个元素，Servlet 容器就在客户端首次请求 Servlet 时加载它；如果这个值是正数或 0，则容器将在 Web 应用程序启动时加载和初始化 Servlet。这个整型值越小，Servlet 就越先初始化。

② <servlet-mapping>：用于定义 Servlet 与 URL 之间的映射。

<servlet-mapping>包含两个子元素<servlet-name>和<url-pattern>，分别用于指定 Servlet 的名称和提供给客户端访问的虚拟路径，虚拟路径必须以/开头（特殊情况除外，如通过扩展名匹配等情况）。<servlet-name>中指定的名称必须是<servlet>中已设置的<servlet-name>。而<url-pattern>子元素可以配置多个，这使得客户端可以通过多个路径实现对同一个 Servlet 的访问。虚拟路径<url-pattern>的配置可以使用通配符*，如配置为<url-pattern>*.do</url-pattern>，则匹配所有以.do 结尾的请求。

在 web.xml 文件中对例 5-1 中的 HelloServlet 进行配置，具体配置如下。

```xml
<?xml version="1.0" encoding="UTF-8"?>
<Web-app xmlns:xsi="http://www.w3.org/2001/XMLSchema-instance"
xmlns="http://xmlns.jcp.org/xml/ns/javaee"
xsi:schemaLocation="http://xmlns.jcp.org/xml/ns/javaee
http://xmlns.jcp.org/xml/ns/javaee/Web-app_3_1.xsd" id="WebApp_ID" version="3.1">
    <welcome-file-list>
     <welcome-file>index.jsp</welcome-file>
     <welcome-file>default.jsp</welcome-file>
    </welcome-file-list>
    <servlet>
     <description>This is a Hello Servlet</description>
     <display-name>My HelloWorldServlet</display-name>
     <servlet-name>HelloServlet</servlet-name>
     <servlet-class>cn.sdcet.servlet.HelloServlet</servlet-class>
     <init-param>
       <param-name>username</param-name>
       <param-value>javaWeb</param-value>
     </init-param>
     <load-on-startup>1</load-on-startup>
    </servlet>
    <servlet-mapping>
     <servlet-name>HelloServlet</servlet-name>
     <url-pattern>/HelloServlet</url-pattern>
    </servlet-mapping>
</Web-app>
```

将项目部署到 Tomcat 并启动 Tomcat 之后，用户可以通过浏览器对 HelloServlet 进行访问，访问地址为 http://localhost:8080/ServletProj_war_exploded/HelloServlet。

（2）通过@WebServlet 注解进行配置

Servlet 3.0 增加了注解支持，如@WebServlet、@WebInitParm、@WebFilter 和@WebLitener。与 XML 不同，注解不依赖于配置文件，它可以直接在类中使用，其配置只对当前类有效，避免了集中管理造成的配置冗长问题。

@WebServlet 用于将一个类声明为 Servlet，该注解会在部署时被 Servlet 容器处理，容器根据其具体的属性配置将相应的类部署为 Servlet。@WebServlet 属于类级别的注解，标注在继承了 HttpServlet 的类之上。@WebServlet 注解的常用属性如表 5-1 所示。

表 5-1　@WebServlet 注解的常用属性

属性名	类型	对应 web.xml 标签	描述	是否必需
name	String	<servlet-name>	指定 Servlet 的 name 属性。如果没有显式指定，则取值为该 Servlet 的完全限定名，即包名+类名	否
value	String[]	<url-pattern>	该属性等价于 urlPatterns 属性，两者不能同时指定。如果同时指定，则通常忽略 value 的取值	是
urlPatterns	String[]	<url-pattern>	指定一组 Servlet 的 URL 匹配模式	是
loadOnStartup	int	<load-on-startup>	指定 Servlet 的加载顺序	否
initParams	WebInitParam[]	<init-param>	指定一组 Servlet 初始化参数	否

常用的写法是将 Servlet 的相对请求路径（即 value）直接写在注解内。

【例 5-2】使用注解对例 5-1 中的 HelloServlet 进行配置。

案例技能点：@WebServlet 注解。

实现步骤如下。

① 使用注解配置 HelloServlet，代码示例如下。

```
@WebServlet("/HelloServlet")
public class HelloServlet extends HttpServlet{
    @Override
    protected void doGet(HttpServletRequest req, HttpServletResponse resp) throws
ServletException, IOException {
        doPost(req, resp);
    }
    @Override
    protected voiddoPost(HttpServletRequest req, HttpServletResponse resp) throws
ServletException, IOException {
        PrintWriter out = response.getWriter();
        out.print(" Welcome HelloServlet!");
        out.close();
    }
}
```

② 为项目配置 Tomcat 服务器，并将项目部署到 Tomcat 服务器。

③ 启动 Tomcat 服务器，在浏览器地址栏中输入 http://localhost:8080/ServletProj_war_exploded/HelloServlet 后按 Enter 键。

输出结果如图 5-3 所示。

图 5-3　输出结果

如果@WebServlet 中需要设置多个属性，则属性之间必须用逗号隔开，如下所示。

```
@WebServlet(name = "HelloServlet", loadOnStartup = 1, urlPatterns = {
        "/HelloServlet", "*.action" },
        initParams = {@WebInitParam(name = "uname", value = "admin"),
                    @WebInitParam(name = "charset", value = "utf-8")})
public class HelloServlet extends HttpServlet {
}
```

5.1.3　ServletConfig 和 ServletContext

利用接口 ServletConfig 和接口 ServletContext 的对象可以访问配置文件 web.xml 中的初始化信息。

1.　ServletConfig 接口

ServletConfig 位于 javax.servlet 包中，ServletConfig 接口类型的对象是 Servlet 的配置对象，封装了<servlet>标签中的配置信息。它是一个接口，在 Servlet 的生命周期中，由服务器（如 Tomcat）负责创建和初始化。当 Servlet 容器初始化 Servlet 时，会为这个 Servlet 创建一个 ServletConfig 对象，并将 ServletConfig 对象作为参数传递给 Servlet。通过 ServletConfig 对象即可获得当前 Servlet 的初始化参数信息，即在 web.xml 中配置的<init-param>信息。ServletConfig 接口的常用方法如表 5-2 所示。

表 5-2　ServletConfig 接口的常用方法

返回值类型	方法	功能描述
String	getInitParameter(String name)	返回名称为 name 的初始化参数的值，初始化参数在 web.xml 配置文件中进行配置。如果参数不存在，则返回 null
Enumeration	getInitParameterNames()	返回 Servlet 所有初始化参数的名称的枚举集合
ServletContext	getServletContext()	返回 Servlet 上下文对象的引用
String	getServletName()	返回 Servlet 实例的名称，这个名称在 Web 应用程序的部署描述符中指定。如果是一个没有登记的 Servlet 实例，则该方法返回的将是 Servlet 的类名

可以通过以下两种方式获取 ServletConfig 对象。

①　Servlet 接口中存在一个带参数 ServletConfig 的 init(ServletConfig config)方法，可以直接从该方法中获取 ServletConfig 对象。

②　通过 GenericServlet 类的 getServletConfig()方法获取 ServletConfig 对象。

一个 Web 应用程序中可以存在多个 ServletConfig 对象。每个 Servlet 对象对应一个 ServletConfig 对象，且这个 ServletConfig 对象不能被其他 Servlet 对象共享。

【例 5-3】使用 ServletConfig 对象获取配置信息中的初始化参数。

案例技能点：ServletConfig 对象、getServletConfig()方法、getInitParameter()方法。

实现步骤如下。

①　在项目 ServletProj 的 src 目录的 cn.sdcet.servlet 包中新建一个 Servlet 类，命名为 TestServlet01。

②　使用注解配置 TestServlet01，配置名称为 uname 和 charset 的初始化参数和值。

③　在 TestServlet01 类中重写 doGet()、doPost()方法，调用 getServletConfig()方法获取 ServletConfig 对象，调用 getInitParameter()方法获取配置信息中参数 uname 和 charset 对应的值。

具体实现示例代码如下。

```
@WebServlet(name = "TestServlet01", loadOnStartup = 1, urlPatterns = {
        "/TestServlet01", "*.action" },
        initParams = {@WebInitParam(name = "uname", value = "admin"),
                    @WebInitParam(name = "charset", value = "utf-8")})
public class TestServlet01 extends HttpServlet {
```

```
        @Override
        protected void doGet(HttpServletRequest request, HttpServletResponse response)
throws ServletException, IOException {
            PrintWriter out = response.getWriter();
            //获取 ServletConfig 对象
            ServletConfig config = this.getServletConfig();
            //获取配置信息中的初始化参数
            String uname = config.getInitParameter("uname");
            String charset = config.getInitParameter("charset");
            out.println("uname="+uname);
            out.println("charset="+charset);
            out.close();
        }
        @Override
        protected void doPost(HttpServletRequest request, HttpServletResponse response)
throws ServletException, IOException {
            doGet(request,response);
        }
    }
```

④ 启动 Tomcat 服务器，在浏览器地址栏中输入 http://localhost:8080/ServletProj_war_exploded/ TestServlet01 后按 Enter 键。

输出结果如图 5-4 所示。

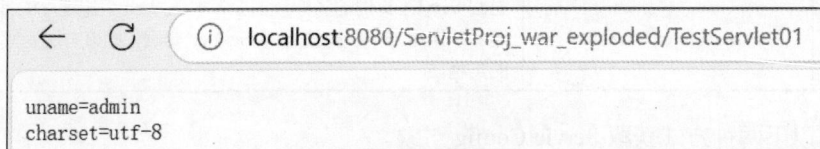

图 5-4　输出结果

2．ServletContext 接口

一个 ServletContext 对象代表一个 Web 应用程序的上下文，为整个 Web 应用程序提供一个全局的共享区域。当 Web 容器（如 Tomcat）启动时，它会为每个 Web 应用程序创建一个对应的 ServletContext 对象。这个对象在 Web 应用程序的生命周期内全局唯一，且所有 Servlet 和 JSP 页面都可以访问它。当 Web 应用程序被卸载或服务器关闭时，ServletContext 对象会被销毁。

ServletContext 接口的常用方法如表 5-3 所示，Servlet 容器提供了这个接口所有方法的具体实现。

表 5-3　ServletContext 接口的常用方法

返回值类型	方法	功能描述
Object	getAttribute(String name)	根据给定的属性名返回设定的值
Enumeration	getAttributeNames()	返回一个 Enumeration 对象，它包含了存储在 ServletContext 对象中的所有属性名
void	setAttribute(String name, Object object)	把一个对象和一个属性名绑定，将这个对象存储在 ServletContext 中
void	removeAttribute(String name)	根据给定的属性名从 ServletContext 中删除相应的属性

续表

返回值类型	方法	功能描述
String	getInitParameter(String name)	根据给定的参数名获取初始化参数的值。可以在 web.xml 中使用<context-param>元素定义上下文的初始化参数，这些参数被整个 Web 应用程序所使用
RequestDispatcher	getRequestDispatcher(String path)	返回一个 RequestDispatcher 对象，作为给定路径下源的封装。可以使用 RequestDispatcher 对象将一个请求转发给其他资源进行处理，或在响应中包含资源
URL	getResource(String path)	返回被映射到指定路径的资源的 URL
InputStream	getResourceAsStream(String path)	与 getResource()方法类似，不同之处在于该方法返回资源的输入流对象
void	log(String msg)	将指定消息写入日志文件，在不指定日志文件时输出到 Console 控制台

可以通过 setAttribute(String name, Object object)方法向 ServletContext 中添加数据，并通过 getAttribute(String name)方法获取数据。

可以通过以下两种方式获取 ServletContext 对象。

① Servlet 容器在 Servlet 初始化期间向其传递一个 ServletConfig 对象，可以通过这个 ServletConfig 对象的 getServletContext()方法来获取 ServletContext 对象。

② 通过 GenericServlet 类的 getServletContext()方法来获取 ServletContext 对象。

Web 应用程序中的所有 Servlet 共享同一个 ServletContext 对象，不同 Servlet 之间可以通过 ServletContext 对象实现数据通信，因此，ServletContext 对象也称为 Context 域对象。JSP 技术中讲到的隐式对象 application 即 ServletContext 类型的对象。

【例 5-4】使用 ServletContext 对象获取 Web 应用程序中的初始化参数。

案例技能点：ServletContext 对象、getServletContext()方法、getInitParameter()方法。

实现步骤如下。

① 在项目 ServletProj 的 src 目录的 cn.sdcet.servlet 包中新建一个 Servlet 类，命名为 TestServlet02。

② 在 web.xml 配置文件中配置初始化信息，将<context-param>元素置于根元素<web-app>中，使用子元素<param-name>和<param-value>分别指定参数名和参数值。

```
<web-app xmlns="http://xmlns.jcp.org/xml/ns/javaee"
         xmlns:xsi="http://www.w3.org/2001/XMLSchema-instance"
         xsi:schemaLocation="http://xmlns.jcp.org/xml/ns/javaee
         http://xmlns.jcp.org/xml/ns/javaee/web-app_4_0.xsd"
         version="4.0">
  <context-param>
      <param-name>weburl</param-name>
      <param-value>http://www.sdcet.cn</param-value>
  </context-param>
</web-app>
```

【注】该配置信息属于整个 Web 应用程序的初始化信息，不属于某个 Servlet 的初始化信息。

③ 使用注解配置 TestServlet02，重写 doGet()和 doPost()方法，使用 ServletContext 接口获取 Web 应用程序的初始化参数。

```
@WebServlet("/TestServlet02")
public class TestServlet02 extends HttpServlet {
    @Override
    protected void doGet(HttpServletRequest request, HttpServletResponse response)
throws ServletException, IOException {
        //获取 ServletContext 对象
        ServletContext context=getServletContext();
        PrintWriter out = response.getWriter();
        //根据给定的参数名，返回 Web 应用范围内匹配的初始化参数值
        out.println("URL: "+context.getInitParameter("weburl"));
        out.close();
    }
    @Override
    protected void doPost(HttpServletRequest request, HttpServletResponse response)
throws ServletException, IOException {
        doGet(request,response);
    }
}
```

④ 启动 Tomcat 服务器，在浏览器地址栏中输入 http://localhost:8080/ServletProj_war_exploded/
TestServlet02 后按 Enter 键。

输出结果如图 5-5 所示。

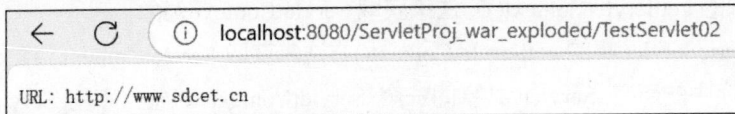

图 5-5　输出结果

5.1.4　请求与响应

在 Web 服务器运行阶段，Servlet 容器收到 HTTP 浏览器或者其他 HTTP 客户端发出的请求后，会创建一个 HttpServletRequest 请求对象和 HttpServletResponse 响应对象，专门用于封装 HTTP 请求消息和 HTTP 响应消息。

1．请求：HttpServletRequest 接口

客户端通过浏览器发送 HTTP 请求来访问服务器的资源，Servlet 主要用来处理 HTTP 请求并做出响应。Servlet API 提供了一个 HttpServletRequest 接口，它继承自 ServletRequest 接口，ServletRequest 中定义了一系列获取请求参数的方法。HttpServletRequest 对象专门用于封装 HTTP 请求消息（又称为 request 对象）。HTTP 请求消息分为请求行、请求头和请求体 3 部分，所以 HttpServletRequest 接口中定义了获取请求行、请求头和请求体的相关方法，并从父类 ServletRequest 中继承了请求相关方法。ServletRequest 及 HttpServletRequest 的常用方法如表 5-4 所示。

表 5-4　ServletRequest 及 HttpServletRequest 的常用方法

返回值类型	方法	功能描述
String	getParameter(String name)	返回指定参数的值
String [ ]	getParameterValues (String name)	以字符串数组的形式返回指定参数的所有值（HTTP 请求中可以有多个相同名称的参数）

续表

返回值类型	方法	功能描述
Enumeration	getParameterNames()	以枚举集合的形式返回请求中所有参数的名称
Map	getParameterMap()	用于将请求中的所有参数及其值装入一个 Map 对象中返回
void	setAttribute(String name, Object object)	把一个 Java 对象与一个属性名绑定，并将它作为一个属性存放到 request 中。 参数 name 为属性名，参数 object 为属性值
void	removeAttribute(String name)	从 request 中移除名称为 name 的属性
Object	getAttribute(String name)	根据指定的属性名 name 返回 request 中对应的属性值
String	getMethod()	用于获取 HTTP 请求方式（如 GET、POST 等）
String	getContextPath()	返回当前 Servlet 所在的应用的名称（上下文）。对于默认（ROOT）上下文中的 Servlet，此方法返回空字符串
String	getRequestURI()	用于获取请求行中的资源名称部分，即位于 URL 的主机和端口之后，参数部分之前的部分
String	getRemoteAddr()	用于获取客户端的 IP 地址
void	setCharacterEncoding(String charset)	用于设置请求消息的字符集编码
RequestDispatcher	getRequestDispatcher(String path)	用于获取 RequestDispatcher 对象，通过 RequestDispatcher 对象的 forward()方法可以实现请求转发
HttpSession	getSession()	用于获取与此请求关联的当前会话，如果该请求没有会话，则创建一个会话
HttpSession	getSession(boolean create)	返回与此请求关联的当前 HttpSession。 如果没有当前会话并且 create 为 true，则返回一个新会话。如果 create 为 false 并且该请求没有有效的 HttpSession，则返回 null

（1）获取请求行信息

访问 Servlet 时，请求消息的请求行中包含请求方法、请求资源名、请求路径等信息，通过 HttpServletRequest 对象可以方便地获取到请求行的相关信息。

【例 5-5】通过 HttpServletRequest 对象获取请求行的相关信息。

案例技能点：HttpServletRequest 获取请求行信息的常用方法。

实现步骤如下。

① 在项目 ServletProj 的 src 目录的 cn.sdcet.servlet 包中新建一个 Servlet 类，命名为 TestServlet03。

② 使用注解配置 TestServlet03，重写 doGet()和 doPost()方法，获取请求行信息，代码示例如下。

```
@WebServlet("/TestServlet03")
public class TestServlet03 extends HttpServlet {
    @Override
    protected void doGet(HttpServletRequest request, HttpServletResponse response)
throws ServletException, IOException {
        response.setContentType("text/html;charset=utf-8");
        PrintWriter out = response.getWriter();
        //获取 HTTP 请求消息中的请求方式（如 GET、POST）
        out.println("请求方式:" + request.getMethod() + "<br>");
        //获取请求行中的资源名部分
        out.println("资源名部分:" + request.getRequestURI() + "<br>");
```

```
            //获取请求行中的参数部分
            out.println("参数部分:" + request.getQueryString() + "<br>");
            //获取请求行中的协议名和版本
            out.println("协议名和版本:" + request.getProtocol() + "<br>");
            //获取请求 URL 所属 Web 应用程序的路径
            out.println("Web 应用程序的路径:" + request.getContextPath() + "<br>");
            //获取 Servlet 所映射的路径
            out.println("Servlet 所映射的路径:" + request.getServletPath() + "<br>");
            out.close();
        }
        @Override
        protected void doPost(HttpServletRequest request, HttpServletResponse response)
throws ServletException, IOException {
            doGet(request,response);
        }
    }
```

③ 启动 Tomcat 服务器，在浏览器地址栏中输入 http://localhost:8080/ServletProj_war_exploded/TestServlet03?name=admin 后按 Enter 键。

输出结果如图 5-6 所示。

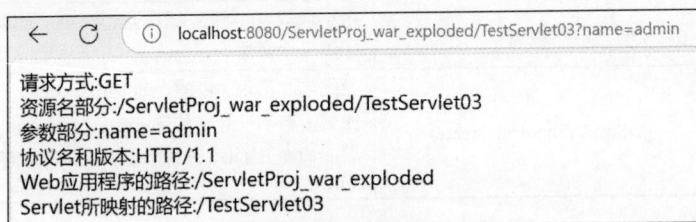

图 5-6　输出结果

（2）获取请求头信息

访问 Servlet 时，需要通过请求头向服务器传递附加信息，通过 HttpServletRequest 对象可以方便地获取到请求头的相关信息。

【例 5-6】通过 HttpServletRequest 对象获取请求头的相关信息。

案例技能点：HttpServletRequest 获取请求头信息的常用方法。

实现步骤如下。

① 在项目 ServletProj 的 src 目录的 cn.sdcet.servlet 包中新建一个 Servlet 类，命名为 TestServlet04。

② 使用注解配置 TestServlet04，重写 doGet()和 doPost()方法，获取请求头信息，代码示例如下。

```
@WebServlet("/TestServlet04")
public class TestServlet04 extends HttpServlet {
    @Override
    protected void doGet(HttpServletRequest request, HttpServletResponse response)
throws ServletException, IOException {
        response.setContentType("text/html;charset=utf-8");
        PrintWriter out = response.getWriter();
        Enumeration headerNames = request.getHeaderNames();
        while (headerNames.hasMoreElements()) {
            String headerName = (String) headerNames.nextElement();
```

```
                String value = request.getHeader(headerName);
                out.println(headerName +":"+ value + "<br>");
            }
            out.close();
        }
        @Override
        protected void doPost(HttpServletRequest request, HttpServletResponse response)
throws ServletException, IOException {
            doGet(request,response);
        }
    }
```

③ 启动 Tomcat 服务器，在浏览器地址栏中输入 http://localhost:8080/ServletProj_war_exploded/TestServlet04 后按 Enter 键。

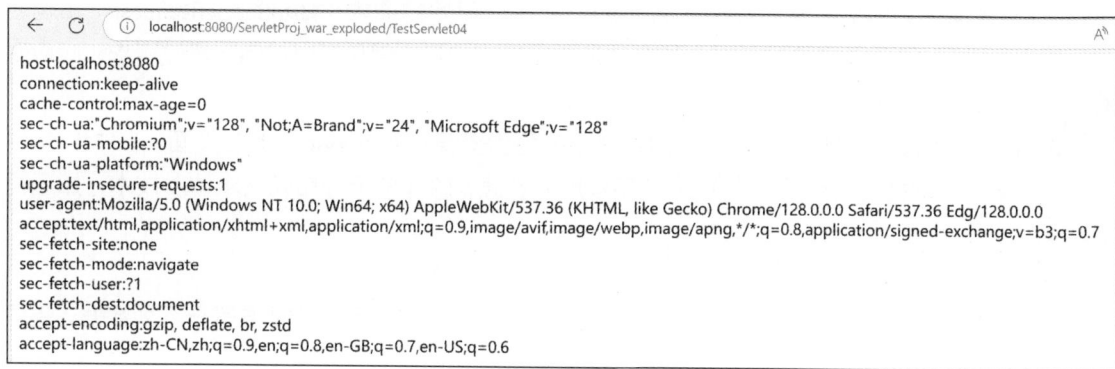

输出结果如图 5-7 所示。

图 5-7　输出结果

（3）获取请求参数

在实际项目开发过程中，经常需要获取用户提交的表单数据，如用户名、密码、个人爱好、电子邮箱地址等信息，使用 HttpServletRequest 接口的父类 ServletRequest 中定义的一系列方法可以获取请求参数。

（4）请求转发

在 Java Web 开发中，请求转发是 Servlet 规范中定义的一种机制，请求转发是一种在服务器内部将请求从一个资源（如 Servlet1）转发到另一个资源（如 Servlet2、JSP 页面或 HTML 文件）的过程，而客户端（如浏览器）对此过程并不知情。这种机制允许开发者在服务器端对请求进行预处理、后处理，而不需要客户端重新发起请求。

5-2　请求转发

请求转发属于服务器行为。Servlet 容器接收请求后，会先对请求做一些预处理，然后将请求传递给其他 Web 资源来完成包括生成响应在内的后续工作。请求转发的工作流程如图 5-8 所示。

请求转发的相关特性如下。

① 地址栏中的 URL 不变。由于请求转发是在服务器端进行的，所以浏览器的地址栏中显示的 URL 不会改变。这与重定向不同，重定向会向客户端发送一个状态码（通常是 302），并告诉客户端去请求一个新的 URL，此时浏览器地址栏中的 URL 会改变。

129

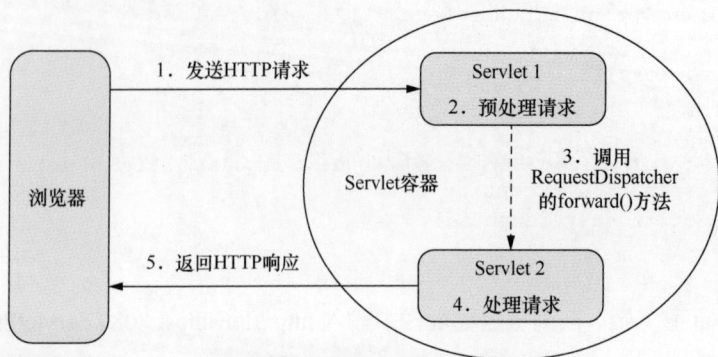

图 5-8　请求转发的工作流程

② 共享请求和响应对象。在请求转发的过程中，原始的请求（HttpServletRequest）和响应（HttpServletResponse）对象会被共享。这意味着转发链中的各个组件可以访问和修改请求和响应对象的属性，从而实现数据的传递和共享。

③ 请求可以被转发到当前 Web 应用程序中的任何资源，如 Servlet、JSP 页面、HTML 文件等，但是请求不能被转发到另一个 Web 应用程序的资源，除非使用分布式请求转发技术（如远程调用）。

（5）传递数据

HttpServletRequest 对象不仅可以获取请求行信息、请求头信息及请求参数等一系列数据，还可以通过属性传递数据。

【例 5-7】获取用户提交的用户名及密码，经 RegisterServlet 和 ResultServlet 处理后，将用户名输出到页面中。

案例技能点： 获取请求参数方法、请求转发方法、传递数据方法。

实现步骤如下。

① 在项目 ServletProj 的 web 目录下新建 register.jsp，代码示例如下。

```html
<html>
  <head>
    <title>用户注册</title>
    <meta http-equiv="content-type" content="text/html; charset=utf-8">
  </head>
  <body>
    <form method="post" action="RegisterServlet" >
    用户名: <input type="text" name="username"> <br>
    密码:   <input type="password" name="userpwd"><br>
    <input type="submit" value="注册"><input type="reset" value="重置">
    </form>
  </body>
</html>
```

② 在项目 ServletProj 的 cn.sdcet.servlet 包中新建 RegisterServlet，编写代码，并添加注解进行配置，示例代码如下。

```java
@WebServlet("/RegisterServlet")
public class RegisterServlet extends HttpServlet {
    @Override
    protected void doGet(HttpServletRequest request, HttpServletResponse response)
throws ServletException, IOException {
        //设置请求字符编码格式
        request.setCharacterEncoding("utf-8");
        //用于设置Servlet输出内容的MIME类型
        response.setContentType("text/html;charset=utf-8");
        //获取请求参数
        String userName = request.getParameter("username");
        String userPwd = request.getParameter("userpwd");
        //通过setAttribute()方法设置属性值
        request.setAttribute("username", userName);
        //请求转发至ResultServlet
        request.getRequestDispatcher("/ResultServlet").forward(request, response);
    }
    @Override
    protected void doPost(HttpServletRequest request, HttpServletResponse response)
throws ServletException, IOException {
        doGet(request,response);
    }
}
```

③ 在项目 ServletProj 的 cn.sdcet.servlet 包中新建 ResultServlet，编写代码，并添加注解进行配置，示例代码如下。

```java
@WebServlet("/ResultServlet")
public class ResultServlet extends HttpServlet {
    @Override
    protected void doGet(HttpServletRequest request, HttpServletResponse response)
throws ServletException, IOException {
        response.setContentType("text/html;charset=utf-8");
        PrintWriter out = response.getWriter();
        //通过getAttribute()方法获取属性值
        String userName= (String) request.getAttribute("username");
        if(userName!=null){
            out.println("注册成功! 欢迎"+userName+"<br>");
            out.close();
        }
    }
    @Override
    protected void doPost(HttpServletRequest request, HttpServletResponse response)
throws ServletException, IOException {
        doGet(request,response);
    }
}
```

④ 重新启动 Tomcat 服务器，在浏览器地址栏中输入 http://localhost:8080/ServletProj_war_exploded/register.jsp 后按 Enter 键。

⑤ 在"用户名"文本框中输入"王小康"，在"密码"文本框中输入"123"，如图 5-9 所示。单击"注册"按钮，显示结果如图 5-10 所示。

131

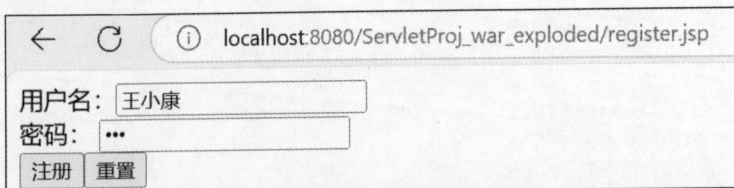

图 5-9　注册页面

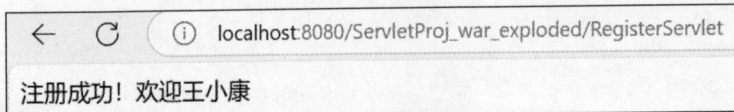

图 5-10　显示结果

2. 响应：HttpServletResponse 接口

Servlet API 提供了一个 HttpServletResponse 接口，它继承自 ServletResponse 接口。HttpServletResponse 对象专门用来封装 HTTP 响应消息（又称 response 对象）。ServletResponse 接口为 Servlet 提供了返回响应结果的方法，它允许 Servlet 设置返回数据的长度和 MIME 类型，并且提供了输出流。ServletResponse 子类 HttpServletResponse 可以提供更多和 HTTP 相关的方法，如提供设定 HTTP HEAD 信息的方法。ServletResponse 及 HttpServletResponse 的常用方法如表 5-5 所示。

表 5-5　ServletResponse 及 HttpServletResponse 的常用方法

返回值类型	方法	描述
void	addHeader(String name,String value)	用于增加响应头字段，其中，参数 name 用于指定响应头字段的名称，参数 value 用于指定响应头字段的值
void	setHeader (String name,String value)	用于设置响应头字段，其中，参数 name 用于指定响应头字段的名称，参数 value 用于指定响应头字段的值
void	setContentType(String type)	用于设置 Servlet 输出内容的 MIME 类型及编码格式
void	setCharacterEncoding(String charset)	用于设置输出内容使用的字符编码
void	setStatus（int status）	用于设置 HTTP 响应消息的状态码，并生成响应状态行
ServletOutputStream	getOutputStream()	用于获取字节输出流对象
PrintWriter	getWriter()	用于获取字符输出流对象
void	sendRedirect(String location)	重定向，让浏览器访问新的 URL。参数 location 表示重定向的 URL

5-3　重定向

（1）重定向

服务器在收到客户端请求后，可以通知客户端浏览器重新定向至另外一个 URL 发送请求，这称为重定向。例如，当客户端浏览器访问一个 Web 资源（Servlet1）时，Servlet1 可以通知客户端去访问另一个 Web 资源（Servlet2）。在 Java Web 中可以通过 HttpServletResponse 接口的 sendRedirect(String location)方法实现资源的重定向。重定向本质上是两次 HTTP 请求，对应两个请求对象和两个响应对象，属于客户端行为。

重定向的工作流程如图 5-11 所示。

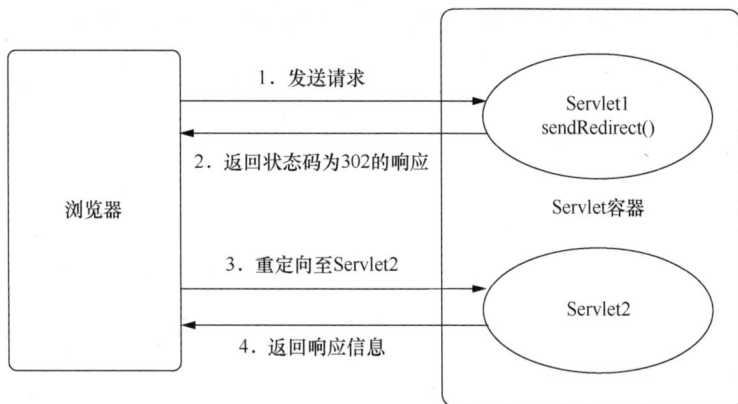

图 5-11　重定向的工作流程

请求转发和重定向都能实现页面的跳转，二者的区别如表 5-6 所示。

表 5-6　请求转发和重定向的区别

区别	请求转发	重定向
浏览器地址栏中的 URL 是否发生改变	否	是
请求与响应的次数	一次请求和一次响应	两次请求和两次响应
是否共享 request 对象和 response 对象	是	否
是否能通过 request 对象传递数据	是	否
行为类型	服务器行为	客户端行为
是否支持跨应用跳转	否	是

（2）解决中文输出乱码

计算机的数据都是以二进制形式存储的，当传输文本时，会发生字符与字节之间的转换。字符与字节之间的转换是通过查码表完成的。将字符转换成字节的过程称为编码，将字节转换成字符的过程称为解码，如果编码和解码使用的码表不一致就会导致乱码问题。HttpServletResponse 接口提供的 setCharacterEncoding()方法用于设置字符的编码格式，提供的 setContentType()方法用于设置 Servlet 输出内容的 MIME 类型以及编码格式。

【例 5-8】创建并配置 TestServlet05，使其在被访问时重定向至 index.jsp 页面。

案例技能点：HttpServletResponse 接口、setContentType()方法、sendRedirect()方法。

实现步骤如下。

① 在项目 ServletProj 的 cn.sdcet.servlet 包中新建 TestServlet05，编写代码，并添加注解进行配置，示例代码如下。

```
@WebServlet("/TestServlet05")
public class TestServlet05 extends HttpServlet {
    @Override
    protected void doGet(HttpServletRequest request, HttpServletResponse response)
throws ServletException, IOException {
        //设置响应内容类型，charset=utf-8 可以保证汉字正常显示
        response.setContentType("text/html;charset=utf-8");
        //路径以/开头时，后面必须跟上下文路径（此处即项目名/ServletProj）
```

```
            response.sendRedirect("/ServletProj_war_exploded/index.jsp");
        }
        @Override
        protected void doPost(HttpServletRequest request, HttpServletResponse response)
throws ServletException, IOException {
            doGet(request,response);
        }
    }
```

② 在项目结构中的 web 目录下修改 index.jsp 文件，代码示例如下。

```
<html>
  <head>
    <title>重定向案例</title>
  </head>
  <body>
  欢迎重定向至本页面!
  </body>
</html>
```

③ 启动服务器，在浏览器地址栏中输入 http://localhost:8080/ServletProj_war_exploded/TestServlet05
后按 Enter 键。

显示结果如图 5-12 所示。

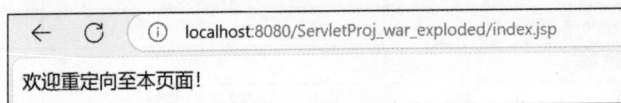

图 5-12　显示结果

【任务实施】

1. 明确数据库中用户表的设计

在工作单元 1 中明确了数据库中用户表（NRC_USER）的设计，如表 5-7 所示。

表 5-7　用户表（NRC_USER）

编号	主键	名称	描述	数据类型	大小	空	外键	自动递增	默认值
1	√	U_ID	用户编号	int	11	×	×	√	×
2	×	U_USERNAME	登录用户名	varchar	25	×	×	×	×
3	×	U_USERPWD	登录密码	varchar	25	×	×	×	×
4	×	U_NAME	用户昵称	varchar	25	×	×	×	×

2. 新建新闻发布系统 Web 项目

打开 IntelliJ IDEA，创建一个普通的 Java 项目，命名为 news_servlet，添加 Web Application 框架支持，升级为 Java Web 项目。设计并创建项目的目录结构，如图 5-13 所示。

① 在 src 目录下创建 com.sdcet.news 包，创建子包 servlet（用于存放 servlet 类）、dao（用于存放数据库操作的接口与实现类）、entity（用于存放实体类）、utils（用于存放数据库连接类）。

② 在 web 目录下创建目录 img（用于存放网页上的图片）、js（用于存放 js 文件）、layui（用于存放 layui 框架文件等）、Style（用于存放项目样式表文件）。

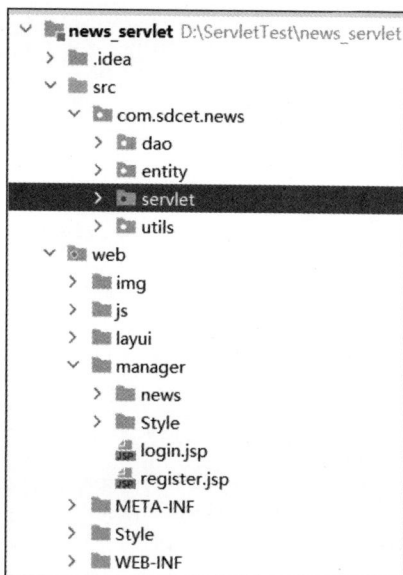

图 5-13 news_servlet 项目目录结构

③ 在 web 目录下创建目录 manager，用于存放后台管理界面的相关 JSP 文件等，同时在 manager 中创建 news 目录、Style 目录。

④ 在 web 目录下存放前台界面相关 JSP 文件。

3. 设计并实现用户注册页面

根据用户表的设计，在 manager 目录下设计并实现用户注册页面 register.jsp，如图 5-14 所示。同时创建一个 login.jsp 页面，用于在注册成功后跳转，当前 login.jsp 页面内容可空白。

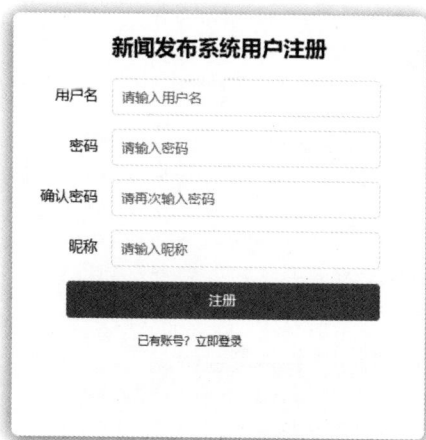

图 5-14 用户注册页面

单击"注册"按钮时，提交数据至后台多为 DoRegister 的 Servlet 处理，完成注册。register.jsp 实现代码如下。

```
<%@ page language="java" contentType="text/html; charset=UTF-8" pageEncoding=
"UTF-8"%>
<!DOCTYPE html>
```

```html
<html lang="en">
<head>
    <meta charset="utf-8">
    <link rel="stylesheet" href="../layui/css/layui.css">
    <link rel="stylesheet" href="Style/layui_register.css">
</head>
<body>
    <form class="layui-form" action="/news_servlet_war_exploded/manager/
DoRegister" method="post">
        <div class="container">
            <div class="logo">
                <label>新闻发布系统用户注册</label>
            </div>
            <div class="layui-form-item">
                <label class="layui-form-label">用户名</label>
                <div class="layui-input-block">
                    <input type="text" name="u_username" required lay-verify=
"required" placeholder="请输入用户名" autocomplete="off" class="layui-input">
                </div>
            </div>
            <div class="layui-form-item">
                <label class="layui-form-label">密码</label>
                <div class="layui-input-block">
                    <input type="password" name="u_userpwd" required lay-verify=
"required" placeholder="请输入密码" autocomplete="off" class="layui-input">
                </div>
            </div>
            <div class="layui-form-item">
                <label class="layui-form-label">确认密码</label>
                <div class="layui-input-block">
                    <input type="password" name="confirm_pwd" required lay-verify=
"required" placeholder="请再次输入密码" autocomplete="off" class="layui-input">
                </div>
            </div>
            <div class="layui-form-item">
                <label class="layui-form-label">昵称</label>
                <div class="layui-input-block">
                    <input type="text" name="u_name" required lay-verify=
"required" placeholder="请输入昵称" autocomplete="off" class="layui-input">
                </div>
            </div>
            <div class="layui-form-item">
                <div class="layui-input-block">
                    <button class="layui-btn" lay-submit lay-filter=
"registerForm">注册</button>
                </div>
            </div>
            <a href="login.jsp" class="font-set">已有账号？立即登录</a>
        </div>
    </form>
</body>
</html>
```

4. 在 UserDao 接口中新建注册用户方法，在接口实现类中实现该方法

在接口 UserDao 中新建注册用户方法 register(User user)，并在 UserDaoImpl 中实现该方法，示例代码如下。

```java
public interface UserDao {
    public boolean register(User user);
}
public class UserDaoImpl extends BaseDao implements UserDao {
    public boolean register(User user){
        boolean flag= false;
        String sql = "insert into nrc_user(u_username,u_userpwd,u_name) values(?,?,?)";
        try {
            super.getConnection();
            pstm= con.prepareStatement(sql);
            pstm.setString(1,user.getU_username());
            pstm.setString(2, user.getU_userpwd());
            pstm.setString(3, user.getU_name());
            int n=pstm.executeUpdate();
          if(n>0){
                flag = true;
            }
        } catch (Exception e) {
            e.printStackTrace();
        } finally {
            super.closeAll();
        }
        return flag;
    }
}
```

5. 创建一个 Servlet，用于实现注册功能

在 servlet 包中创建一个 Servlet 来接收和处理前端的请求，命名为 DoRegister，继承自 HttpServlet，重写 doGet()和 doPost()方法，通过注解@WebServlet 进行配置。要求注册成功后重定向到登录页面，注册失败时请求转发回注册页面。示例代码如下。

```java
@WebServlet("/manager/DoRegister")
public class DoRegister extends HttpServlet {
    protected void doPost(HttpServletRequest request, HttpServletResponse response)
throws ServletException, IOException {
        // 获取前端传递的请求参数
        String u_username = request.getParameter("u_username");
        String u_userpwd = request.getParameter("u_userpwd");
        String confirm_pwd = request.getParameter("confirm_pwd");
        String u_name = request.getParameter("u_name");
        // 简单的表单验证
        if (!u_userpwd.equals(confirm_pwd)) {//回注册页面
            request.getRequestDispatcher("/register.jsp").forword(request,response);
        }
        User user = new User();
        user.setU_username(u_username);
        user.setU_userpwd(u_userpwd);
        user.setU_name(u_name);
        UserDao userDao = new UserDaoImpl();
```

```
            boolean isRegistered = userDao.register(user);
            response.setContentType("text/html;charset=utf-8");
            if (isRegistered) {//注册成功，重定向至登录页面
                    response.sendRedirect(request.getContextPath()+"/login.jsp");
            } else {//注册失败，请求转发至注册页面
                    request.getRequestDispatcher("/register.jsp").forword(request,
response);
            }
        }
        protected void doGet(HttpServletRequest request, HttpServletResponse response)
throws ServletException, IOException {
            doPost(request, response);
        }
    }
```

6. 注册功能测试

新闻发布系统注册功能编程实现后需要进行测试。

① 启动 Tomcat 服务器，在浏览器地址栏中输入 http://localhost:8080/news_servlet_war_exploded/manager/register.jsp 后按 Enter 键。

② 在注册页面输入注册相关信息，若两次输入的密码相同，则注册成功后跳转至登录页面（login.jsp）；若两次输入的密码不同，则跳转至注册页面（register.jsp）。

【任务实训】实现新闻评论添加功能并测试

任务要求：

1. 设计并创建新闻评论表单；

2. 在 ReviewDao 接口中创建添加新闻评论的方法，并在接口实现类中实现该方法；

3. 创建一个 Servlet，用于获取新闻详情页中的评论信息，完成新闻评论的添加功能后跳转至新闻详情页面；

4. 测试新闻评论添加功能。

任务 5.2 实现新闻发布系统用户登录功能

【任务描述】

前面已实现新闻发布系统的用户注册功能，用户注册成功后可以登录，登录成功后，管理员用户可以进入后台系统对新闻类别、新闻等进行相关管理。如果用户未登录，则不能进入系统后台进行相关管理工作。新闻发布系统后台首页需要在用户登录时对用户的登录状态进行跟踪记录，防止未登录的用户直接进入系统后台。王小康带领开发团队一起实现用户登录功能。

【知识准备】

5.2.1 会话概述

在 Web 应用程序中，用户通过浏览器与服务器进行交互，因 HTTP 本身是无状态的，当浏览器

发送 HTTP 请求到服务器时，服务器会响应客户端的请求，但当同一个浏览器再次发送请求到该服务器时，服务器并不知道它使用的是哪一个浏览器，即 HTTP 请求无法保存用户状态。为了使这种跨请求的用户状态得到保持，Servlet 技术引入了会话的概念。一个用户打开一个浏览器，在同一个 Web 应用程序上单击多个超链接，访问多个 Web 资源，然后关闭浏览器，整个过程称为一个会话。

会话的作用包括保存用户数据和实现数据共享。会话技术可以保存用户在会话过程中产生的数据，如用户登录信息、购物车内容等。会话技术也可以让用户在同一个会话中实现数据共享，即用户在同一个会话中的多个请求可以访问到相同的数据。

Servlet 会话主要通过 Cookie 和 Session 两种技术实现，Cookie 为客户端会话技术，Session 为服务器端会话技术。

5.2.2 Cookie 技术

Cookie 技术是一种在客户端存储用户会话数据的方法，它允许服务器在用户的浏览器中保存少量信息，并在后续的请求中检索这些信息。Cookie 主要用于识别用户会话、跟踪用户行为、存储用户偏好等，其特点是 Cookie 数据存储在客户端，减小了服务器的存储压力；客户端可以清除 Cookie；安全性相对较差。

5-4 Cookie
技术

1. Cookie 的工作原理

当用户通过浏览器访问 Web 服务器时，服务器会给客户端发送一些信息，这些信息都保存在 Cookie 中。当浏览器保存 Cookie 后，再次访问服务器时，会在 HTTP 请求头中将这个 Cookie 回传给服务器。服务器向客户端发送 Cookie 时，会在 HTTP 响应头字段中增加 Set-Cookie 响应头字段，如 Set-Cookie:name=sdcet;Path=/，其中，name 表示 Cookie 的名称，sdcet 表示 Cookie 的值，Path 表示 Cookie 的属性。

Cookie 在浏览器和服务器之间的传输过程如图 5-15 所示。

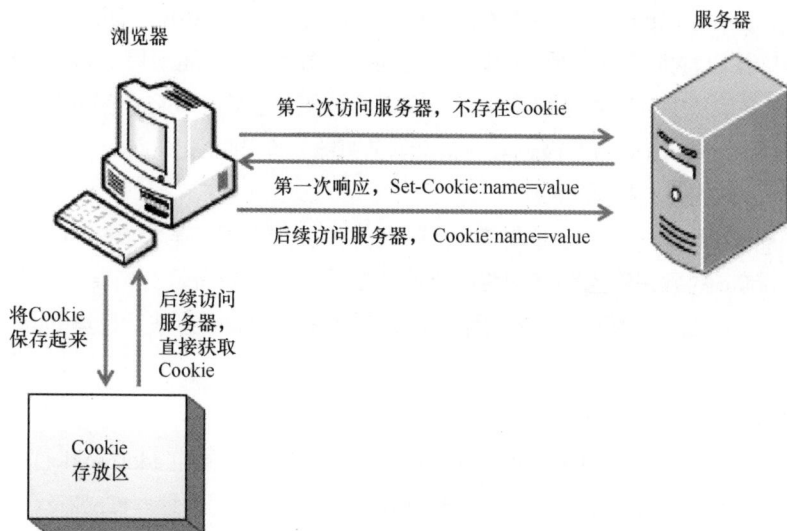

图 5-15 Cookie 在浏览器和服务器之间的传输过程

当用户第一次访问服务器时，服务器会在响应消息中增加 Set-Cookie 头字段，将 Cookie 信息发送给浏览器，并保存在客户端的 Cookie 存储区域中。当浏览器后续访问服务器时，会在请求消息中将用户信息以 Cookie 的形式发送给服务器，从而使服务器端分辨出当前请求是由哪个用户发出的。

2. Cookie 常用方法

javax.servlet.http.Cookie 类提供了带参构造方法及一系列获取或者设置 Cookie 的方法，如表 5-8 所示。

表 5-8　Cookie 常用方法

返回值类型	方法	描述
无	Cookie(String name, String value)	构造方法，通过键值对创建一个新的 Cookie 对象
int	getMaxAge()	用于获取指定 Cookie 的最大有效时间，以秒为单位。默认情况下取值为-1，表示该 Cookie 保留到浏览器关闭为止
String	getName()	用于获取 Cookie 的名称
String	getPath()	用于获取 Cookie 的有效路径
String	getValue()	用于获取 Cookie 的值
void	setMaxAge(int expiry)	用于设置 Cookie 的最大有效时间，以秒为单位。取值为正时，表示 Cookie 在经过指定时间后过期。取值为负时，表示 Cookie 不会被持久存储，在关闭浏览器时被删除。取值为 0 时，表示删除该 Cookie
void	setPath(String uri)	用于指定 Cookie 的路径
void	setValue(String newValue)	用于设置 Cookie 的值

（1）Cookie 的创建

使用 javax.servlet.http.Cookie 类的构造方法创建 Cookie 对象。构造方法接收两个字符串参数：name 和 value，分别代表 Cookie 的名称和值。Cookie 必须以键值对的形式存在，Cookie 一旦创建，它的名称就不能再更改，Cookie 的值创建后允许修改。

（2）设置 Cookie 在浏览器上的存在时间

使用 setMaxAge(int expiry)方法设置 Cookie 的存在时间，参数 expiry 应是一个整数。正值表示 Cookie 的存在时间（以秒为单位），是 Cookie 将要存在的最大时间，而不是 Cookie 现在的存在时间，浏览器会将 Cookie 信息保存在本地磁盘中。负值表示浏览器会将 Cookie 信息保存在浏览器的缓存中，当浏览器关闭时，Cookie 将会被删除。0 表示浏览器立即删除该 Cookie。

（3）设置 Cookie 的有效目录路径

setPath(String uri)用于设置 Cookie 的有效目录路径，如果创建的某个 Cookie 对象没有设置 Path 属性，那么该 Cookie 对象只对当前访问路径所属的目录及子目录有效。如果需要某个 Cookie 对站点的所有目录下的访问路径均有效，应调用 Cookie 对象的 setPath()方法，将其 Path 属性设置为/。

3. Cookie 对象的使用

5-5　Cookie
对象的使用

（1）发送 Cookie 到客户端

在 Servlet 中，通过 HttpServletResponse 对象的 addCookie()方法将 Cookie 添加到 HTTP 响应中，浏览器在接收到响应时会保存这些 Cookie。

（2）获取客户端 Cookie

当浏览器再次向服务器发送请求时，会自动将之前保存的 Cookie 包含在 HTTP

请求头中发送给服务器。在 Servlet 中，通过 HttpServletRequest 对象的 getCookies()方法获取一个 Cookie 数组，该数组包含了请求中所有的 Cookie 对象。遍历 Cookie 数组，通过 Cookie 对象的 getName() 和 getValue()方法获取 Cookie 的名称和值，并根据需要处理 Cookie 中的数据。

【例 5-9】在 Servlet 中发送并获取 Cookie 信息。

案例技能点：Cookie 创建、发送、获取与解析。

实现步骤如下。

① 在项目 ServletProj 的 src 目录的 cn.sdcet.servlet 包中新建一个 Servlet 类，命名为 CookieTest。

② 使用注解配置 CookieTest，在 doPost()方法中创建一个名为 username 的 Cookie，设置 Cookie 的相关属性，发送 Cookie，获取所有 Cookie 并解析 Cookie，代码示例如下。

```java
// 创建一个 Cookie
Cookie usernameCookie = new Cookie("username", "admin");
// 设置存在时间为 30 分钟
usernameCookie.setMaxAge(30 * 60);
// 设置路径
usernameCookie.setPath("/");
//发送 Cookie
response.addCookie(usernameCookie);
//获取所有 Cookie
Cookie[] cookies = request.getCookies();
//解析 Cookie
if (cookies != null) {
    for (Cookie cookie : cookies) {
        if ("username".equals(cookie.getName())) {
            String username = cookie.getValue();
            // 控制台输出用户名
            System.out.println("username: "+username);
        }
    }
}
```

③ 启动 Tomcat 服务器，在浏览器地址栏中输入 http://localhost:8080/ServletProj_war_exploded// CookieTest 后按 Enter 键。

控制台输出结果为"username：admin"。

4. Cookie 的缺点

（1）在 HTTP 请求中，Cookie 是明文传递的，容易泄露用户信息，安全性不高。

（2）客户端浏览器保存 Cookie 的数量和长度是有限制的，并且浏览器可以禁用 Cookie，一旦浏览器设置禁用 Cookie，Cookie 将无法正常工作。

（3）在 Cookie 对象中只能设置文本（字符串）信息。

5.2.3 Session 技术

Session 技术是一种用于在服务器端跟踪用户会话状态的重要机制。它允许服务器在用户的整个访问过程中保持用户状态，并在不同的页面和请求之间共享数

5-6 Session 技术

141

据。当浏览器访问 Web 服务器的资源时，服务器可以为每个浏览器创建一个 Session 对象，每个浏览器独占一个 Session 对象。由于每个浏览器独占一个 Session，所以用户在访问服务器的资源时，可以把数据保存在各自的 Session 中。利用 Session，服务器可以把一个用户的所有请求联系在一起，并记住用户的操作状态。

1. Session 的运行机制

当用户第一次连接到服务器时，服务器为其创建一个 Session，并分配给用户一个唯一的标识（Session ID），以后用户每次提交请求都要将标识一起提交。服务器根据标识找出特定的 Session，用这个 Session 记录用户的状态。Session 的运行机制如图 5-16 所示。

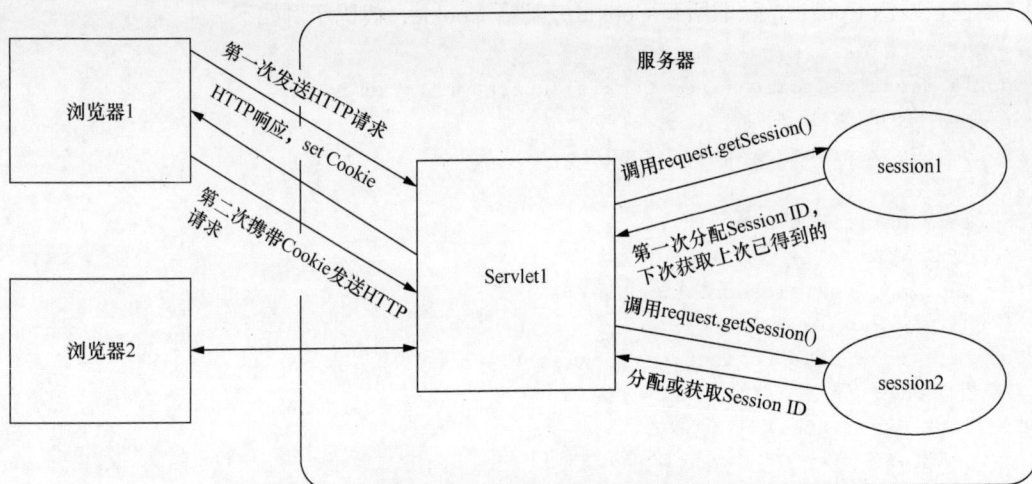

图 5-16　Session 的运行机制

在 Java Servlet API 中，javax.servlet.http.HttpSession 接口用于创建 HTTP 客户端和 HTTP 服务器之间的会话，由 Servlet 容器提供这个接口的实现。当一个会话开始的时候，Servlet 容器就创建一个 HttpSession 对象，在 HttpSession 对象中存放客户端的状态信息。Servlet 容器为 HttpSession 对象分配一个唯一的 Session ID，将其作为 Cookie（或者作为 URL 的一部分）发送给客户端，客户端的浏览器在内存中保存这个 Cookie。当客户端再次发送 HTTP 请求时，浏览器将 Cookie 随请求一起发送，Servlet 容器从请求对象中读取 Session ID，然后根据 Session ID 找到对应的 HttpSession 对象，从而得到客户端的状态信息。

2. HttpSession 接口的常用方法

在 Servlet 中要得到一个 HttpSession 对象，可以调用 HttpServletRequest 接口的 getSession()或 getSession(boolean)方法，该方法有两种重载形式，如表 5-9 所示。在 JSP 页面中，默认情况下存在的隐式对象 session 即 HttpSession 类型的对象。

表 5-9　getSession()方法

方法名	描述
public HttpSession getSession(booleancreate)	返回与此次请求相关联的 HttpSession 对象，如果不存在，则根据参数 create 的值（true 或 false）来决定是创建一个新的 HttpSession 对象返回还是返回 null

续表

方法名	描述
public HttpSession getSession()	返回与此次请求相关联的 HttpSession 对象，如果不存在，则创建一个新的 HttpSession 对象返回

Session 对象也是一种域对象，它可以通过 getAttribute(String name)、removeAttribute(String name)、setAttribute(String name, Object value)等方法对属性进行操作，进而实现会话中请求之间的数据通信和数据共享。

HttpSession 接口的常用方法如表 5-10 所示。

表 5-10　HttpSession 接口的常用方法

方法名	描述
getAttribute(String name)	根据属性名返回设定的值
getAttributeNames()	返回一个包含所有属性名的 Enumeration 对象
removeAttribute(String name)	从 HttpSession 对象中移除指定的属性
setAttribute(String name, Object value)	在 HttpSession 对象中设置属性
getId()	返回包含分配给 Session 的唯一标识符的字符串
getCreationTime()	返回 Session 创建的时间
getServletContext()	返回 Session 所属的 ServletContext 对象
getLastAccessedTime()	返回客户端上一次发送与此 Session 关联的请求的时间
getMaxInactiveInterval()	返回在无任何操作的情况下 Session 失效的时间，以秒为单位
invalidate()	使会话失效
isNew()	判断会话是否是新的并返回判断结果
setMaxInactiveInterval(int interval)	指定在无任何操作的情况下 Session 失效的时间，以秒为单位。负数表示 Session 永远不会失效

3. Session 的生命周期

Session 具有一定的生命周期。

（1）Session 生效

用户每一次访问服务器都会创建 Session。值得注意的是，只有访问 JSP、Servlet 等程序时才会创建 Session。此外，还可以调用 HttpServletRequest 接口的 getSession()方法强制创建 Session。仅访问 HTML、IMAGE 等静态资源不会创建 Session。

（2）Session 失效

HttpSession 对象在以下 3 种情况下会失效。

① Session 自动过期。Web 服务器采用"超时限制"判断客户端是否还在继续访问，在一定时间内，如果某个客户端一直没有访问，Web 服务器就会认为该客户端已经结束请求，并将该客户端会话对应的 HttpSession 对象变成垃圾对象，等待垃圾收集器将其从内存中彻底清除。

自定义 Session 失效时间的方法有 3 种。

第一种方法是在项目的 web.xml 文件中配置 Session 的失效时间，具体代码如下。

```
<session-config>
    <session-timeout>30</session-timeout>
</session-config>
```

【注】web.xml 文件中配置的 Session 失效时间的默认单位是分钟。

第二种方法是在 Servlet 程序中手动设置 Session 的失效时间，具体代码如下。

```
session.setMaxInactiveInterval(30*60);  //单位为秒，设置为-1 表示永不过期
```

第三种方法是找到 Tomcat 安装目录下的 web.xml 文件，在如下配置信息中设置时间。

```
<session-config>
    <session-timeout>30</session-timeout>
</session-config>
```

【注】Tomcat 安装目录下的 web.xml 文件中配置的 Session 失效时间的默认单位是分钟。如果将时间设置为 0 或负数，则表示会话永不超时，此文件对站点内所有的 Web 应用程序均起作用。

② 手动销毁 Session。HttpSession 接口中的 session.invalidate()方法用以强制 Session 对象失效。

③ Web 服务器关闭或者应用被卸载。当 Web 服务器关闭或者应用从 Web 服务器被卸载之后，HttpSession 对象即失效。

【例 5-10】用 Session 实现用户访问控制功能。

案例技能点：使用 Cookie 将用户信息存储在客户端浏览器、使用 Session 实现会话跟踪、请求转发与重定向跳转页面。

实现步骤如下。

① 分析用户访问控制流程，实现登录功能。当用户访问网站首页时，首先判断用户是否已登录。如果用户已登录，则正常访问首页，并显示用户登录信息和退出登录的链接，否则进入登录页面，验证登录信息正确后进入首页。用户访问控制流程如图 5-17 所示。

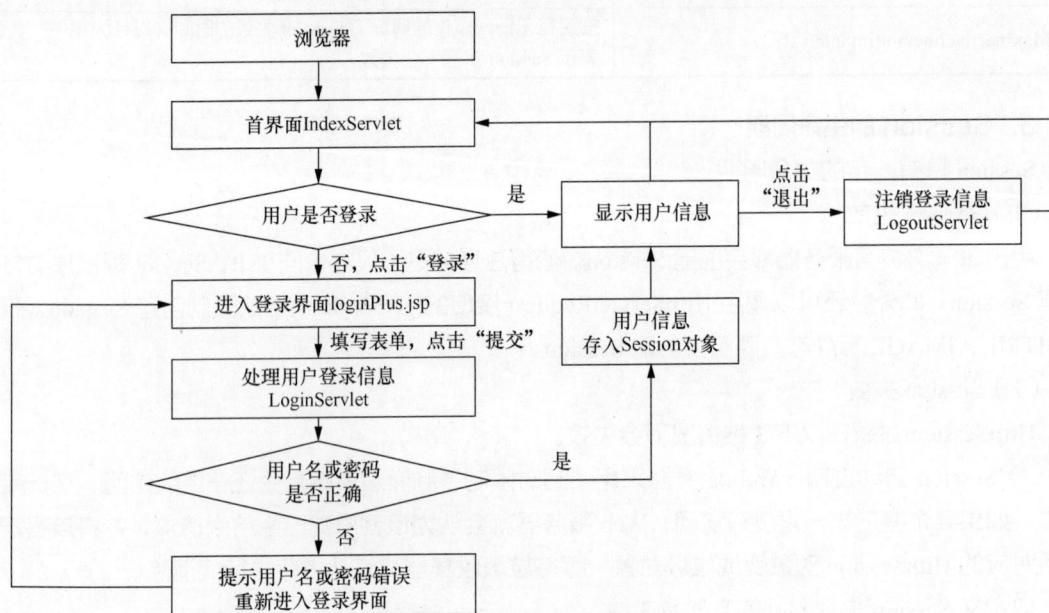

图 5-17　用户访问控制流程

② 在项目 ServletProj 的 src 目录下创建 cn.sdcet.entity 包，在包内新建一个封装用户信息的 User 类，代码示例如下。

```
package cn.sdcet.entity;
public class User {
    private String username;
    private String password;
    public User() {
      super();
    }
    public String getUsername() {
      return username;
    }
    public void setUsername(String username) {
      this.username = username;
    }
    public String getPassword() {
      return password;
    }
    public void setPassword(String password) {
      this.password = password;
    }
}
```

③ 在项目 ServletProj 的 src 目录的 cn.sdcet.servlet 包中新建一个 Servlet 类，命名为 IndexServlet，配置并编写代码实现显示网站首页的功能，代码示例如下。

```
@WebServlet("/IndexServlet")
public class IndexServlet extends HttpServlet {
  @Override
  protected void doGet(HttpServletRequest request, HttpServletResponse response)
throws ServletException, IOException {
    response.setContentType("text/html;charset=utf-8");
    PrintWriter out = response.getWriter();
    HttpSession session= request.getSession();
    User user=(User)session.getAttribute("user");
    if(user==null){
     out.print("您还没有登录，请<a href-'/ServletProj_war_exploded/loginPlus.jsp'>登录</a>");
    }
    else{
      out.print("您已经登录，欢迎您:"+user.getUsername()+"<br>");
      out.print("<a href='/ServletProj_war_exploded/LogoutServlet'>单击此处退出</a>");
      Cookie cookie=new Cookie("JSESSIONID",session.getId());
      cookie.setMaxAge(60*30);
      cookie.setPath("/");
      response.addCookie(cookie);
    }
  }
  @Override
  protected void doPost(HttpServletRequest request, HttpServletResponse response)
throws ServletException, IOException {
    doGet(request,response);
  }
}
```

④ 在项目 ServletProj 的 src 目录的 cn.sdcet.servlet 包中新建一个 Servlet 类，命名为 LoginServlet，

配置并编写代码，处理用户登录，代码示例如下。

```java
@WebServlet("/LoginServlet")
public class LoginServlet extends HttpServlet {
    @Override
    protected void doGet(HttpServletRequest request, HttpServletResponse response)
throws ServletException, IOException {
        response.setContentType("text/html;charset=utf-8");
        PrintWriter out = response.getWriter();
        String username=request.getParameter("username");
        String password=request.getParameter("password");
        if("admin".equals(username)&&"admin".equals(password)){
            User user= new User();
            user.setUsername(username);
            user.setPassword(password);
            Cookie cookieName= new Cookie("username",username);
            cookieName.setMaxAge(30);
            cookieName.setPath("/");
            response.addCookie(cookieName);
            request.getSession().setAttribute("user", user);
            response.sendRedirect("/ServletProj_war_exploded/IndexServlet");
        }else{
            out.print("用户名或者密码错误！登录失败！");
        }
    }
    @Override
    protected void doPost(HttpServletRequest request, HttpServletResponse response)
throws ServletException, IOException {
        doGet(request,response);
    }
}
```

⑤ 在项目 ServletProj 的 src 目录的 cn.sdcet.servlet 包中新建一个 Servlet 类，命名为 LogoutServlet，配置并编写代码，实现用户注销功能，代码示例如下。

```java
@WebServlet("/LogoutServlet")
public class LogoutServlet extends HttpServlet {
    @Override
    protected void doGet(HttpServletRequest request, HttpServletResponse response)
throws ServletException, IOException {
        request.getSession().removeAttribute("user");
        response.sendRedirect("/ServletProj_war_exploded/IndexServlet");
    }
    @Override
    protected void doPost(HttpServletRequest request, HttpServletResponse response)
throws ServletException, IOException {
        doGet(request,response);
    }
}
```

⑥ 在项目 ServletProj 的 web 目录下创建登录页面 loginPlus.jsp，代码示例如下。

```jsp
<html>
<head>
    <title>登录</title>
</head>
<%
```

```
        String cookievalue=null;
        Cookie[] cookies= request.getCookies();
        for(int i=0;cookies!=null&&i<cookies.length;i++)
        {if("username".equals(cookies[i].getName())){
            cookievalue=cookies[i].getValue();
          }
        }
%>
<body>
  <form method="post" action="LoginServlet">
    用户名<input  type="text" value="<%=cookievalue==null?"":cookieValue %>"
name="username"/></br>
    密 码<input  type="password" name="password"/></br>
    <input type="submit" value="提交"/>
  </form>
</body>
</html>
```

⑦ 启动 Tomcat 服务器，在浏览器地址栏中输入 http://localhost:8080/ServletProj_war_exploded/IndexServlet 后按 Enter 键。

在未登录的状态下访问首页 IndexServlet，效果如图 5-18 所示。

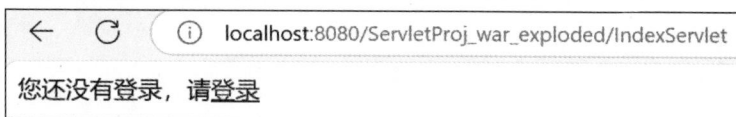

图 5-18　用户未登录访问网站首页效果

⑧ 单击"登录"链接进入 loginPlus.jsp 页面，在"用户名"文本框中输入 admin，在"密码"文本框中输入 admin，单击"提交"按钮，效果如图 5-19 所示。

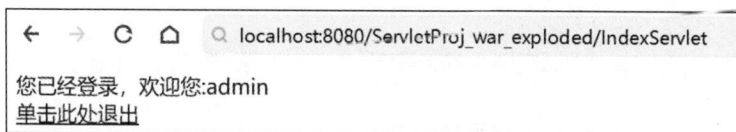

图 5-19　用户登录后访问网站首页效果

⑨ 用户登录后未退出的状态下，在浏览器地址栏中输入 http://localhost:8080/ServletProj_war_exploded/loginPlus.jsp 后按 Enter 键。

显示效果如图 5-20 所示，通过 Cookie 获取到了上一次的用户登录信息，并显示在"用户名"文本框中。

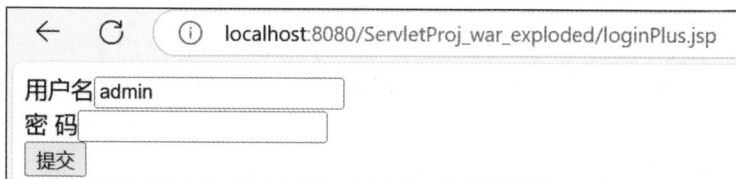

图 5-20　显示上一次的用户登录信息

⑩ 在图 5-19 所示的首页中单击"单击此处退出"链接，会注销用户登录状态，重新显示图 5-18 所示的首页。

4. Session 和 Cookie 的区别

Session 和 Cookie 都属于会话技术，都能帮助服务器保存和跟踪用户状态，但两者也存在差异，如表 5-11 所示。

表 5-11　Session 和 Cookie 的区别

不同点	Session	Cookie
存储位置不同	Session 将数据存储在服务器端	Cookie 将数据存储在客户端浏览器缓存中或本地磁盘上
大小和数量限制不同	Session 的大小和数量一般不受限制	浏览器对 Cookie 的大小和数量有限制
存放数据类型不同	Session 中保存的是对象	Cookie 中保存的是字符串
安全性不同	Session 存储于服务器端，安全性较高	Cookie 明文传递，安全性低，他人可以分析存储在本地的 Cookie 并进行 Cookie 欺骗
对服务器造成的压力不同	Session 存储于服务器端，每个用户独占一个 Session。若并发访问的用户特别多，就会占用大量服务器端资源	Cookie 存储在客户端，不占用服务器端资源
跨域支持上不同	Session 不支持	Cookie 支持跨域名访问

【任务实施】

1. 完善用户登录页面

完善前面创建的用户登录页面 login.jsp，文件 login.jsp 部分代码示例如下。

```
<form class="layui-form" action="<%=request.getContextPath()%>/manager/DoLogin"
method="post">
        <div class="container">
                <button class="close" title="关闭">X</button>
                <div class="logo">
                        <label>欢迎登录新闻发布系统后台</label>
                </div>
                <div class="layui-form-item">
                        <label class="layui-form-label">用户名</label>
                        <div class="layui-input-block">
                                <input type="text" name="username" required lay-verify=
"required" placeholder="请输入用户名" autocomplete="off" class="layui-input">
                        </div>
                </div>
                <div class="layui-form-item">
                        <label class="layui-form-label">密   码</label>
                        <div class="layui-input-inline">
                                <input type="password" name="password" required lay-verify=
"required" placeholder="请输入密码" autocomplete="off" class="layui-input">
                        </div>
                </div>
                <div class="layui-form-item">
                        <div class="layui-input-block">
                                <button class="layui-btn" lay-submit lay-filter="formDemo">登
```

```
录</button>
            </div>
        </div>
        <a href="" class="font-set">忘记密码?</a> <a href="register.jsp" class=
"font-set">立即注册</a>
    </div>
</form>
```

2. 在 UserDao 接口中添加登录验证方法，并在接口实现类中实现登录验证方法

在任务 5.1 的 UserDao 接口中添加登录验证方法，并在接口实现类中实现登录验证方法 login(String uname, String upassword)，示例代码如下。

```
public interface UserDao {
    public User login(String uname, String upassword) ;
}
public class UserDaoImpl extends BaseDao implements UserDao {
    public User login(String uname, String upassword) {
        User user = null;
        String sql = "select u_id from nrc_user where u_username=? and u_userpwd=?";
        try {
            super.getConnection();
            pstm = con.prepareStatement(sql);
            pstm.setString(1, uname);
            pstm.setString(2, upassword);
            rs = pstm.executeQuery();
            if (rs.next()) {
                user = new User(uname, upassword);
                user.setU_id(rs.getInt(1));
            }
        } catch (Exception e) {
            e.printStackTrace();
        } finally {
            super.closeAll();
        }
        return user;
    }
}
```

3. 创建名为 DoLogin 的 Servlet 类，将用户信息存入 Session 对象

在 servlet 包下创建名为 DoLogin 的 Servlet 类，该类用来获取 login.jsp 页面提交的表单数据信息，连接数据库进行验证。如果用户名、密码不正确，则将页面请求转发回登录页面 login.jsp，如果用户名、密码正确，则将用户信息存入 Session 对象中，并将页面重定向至后台首页（bottom_index.jsp）。DoLogin 的示例代码如下。

```
@WebServlet( "/manager/DoLogin")
public class DoLogin extends HttpServlet {
    @Override
    protected void doPost(HttpServletRequest request, HttpServletResponse response)
            throws ServletException, IOException {
        //获取用户提交的用户名、密码
        request.setCharacterEncoding("UTF-8");
        String username = request.getParameter("username");
        String password = request.getParameter("password");
        //验证用户名、密码在数据库中是否存在
```

149

```
        UserDaoImpl userDao = new UserDaoImpl();
        User user = userDao.login(username, password);
        //如果存在，则把用户信息存入 Session 对象中，重定向至 bottom_index.jsp
        if (user != null) {
            //把用户信息存入 Session 对象中
            HttpSession session = request.getSession();
            session.setAttribute("login_user", user);
            //重定向至 bottom_index.jsp
            response.sendRedirect(request.getContextPath() + "/manager/
bottom_index.jsp");
        } else {
            //如果不存在，则请求转发回登录页面
            request.getRequestDispatcher("/manager/login.jsp").forward(request,
response);
        }
    }
    @Override
    protected void doGet(HttpServletRequest request, HttpServletResponse response)
throws ServletException, IOException {
        doPost(request,response);
    }
}
```

4. 后台管理首页通过 Session 对象实现访问控制

只有在 login.jsp 同级目录下创建后台管理首页 bottom_index.jsp，用户登录后才可访问 bottom_index.jsp 页面。在该页面中通过 Session 获取用户登录时的信息，如果 session.getAttribute("login_user") 能获取到用户信息，则说明用户已登录，可以访问该页面，否则说明用户尚未登录，需要重定向至登录页面（login.jsp）。bottom_index.jsp 页面中的其他具体展示信息开发者可自行设计。

```
<body class="layui-layout-body">
    <%
    Object user = session.getAttribute("login_user");
    if (user == null) {//说明用户尚未登录
        response.sendRedirect(request.getContextPath() + "/manager/login.jsp");
    }
    %>
    <div class="layui-layout layui-layout-admin">
        <div class="layui-header">
            <div class="layui-logo">新闻发布系统后台管理页面</div>
        </div>
        ...
    </div>
</body>
```

5. 测试新闻发布系统后台登录功能

新闻发布系统后台登录功能编程实现后需要进行测试。

（1）启动 Tomcat 服务器，访问 bottom_index.jsp 页面。在浏览器地址栏中输入访问路径 http://localhost:8080/news_servlet_war_exploded/manager/bottom_index.jsp 后按 Enter 键，会看到自动跳转至 http://localhost:8080/news_servlet_war_exploded/manager/login.jsp。

（2）在登录页面中输入未注册的用户名和密码，提交后地址栏中的内容变为 http://localhost:8080/

news_servlet_war_exploded/manager/DoLogin，而页面依然是登录页面，这是因为 DoLogin 这个 Servlet 类在用户名和密码不正确的情况下，将请求转发回了登录页面，如图 5-21 所示。

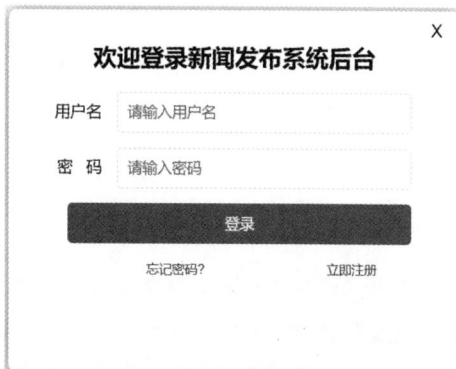

图 5-21　登录不成功跳转页面

（3）在登录页面中输入正确的用户名和密码，跳转至 bottom_index.jsp 页面。在当前浏览器不关闭的情况下新打开一个选项卡直接访问 bottom_index.jsp 页面，发现可以访问，这是因为 Session 中已存储了用户的登录信息。

【任务实训】实现新闻收藏功能

任务要求：

1．在新闻详情页面增加收藏按钮，用于收藏该新闻对象；

2．创建类 CollectNewsServlet，将用户收藏的新闻对象保存到 Session 中，并且用户收藏新闻对象结束后，将页面重定向到用户已收藏新闻列表；

3．创建类 CollectNewsListServlet，用于显示用户已收藏新闻列表。

任务 5.3　统计访问新闻发布系统用户数量

【任务描述】

在新闻发布系统中，为了更好地理解用户行为和系统负载，我们需要实时统计并显示已访问系统的用户数量。本任务将运用 Java Web 中的监听器技术实现已访问用户人数统计功能。

【知识准备】

5.3.1　Filter 过滤器

1．Filter 过滤器的概念与工作过程

对于 Web 应用程序来说，过滤器（Filter）是一种驻留在服务器端的 Web 组件。与其他 Web 组件不同的是，它通常不负责生成对客户端的响应。过滤器可以为任意 Web 资源提供服务，它能够拦截客户端与目标资源之间的请求和响应信息，并对这些信息进行过滤，其工作过程如图 5-22 所示。

5-7　Filter 过滤器

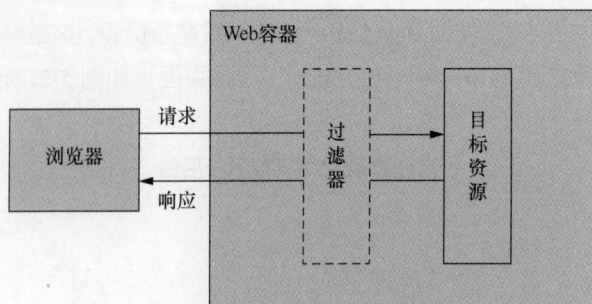

图 5-22　过滤器工作过程

Web 容器接收到请求时，它先判断是否有过滤器与这个请求相关联。如果有，则容器会把请求先交给过滤器进行处理。在过滤器中可以改变请求的内容，或者重新设置请求头信息，然后将请求发送给目标资源。当目标资源对请求做出响应后，容器同样会将响应先交给过滤器处理，再把它发送到客户端。从上述过程可以看出，过滤器对客户端和目标资源来说是透明的，它们并不知道过滤器的存在。

一个 Web 应用程序中可以部署多个过滤器，这些过滤器串联在一起组成一条过滤器链，其中每个过滤器负责特定的操作和任务。在请求 Web 资源时，这些过滤器按照定义的先后顺序依次对请求进行处理，然后将请求传递给下一个过滤器，直到目标资源。在发送响应时则按照相反的顺序对响应进行处理，直到客户端。需要注意的是，过滤器并不是必须将请求传递给下一个过滤器（或目标资源），它也可以自行对请求进行处理，然后发送响应给客户端。

在 Web 开发中，过滤器可应用于用户认证、日志记录、图像转换、数据压缩、数据过滤和替换、数据加解密及 XML 转换等方面。

创建一个 Servlet 过滤器只需要两个步骤：①创建一个类，实现 Filter 过滤器接口；②配置 Filter 过滤器。

Filter 过滤器接口在 javax.servlet 包中定义，所有的 Servlet 过滤器都必须实现这个接口，这个接口中定义了以下 3 个方法。

（1）void init(FilterConfig config)：这是 Servlet 过滤器的初始化方法，Servlet 容器在创建 Filter 过滤器实例后将调用这个方法。

（2）void destroy()：Servlet 容器在销毁 Filter 过滤器实例前调用该方法，通常在这个方法中释放过滤器占用的资源。

（3）void doFilter(ServletRequest request,ServletResponse response,FilterChain chain)：该方法完成实际的过滤工作。当用户请求与过滤器关联的 URL 时，Servlet 容器先调用这个方法对请求进行过滤，FilterChain 类型的参数 chain 用于访问后续的过滤器。

2. Filter 过滤器的配置

Filter 过滤器的配置与 Servlet 的配置类似，既可以使用 web.xml 进行配置，又可以采用注解进行配置。

（1）使用 web.xml 进行配置

Filter 过滤器是在 web.xml 文件的<filter>和<filter-mapping>元素中进行配置的，这两个元素的约束规则及具体说明如下。

① <filter>用于注册过滤器，<filter>包含两个主要的子元素<filter-name>和<filter-class>，分别用于指定 Filter 过滤器的名称和完整限定名（包名+类名），在 web.xml 中配置 Filter 过滤器时，必须指定这个 Filter 过滤器的名称和 Filter 过滤器类。另外，也可以配置<init-param>子元素，为过滤器指定初始化参数，<init-param>的子元素<param-name>用于指定参数的名称，<param-value>用于指定参数的值。

② <filter-mapping>元素用于设置 filter 过滤器负责拦截的资源。

<filter-mapping>包含两个子元素<filter-name>和<url-pattern>，分别用于指定 Filter 过滤器的名称和设置 Filter 过滤器拦截的请求路径，请求路径必须以/开头（特殊情况除外，如通过扩展名匹配）。<filter-name>中指定的名称必须是<filter>中已设置的<filter-name>。而<url-pattern>子元素可以配置多个。另外，还可以设置<filter-mapping>的子元素<dispatcher>，以指定 Filter 过滤器拦截的资源被 Servlet 容器调用的方式，可以是 REQUEST、INCLUDE、FORWARD 或 ERROR 方式，默认为 REQUEST 方式。

用户可以设置多个<dispatcher>子元素，以指定 Filter 过滤器对资源的多种调用方式进行拦截。<dispatcher>元素的取值及其含义如下。

① REQUEST：当用户直接访问页面时，容器将会调用过滤器。如果目标资源是通过 RequestDispatcher 的 include()或 forward()方法来访问的，则该过滤器不会被调用。

② INCLUDE：如果目标资源是通过 RequestDispatcher 的 include()方法来访问的，则该过滤器将被调用。除此之外，该过滤器不会被调用。

③ FORWARD：如果目标资源是通过 RequestDispatcher 的 forward()方法来访问的，则该过滤器将被调用。除此之外，该过滤器不会被调用。

④ ERROR：如果目标资源是通过声明式异常处理机制来访问的，则该过滤器将被调用。除此之外，过滤器不会被调用。

Filter 配置示例代码如下。

```xml
<filter>
    <filter-name>myFilter</filter-name>
    <filter-class>com.sdcet.filter..MyFilter</filter-class>
    <!-- 以下 init-param 可选-->
    <init-param>
        <param-name>name</param-name>
        <param-value>testMyFilter</param-value>
    </init-param>
</filter>
<filter-mapping>
    <filter-name>myFilter</filter-name>
    <url-pattern>/login</url-pattern>
    <!-- 以下 dispatcher 可选-->
    <dispatcher>REQUEST</dispatcher>
    <dispatcher>FORWARD</dispatcher>
</filter-mapping>
```

（2）使用@WebFilter 注解进行配置

@WebFilter 注解用于标识一个类为过滤器。@WebFilter 可以指定过滤器的名称、URL 模式、Servlet 名称等。@WebFilter 注解常用属性如表 5-12 所示。

表 5-12　@WebFilter 注解常用属性

属性名	类型	描述
filterName	String	指定过滤器的 name 属性，等价于<filter-name>
urlPatterns	String[]	指定过滤器的 URL 匹配模式，等价于<url-pattern>标签
value	String[]	等价于 urlPatterns 属性，但是两者不能同时使用
servletNames	String[]	指定过滤器将应用于哪些 Servlet。取值是@WebServlet 中 filterName 属性的值或者 web.xml 中<servlet-name>的值
dispatcherTypes	DispatcherType	指定过滤器拦截的资源被 Servlet 容器调用的方式，具体取值包括 ASYNC、ERROR、FORWARD、INCLUDE、REQUEST
initParams	WebInitParam[]	指定一组过滤器初始化参数，等价于<init-param>标签
asyncSupported	boolean	声明过滤器是否支持异步操作模式，等价于<async-supported>标签
description	String	指定过滤器的描述信息，等价于<description>标签
displayName	String	指定过滤器的显示名称，等价于<display-name>标签

以上所有属性均为可选属性，但必须至少包含 value、urlPatterns、servletNames 中的一个，且 value 和 urlPatterns 不能共存，如果同时指定，则通常忽略 value 的取值。

【**例 5-11**】创建并配置一个字符过滤器 CharacterFilter，这个过滤器负责拦截所有的用户请求，处理 POST 方式提交的中文乱码。

案例技能点：Filter 过滤器的用法。

实现步骤如下。

① 在项目 ServletProj 的 src 目录下新建 cn.sdcet.filter 包，在此包中新建一个 Filter 类，命名为 CharacterFilter。

② 编写 CharacterFilter 的代码，在 doFilter()方法中完成对 POST 方式提交的中文乱码的处理，示例代码如下。

```java
package cn.sdcet.filter;
import java.io.*;
import javax.servlet.*;
import javax.servlet.http.*;
public class CharacterFilter implements Filter {
    private FilterConfig config;
    public void destroy() {
        this.config = null;
    }
    public void doFilter(ServletRequest request, ServletResponse response,
            FilterChain chain) throws IOException, ServletException {
        //转换为 HttpServletRequest
        HttpServletRequest req = (HttpServletRequest) request;
        req.setCharacterEncoding("utf-8");
        chain.doFilter(req, response);
    }
    public void init(FilterConfig config) throws ServletException {
        this.config = config;
    }
}
```

③ 配置 CharacterFilter。

在 web.xml 文件中加入<filter>元素和<filter-mapping>元素，<filter>元素用来定义一个过滤器，<filter-mapping>元素用于将过滤器和 URL 关联。下面是 CharacterFilter 的配置信息。

```
<filter>
    <filter-name>CharacterFilter</filter-name>
    <filter-class> cn.sdcet.filter.CharacterFilter</filter-class>
</filter>
<filter-mapping>
    <filter-name> CharacterFilter</filter-name>
    <url-pattern>/*</url-pattern>
</filter-mapping>
```

在上面的配置信息中，名为 CharacterFilter 的过滤器负责拦截所有的客户端请求。当表单以 post 方式提交中文时，接收表单的 Servlet 无须进行中文乱码处理即可获取到正确的中文。

5.3.2　Listener 监听器

Servlet 监听器（Listener）是 Java Servlet 规范中定义的一种机制，它允许开发者监听 Web 应用程序中的特定事件，并在这些事件发生时执行特定的操作。监听器遵循观察者设计模式，通过注册监听器，Web 容器在特定事件发生时会自动通知这些监听器，从而实现对应用程序的监控和管理。Servlet 规范定义了多种类型的监听器，主要用于监控 ServletContext、HttpSession 和 ServletRequest 这 3 个核心组件的生命周期以及它们属性的变化。Listener 监听器按照监听的事件可以分为 3 类，即监听域对象创建和销毁的监听器、监听域对象属性变更的监听器、监听 HttpSession 域中对象状态变化的监听器。

5-8　Listener 监听器

Listener 监听器种类及常用方法如表 5-13 所示。

表 5-13　Listener 监听器种类及常用方法

监听器	监听器描述	创建和销毁方法	调用时机
ServletContextListener	用于监听 ServletContext 对象的创建与销毁过程	void contextInitialized (ServletContextEvent sce)	当创建 ServletContext 对象时
		void contextDestroyed (ServletContextEvent sce)	当销毁 ServletContext 对象时
HttpSessionListener	用于监听 HttpSession 对象的创建和销毁过程	void sessionCreated (HttpSessionEvent se)	当创建 HttpSession 对象时
		void sessionDestroyed (HttpSessionEvent se)	当销毁 HttpSession 对象时
ServletRequestListener	用于监听 ServletRequest 对象的创建和销毁过程	void requestInitialized (ServletRequestEvent sre)	当创建 ServletRequest 对象时
		void requestDestroyed (ServletRequestEvent sre)	当销毁 ServletRequest 对象时
ServletContextAttributeListener	用于监听 ServletContext 对象的属性新增、删除和替换	void attributeAdded (ServletContextAttributeEvent scae)	当 ServletContext 对象中新增属性时
		void attributeRemoved (ServletContextAttributeEvent scae)	当删除 ServletContext 对象中的某个属性时
		void attributeReplaced (ServletContextAttributeEvent scae)	当 ServletContext 对象中的某个属性被替换时

续表

监听器	监听器描述	创建和销毁方法	调用时机
HttpSessionAttributeListener	用于监听 HttpSession 对象的属性新增、删除和替换	void attributeAdded (HttpSessionBinding Event hsbe)	当 HttpSession 对象中新增属性时
		void attributeRemoved (HttpSessionBindingEvent hsbe)	当删除 HttpSession 对象中的某个属性时
		void attributeReplaced (HttpSessionBindingEvent hsbe)	当 HttpSession 对象中的某个属性被替换时
ServletRequestAttributeListener	用于监听 HttpServletRequest 对象的属性新增、删除和替换	void attributeAdded (ServletRequestAttributeEvent srae)	当 HttpServletRequest 对象中新增属性时
		void attributeRemoved (ServletRequestAttributeEvent srae)	当删除 HttpServletRequest 对象中的某个属性时
		void attributeReplaced (ServletRequestAttributeEvent srae)	当HttpServletRequest 对象中的某个属性被替换时

Servlet 规范定义了两个特殊的监听器接口 HttpSessionBindingListener 和 HttpSessionActivationListener，用来帮助对象了解自己在 Session 中的状态。实现这两个接口的类不需要注册，读者可自行查阅相关资料，此处不详细讲解。

创建 Listener 监听器只需要两个步骤：①创建一个类，实现特定监听器接口；②配置 Listener 监听器。

Listener 监听器可以在 web.xml 文件中配置，或使用@WebListener 注解配置。

在 web.xml 文件中配置 Listener 监听器需要使用<listener>元素，在<listener>元素中配置<listener-class>子元素，指定我们创建好的 Listener 全限定类名。使用 web.xml 文件配置监听器示例代码如下。

```
<listener>
        <listener-class>com.sdcet.listener.MyListener </listener-class>
</listener>
```

使用@WebListener 注解配置监听器示例代码如下。

```
@WebListener
public class MyListener implements ServletContextListener {
    public MyListener() {
    }
    public void contextDestroyed(ServletContextEvent sce) {
    }
    public void contextInitialized(ServletContextEvent sce) {
    }
}
```

【任务实施】

1. 创建 VisitedUserCounterListener 监听器，监听新闻发布系统访问人数

在 news_servlet 项目中，创建 com.sdcet.news.listener 包，在该包下创建 VisitedUserCounterListener 类，使其实现 HttpSessionListener 接口，VisitedUserCounterListener 类此处采用注解进行配置，示例代码如下。

```
@WebListener
public class VisitedUserCounterListener implements HttpSessionListener {
    private int visitedCount = 0;
    @Override
    public void sessionCreated(HttpSessionEvent httpSessionEvent) {
```

```
        visitedCount ++;
        HttpSession session = httpSessionEvent.getSession();
        session.setAttribute("visitedCount", visitedCount);
    }
    @Override
    public void sessionDestroyed(HttpSessionEvent httpSessionEvent) {
    }
}
```

2. 在新闻发布系统首页增加显示访问人数的 JSP 脚本元素

在新闻发布系统首页 index.jsp 文件的合适位置增加 JSP 脚本段和表达式，示例代码如下。

```
<%
    int count =(int)session.getAttribute("visitedCount");
%>
已访问人数: <%=count%>人
```

3. 测试访问新闻发布系统用户数量统计功能

访问新闻发布系统用户数量统计功能实现后需要进行测试。

（1）启动 Tomcat 服务器，访问新闻发布系统首页 index.jsp 页面。在浏览器地址栏中输入 http://localhost:8080/news_servlet_war_exploded/index.jsp 后按 Enter 键，首页显示"已访问人数：1 人"。因为访问 JSP 页面时会默认创建 Session 对象，所以会执行 VisitedUserCounterListener 类中的 sessionCreated（）方法，实现访问人数统计的功能。

（2）打开另外一个浏览器，在浏览器地址栏中输入 http://localhost:8080/news_servlet_war_exploded/index.jsp 后按 Enter 键，首页显示"已访问人数：2 人"

（3）关闭 Tomcat 服务器，visitedCount 的值清零，再次启动 Tomcat 服务器后打开浏览器访问新闻发布系统首页，已访问人数重新开始计数，显示"已访问人数：1 人"。如果不希望服务器重新启动时访问人数清零，可以通过 ServletContextListener 监听 ServletContext 对象的创建和销毁来实现，在 ServletContext 对象销毁时将访问人数存入数据库，待下次应用启动时先从数据库中加载，将访问人数更新，此功能读者可自行完成，此处不再赘述。

注：使用 IDEA 工具测试，需要取消 Tomcat 服务器配置对话框中 After launch 前的勾选。

【任务实训】使用 Filter 过滤器实现用户自动登录

任务要求：创建一个过滤器，用于拦截用户登录的访问请求，判断请求中是否包含用户自动登录的 Cookie。如果包含，则获取 Cookie 中的用户名和密码，并验证其正确性，正确时，将用户登录信息封装到 User 对象存入 Session 域中，完成用户自动登录。

单元评价

1. 团队自评

根据团队成员分工，由项目经理根据分工要求，对团队完成的任务进行自评，自评并改进后提交项目和操作手册。

2. 任务评审

项目负责人对新闻发布系统 Web 项目的结构、用户注册功能、登录功能、访问人数统计功能代码进行评审，对功能实现完整性、正确性，以及界面的友好性进行评审。根据结果决定是否进入下一阶段，若评审未通过，则进行代码完善。

团队演示展示项目的各项功能，汇报任务完成过程，制作过程视频，由用户代表、开发部门主管、测试部门主管等共同完成评审。

3. 任务复盘

任务结束后，王小康带领团队成员召开项目总结会议。

第一个议题是通过任务实施掌握了哪些理论知识，汇总如下：①Servlet 体系结构及生命周期；②Servlet 编写及配置；③ServletConfig 对象、ServletContext 对象的用法；④请求和响应对象的用法；⑤Cookie、Session 技术；⑥过滤器、监听器的使用方法。

第二个议题是在项目开发过程中，团队成员培养了哪些能力，汇总如下：①编写及配置 Servlet 的能力；②灵活使用请求和响应对象的能力；③合理使用 Cookie、Session 技术的能力；④灵活使用过滤器和监听器的能力。

第三个议题是团队和个人遇到了哪些问题、采用了什么解决方案，以及获得了哪些合作经验等，体会严谨、认真的工作态度，自主学习能力，团队合作能力，沟通交流能力，认识问题、分析问题和解决问题的能力等在项目开发中的重要性。

单元小结

通过本任务的实践，团队成员高质量地完成了各自的工作任务，团队成员之间积极合作，实现了新闻发布系统项目注册及登录功能，掌握了 Servlet 基础知识、Servlet 会话技术、过滤器及监听器等。团队成员的理解与分析能力、项目实战能力、沟通交流能力，以及团队协作能力均得到了提升。

> ①✉来自软件工程师的声音
>
> Servlet 技术在企业级应用中扮演着关键角色，主要用于开发企业级 Web 应用程序的中间层。它是基于 Java 的纯服务器端技术，擅长处理流程和业务逻辑，通过响应客户端请求来动态生成 Web 页面。Servlet 技术推动了以 Java 为核心技术的企业级三层 Web 应用程序的发展，适用于实现与 Web 服务器紧密相关的中间层，有效连接 Web 浏览器与后台数据库服务器。
>
> Servlet 技术的优点在于其纯 Java 特性，这使得它拥有跨平台的兼容性和强大的可伸缩性。从单个 JAR 文件运行到多台服务器集群和负载均衡，Java 展示了巨大的生命力。此外，Servlet 还享有丰富和强大的开发工具支持，且支持服务器端组件（如 JavaBean），可实现复杂商务功能。
>
> 然而，Servlet 技术也存在一些缺点。首先，其 web.xml 配置量较大，不利于团队开发和维护。其次，Servlet 具有容器依赖性，这在一定程度上增加了单元测试的复杂性。再者，Servlet 处理的请求类型较为局限，且页面内容展示能力相对较弱。
>
> 展望未来，随着 Java Web 技术的不断演进，Servlet 技术将继续在企业级应用中发挥重要作用。随着微服务和云原生技术的兴起，Servlet 可能会与更现代的框架（如 SpringBoot）结合，以提供更加高效、灵活和易于维护的解决方案。同时，随着开发工具和平台的不断优化，Servlet 技术的缺点也将逐渐得到克服，以更好地满足企业级应用的需求。

单元拓展　黄河云之旅网站用户注册与登录功能

使用 Servlet 技术实现黄河云之旅网站用户注册与登录功能。

AI 技能拓展　借助 AI 工具，针对编码难题进行全面答疑解惑

智能编程助手可以在编程工作过程中答疑解惑，以通义灵码为例，选中代码后，在通义灵码智能问答下方的文本框中输入问题，通义灵码智能问答功能将围绕选中代码与程序开发者展开对话。例如，选中一段代码，单击 IDE 工具导航"通义灵码"唤起通义灵码智能问答助手，单击"解释代码"，在智能问答窗口显示代码功能解释、控制流图等内容，帮助程序开发者理解代码与程序流程，如图 5-23 所示。

5-9　借助 AI
阅读源码

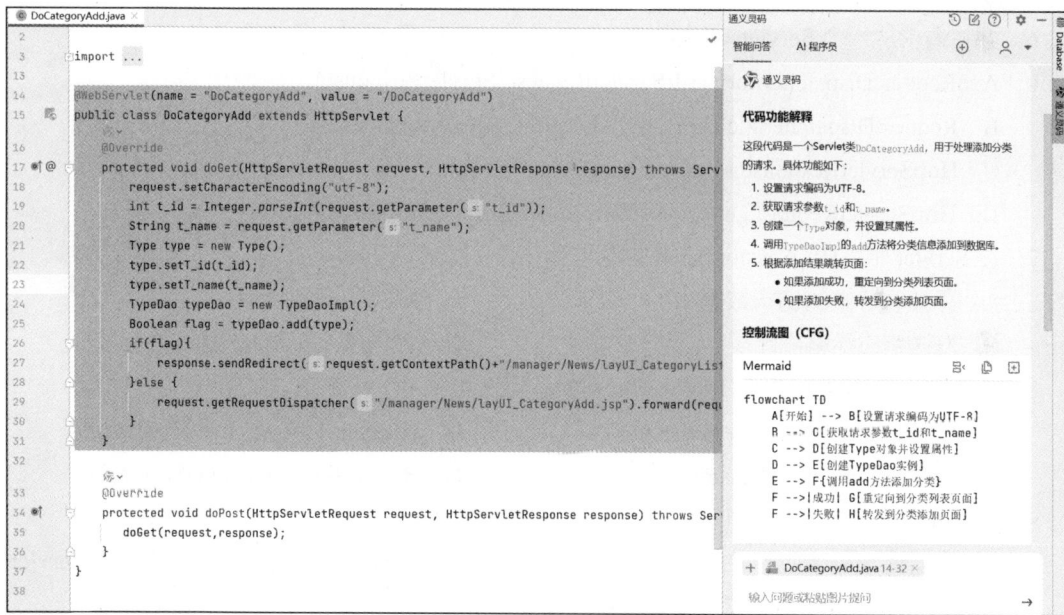

图 5-23　通义灵码智能问答工作界面

思考与练习

一、选择题

1. Servlet 生命周期开始于（　　）方法被调用。

　　A. doGet()　　　　　B. init()　　　　　C. service()　　　　　D. destroy()

2. 在 Servlet 生命周期中，destroy()方法被调用时，意味着（　　）。

　　A. Servlet 正在被加载　　　　　　　　B. Servlet 正在处理请求

　　C. Servlet 实例即将被回收　　　　　　D. Servlet 的 init()方法被调用了

3. Servlet 处理 HTTP 请求和响应主要通过（　　　）对象。

   A. HttpServletRequest 和 HttpServletResponse

   B. ServletRequest 和 ServletResponse

   C. HttpRequest 和 HttpResponse

   D. Request 和 Response

4. 要获取请求中的参数值（如表单数据），应使用 HttpServletRequest 对象的（　　　）方法。

   A. getParameterNames()   B. getParameterValues()

   C. getParameter(String name)   D. getAttribute(String name)

5. 在 Servlet 中，请求转发和重定向的主要区别是（　　　）。

   A. 转发是服务器内部的，而重定向是客户端发起的

   B. 转发会改变浏览器的 URL，而重定向不会

   C. 转发是异步的，重定向是同步的

   D. 转发通常用于用户认证，重定向用于页面跳转

6. 要将请求从一个 Servlet 转发到另一个 Servlet，应使用（　　　）方法。

   A. RequestDispatcher.forward(ServletRequest, ServletResponse)

   B. RequestDispatcher.include(ServletRequest, ServletResponse)

   C. HttpServletResponse.sendRedirect(String location)

   D. HttpServletRequest.getRequestDispatcher(String path).forward()

7. 在 Servlet 中，HttpSession 对象主要用于（　　　）。

   A. 存储客户端的请求数据   B. 跟踪用户的会话

   C. 发送响应给客户端   D. 管理多个 Servlet 之间的通信

8. 要获取当前请求关联的 HttpSession 对象，可使用（　　　）方法。

   A. HttpServletRequest.getSession()   B. HttpServletResponse.getSession()

   C. ServletContext.getSession()   D. RequestDispatcher.getSession()

9. Servlet 过滤器主要用于（　　　）。

   A. 拦截请求和响应   B. 管理会话   C. 处理异常   D. 初始化 Servlet

10. 要在 Servlet 容器中配置一个监听器，需要在 web.xml 中配置（　　　）元素。

   A. \<filter>   B. \<listener>

   C. \<servlet-mapping>   D. \<context-param>

二、判断题

1. Servlet 生命周期开始于 init 方法()被调用。（　　　）

2. Servlet 的 service()方法会在每次处理 HTTP 请求时被调用。（　　　）

3. Servlet 的 destroy()方法会在 Servlet 容器关闭或 Web 应用被卸载时由容器调用，用于进行清理工作，与 Java 的垃圾回收机制无关。（　　　）

4. Servlet 的配置可以在 web.xml 文件中完成，也可以通过注解来完成。（　　　）

5. 在 Servlet 中，可以通过 HttpServletRequest 对象获取请求参数，但不能设置响应内容。（　　　）

6. 请求转发是服务器内部的操作，客户端不会知道请求被转发到了哪个资源。（　　　）

7. 重定向是客户端的操作，浏览器会收到一个新的 URL，并自动向该 URL 发送请求。（　　　）

8. Servlet 过滤器可以对进入或离开 Servlet 的请求和响应进行预处理和后处理。（　　　）

9. Servlet 的初始化参数只能通过 web.xml 文件进行配置，不能通过注解进行配置。（　　　）

10. HttpSession 对象在每次用户请求时自动创建。（　　　）

11. Servlet 过滤器链中的过滤器是按照它们在 web.xml 中声明的顺序执行的。（　　　）

12. Servlet 监听器可以监听 HTTP 请求和响应事件。（　　　）

13. ServletContextListener 接口的实现类可以监听 Web 应用的启动和关闭。（　　　）

三、简答题

1. 简述 Servlet 生命周期。

2. 简述请求转发和重定向的异同。

3. 简述 Session 和 Cookie 的异同。

工作单元6
新闻发布系统
——MVC设计模式

06

【任务背景】

王小康团队使用 JSP 技术和 Servlet 技术实现了新闻发布系统动态网站的功能，在实际开发过程中，团队成员发现项目的业务逻辑需要更加清晰，以进一步提高程序的可读性和易维护性。本工作单元使用 JavaBean 技术、JSP 开发模型和 MVC 设计模式等完成新闻发布系统的注册验证和后台管理功能。

【学习目标】

- 知识目标
  - ✓ 掌握 JavaBean 的基本概念
  - ✓ 掌握 JavaBean 的编写规范
  - ✓ 了解 JSP 开发模型
  - ✓ 掌握 JSP Model1、JSP Model2 模型的工作原理
  - ✓ 掌握 MVC 设计模式
- 能力目标
  - ✓ 具备 JavaBean 技术的应用能力
  - ✓ 具备使用 JSP Model1 模型开发应用系统的能力
  - ✓ 具备使用 JSP Model2 模型开发应用系统的能力
  - ✓ 具备借助 AI 工具开发项目的能力
- 素养目标
  - ✓ 具备严谨、认真的工作态度
  - ✓ 具备社会责任感
  - ✓ 提高自主学习能力
  - ✓ 提高团队合作能力
  - ✓ 提高沟通交流能力
  - ✓ 提高认识问题、分析问题和解决问题的能力

任务 6.1　实现新闻发布系统注册验证功能

【任务描述】

在前期项目开发的基础上梳理业务逻辑，将程序中的实体对象和业务逻辑单独封装到 Java 类中，提高程序的可读性和维护性，小组成员按照分工要求，共同完成新闻发布系统注册验证功能。其中，项目经理负责分工、协调与项目审核，前端开发工程师负责新闻发布系统注册页面设计，后端开发工程师负责编写并应用 JavaBean 实现注册验证功能，软件测试工程师负责新闻发布系统后台注册功能的测试。

【知识准备】

6.1.1　JavaBean 技术

在 JSP 页面开发的初级阶段，没有所谓的框架与逻辑分层的概念，JSP 页面代码与业务逻辑代码写在一起。在 Java Web 实际开发中，为了使 JSP 页面中的业务逻辑更加清晰，可将程序中的实体对象和业务逻辑单独封装到 Java 类中，提高程序的可读性和易维护性，这需要用到 JavaBean 技术。

6-1　JavaBean 技术

1. JavaBean 概述

JavaBean 是一种可重用的、跨平台的 Java 组件，它可以被 Servlet、JSP 等 Java 应用程序调用，也可以可视化地被 Java 开发工具使用，它包含属性、方法、事件 3 部分。其中，属性是 JavaBean 的数据，可以是其他 Java 对象或原始类型；方法是 JavaBean 可提供的动作或服务；事件是 JavaBean 对事件发生的提示。组件是一个由可以自行进行内部管理的一个或几个类组成，外界不了解其内部信息运行方式的群体，使用它的对象只能通过接口来操作。JavaBean 就是组件最常用的组成部分。在 Java 模型中，通过 JavaBean 可以无限扩充 Java 程序的功能，通过 JavaBean 的组合可以快速生成新的应用程序。

2. JavaBean 的编写规范

JavaBean 是一种遵循特定规范的 Java 类，目的是与 JSP 页面传输数据以及简化交互过程，编写规范包括构造方法、定义属性和访问方法。

（1）该类是一个公有类，并用 package 语句声明属于某个包。

（2）该类必须有一个无参构造方法，可以显式定义一个无参构造方法，也可以省略所有构造方法，系统会自动创建一个无参构造方法。

（3）该类实现了 java.io.Serializable 接口。

（4）属性必须私有化，不应有用 public 修饰符修饰的数据成员。

（5）私有的属性必须定义 public 类型的方法，通过访问方法 getXxx()和 setXxx()来访问数据成员的值。getXxx()或 setXxx()方法的命名要求是 get 或 set 后的第一个字母大写。一般将 getXxx()或 setXxx()方法中的 Xxx 部分作为一个属性名，但是属性名的第一个字母是小写的。对于布尔类型的属性，通常使用 isXxx()方法来查询其值。

6.1.2　访问 JavaBean

6-2　访问
JavaBean 对象及
属性

在 JSP 页面中使用 JavaBean 时，可以使用 JSP 脚本元素来访问 JavaBean，也可以使用 JSP 提供的 3 个标准动作元素来访问 JavaBean。

1.　<jsp: useBean>

使用<jsp: useBean>实例化 JavaBean，可以简化 JSP 页面中的 Java 代码，它的语法格式有以下两种。

（1）第一种

```
<jsp: useBean id="beanName" class="package.class"
[scope="page|request|session|application"]>
</jsp: useBean>
```

其中，属性 id 的值是 JavaBean 实例的名称，属性 class 的值是 JavaBean 的类名全称（含包名），属性 scope 的值是 JavaBean 实例的有效范围，取值包括 page、request、session、application。

（2）第二种

```
<jsp: useBean id="beanName" class="package.class"
[scope="page|request|session|application"]>
本体内容
</jsp: useBean>
```

其中，本体内容是 JavaBean 的构造方法中需要执行的初始化代码，这些代码只会在实例化 JavaBean 时执行一次。

在 JSP 页面中由<jsp: useBean>标签的 id 属性指定的 JavaBean 实例可以在脚本元素中使用，JSP 容器查找存在的 JavaBean 实例时，会从 page、request、session、application 这 4 个有效范围依次查找。

2.　<jsp: setProperty>

当 JavaBean 被实例化后，对其属性进行操作，可以使用<jsp: setProperty>，也可以直接调用 JavaBean 对象的方法。<jsp: setProperty>的语法格式有以下两种。

（1）第一种

```
<jsp: setProperty name="beanName" property="propertyName" value="value"/>
```

其中，name 属性用于指定 JavaBean 的名称，它的值应与<jsp: useBean>中 id 属性的值一致，property 属性用于指定要设置值的 JavaBean 的属性名称，value 属性用于指定属性值。

（2）第二种

```
<jsp: setProperty name="beanName" property="*" />
```

当 property 属性的值为*时，JSP 引擎将发送到 JSP 页面的请求参数逐个与 JavaBean 的属性进行匹配，当用户请求参数的名称与 JavaBean 的属性名称相匹配时，自动完成属性赋值。

3.　<jsp: getProperty>

<jsp: getProperty>与<jsp: useBean>一起使用，用于获取 JavaBean 中指定属性的值。<jsp: getProperty>的语法格式如下。

```
<jsp: getProperty name="beanName" property="propertyName"/>
```

其中，name 属性用于指定 JavaBean 的名称，它的值应与<jsp: useBean>中 id 属性的值一致；

property 属性用于指定要从 JavaBean 中检索的属性的名称。

【例 6-1】使用 JavaBean 实现简单注册功能。

案例技能点：JavaBean 编写规范、访问 JavaBean。

实现步骤如下。

① 在 IDEA 中新建一个 Java Web 项目，命名为 MvcProj。

② 在项目结构的 src 目录下新建 cn.sdcet.bean 包。

③ 在 cn.sdcet.bean 包中新建注册用户 JavaBean 类，命名为 UserBean。

```java
package com.sdcet.entity;
public class UserBean {
    private String username;
    private String userpwd;
    public String getUsername() {
        return username;
    }
    public void setUsername(String username) {
        this.username = username;
    }
    public String getUserpwd() {
        return userpwd;
    }
    public void setUserpwd(String userpwd) {
        this.userpwd = userpwd;
    }
}
```

④ 在项目结构的 web 目录下新建 register.jsp，并完成简单注册页面布局，示例代码片段如下。

```html
<form action="doRegister.jsp" method="get">
        用户名 <input type="text" name="username" ><br>
        密码  <input type="password" name="userpwd" ><br>
         <input type="submit" value="注册"/>
         <input type="reset" value="重置"/>
</form>
```

⑤ 在项目结构的 web 目录下新建 doRegister.jsp 页面，在 doRegister.jsp 页面添加调用 UserBean 的代码，添加为 JavaBean 属性赋值以及获取 JavaBean 属性值的代码。

```jsp
<jsp:useBean id="userBean" class="cn.sdcet.entity.UserBean" scope="request">
</jsp:useBean>
    <jsp:setProperty name="userBean" property="*" ></jsp:setProperty>
    <%
        if(userBean.getUsername()!=null){
    %>
注册成功<br>
欢迎: <jsp:getProperty name="userBean" property="username"/>
    <%
        }
    %>
```

⑥ 配置 Tomcat 服务器，并将项目部署到 Tomcat 服务器。启动服务器，在浏览器访问 register.jsp 页面，输入用户名和密码，单击"注册"按钮，显示结果如图 6-1 所示。

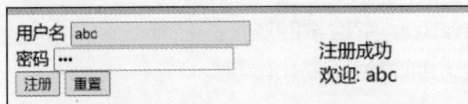

图 6-1 使用 JavaBean 实现简单注册功能

【任务实施】

1. 新建新闻发布系统 Web 项目

① 打开 IntelliJ IDEA，创建一个普通的 Java 项目，命名为 news_mvc，添加 Web Application 框架支持，升级为 Java Web 项目。设计并创建 web 项目的目录结构，目录结构与工作单元 5 中的目录结构基本一致，如图 6-2 所示。

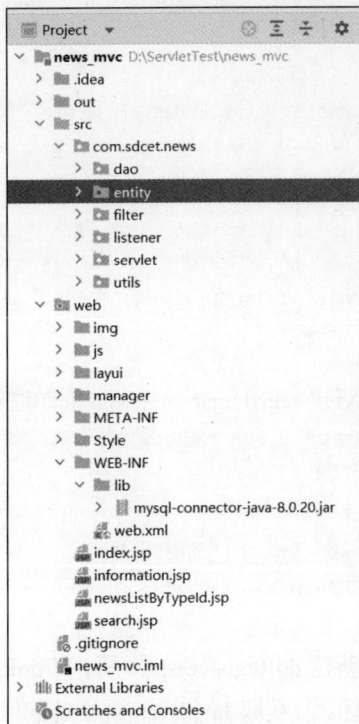

图 6-2 目录结构

② 在 src 目录下创建 com.sdcet.news 包，创建子包 servlet（用于存放 Servlet 类）、dao（用于存放数据库操作的接口与实现类）、entity（用于存放实体类）、utils（用于存放数据库连接类）、listener（用于存放监听器）、filter（用于存放过滤器）。

③ 在 web 目录下创建目录 img（用于存放网页上的图片）、js（用于存放 js 文件）、layui（用于存放样式表文件、图片文件等）。

④ 在 web 目录下创建目录 manager，用于存放后台管理界面的相关 JSP 文件及 news 目录。

⑤ 在 web 目录下存放前台界面相关的 JSP 文件。

2. 创建用户实体类 User

根据数据库用户表 NRC_USER 创建用户实体类 User，该 User 类即一个 JavaBean。User 类的具体代码与工作单元 5 中"任务 5.1 实现新闻发布系统用户注册"的代码一致。任务 5.1 采用 Servlet 技术，通过 Servlet 获取用户提交的请求参数，然后调用 UserDaoImpl 类的注册方法 register()实现注册功能。本任务通过 JavaBean 技术实现注册功能。

3. 创建注册页面 register.jsp

示例代码如下。

```
<form action="doRregister.jsp" method="get">
    用户名 <input type="text" name="u_username" ><br>
    密码  <input type="password" name="u_userpwd" ><br>
    真实姓名  <input type="text" name="u_name" ><br>
    <input type="submit" value="注册"/>
    <input type="reset" value="重置"/>
</form>
```

4. 创建注册处理页面 doRegister.jsp

在 doRegister.jsp 页面中首先使用<jsp:useBean>创建一个 User 类型的对象 userBean、一个 UserDaoImpl 类型的对象 UserDao；然后使用<jsp:setProperty>接收请求参数，并为 userBean 对象的属性赋值；最后通过 Java 脚本段调用 userDao 的 register()方法进行注册，若注册方法返回 true，则提示注册成功，并展示基本信息。

```
<body>
    <jsp:useBean id="userBean" class="com.sdcet.news.entity.User" scope=
"request"></jsp:useBean>
    <jsp:useBean id="userDao" class="com.sdcet.news.dao.impl.UserDaoImpl">
</jsp:useBean>
    <jsp:setProperty name="userBean" property="*" ></jsp:setProperty>
    <%
        if(userDao.register(userBean)){
    %>
    注册成功<br>
    您的基本信息如下: <br/>
    用户名: <jsp:getProperty name="userBean" property="u_username"/><br/>
    真实姓名: <jsp:getProperty name="userBean" property="u_name"/><br/>
    <%
        }
    %>
</body>
```

5. 测试注册验证功能

项目部署至 Tomcat 服务器并启动，浏览器地址栏中输入 http://localhost:8080/news_mvc_war_exploded/manager/register.jsp 后按 Enter 键，显示注册表单页面，在注册表单中填写注册信息后，单击"注册"按钮，显示"注册成功"，并显示用户基本信息，运行效果如图 6-3 所示。

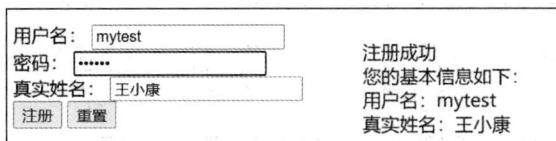

图 6-3 运行效果

【任务实训】使用 JavaBean 技术实现用户登录功能

任务要求：通过 JavaBean 技术实现新闻发布系统登录功能。

任务 6.2　实现新闻发布系统后台管理功能

【任务描述】

将程序中的实体对象和业务逻辑分别封装到单独的 Java 类中，使用 MVC 设计模式，小组成员按照分工要求，共同完成新闻发布系统后台管理功能，提高程序的可读性和易维护性。

【知识准备】

6.2.1　JSP 开发模型

JSP 开发模型即 JSP Model。使用 JSP 技术开发 Web 应用程序时，有两种开发模型可以选择——JSP Model1 和 JSP Model2。JSP Model1 简单轻便，适合小型 Web 项目的快速开发；JSP Model2 是在 JSP Model1 的基础上改造而来的，其提供了更清晰的代码分层，适用于多人合作开发的大型 Web 项目。

6-3　JSP 开发模型

1. JSP Model1

在早期使用 JSP 开发 Java Web 应用程序时，JSP 文件是一个独立的能自主完成所有任务的模块，它负责处理业务逻辑、控制页面流程、向用户展示页面等，JSP 早期模型工作原理如图 6-4 所示。

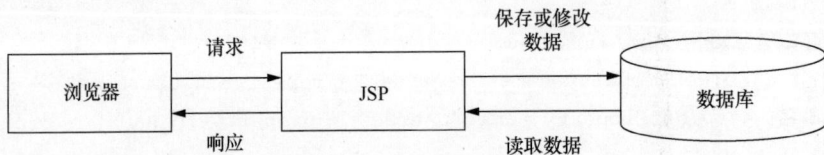

图 6-4　JSP 早期模型工作原理

首先浏览器发送请求给 JSP，然后 JSP 直接对数据库执行增、删、改、查等操作，最后 JSP 将操作结果响应给浏览器。JSP 早期模型存在 JSP 页面中的 HTML 代码与 Java 代码耦合度高的问题，代码的可读性较差，而且数据、业务逻辑、控制流混合在一起，给程序的修改与维护增加了难度。为了解决上述问题，Sun 公司提出了一种 JSP 开发模型——JSP Model1。JSP Model1 采用 JSP+JavaBean 技术，将页面显示与业务逻辑分开。JSP Model1 工作原理如图 6-5 所示。

JSP 负责接收用户请求和调用 JavaBean 组件响应用户的请求，JSP 实现流程控制和页面显示，JavaBean 对象负责封装数据和业务逻辑。JSP Model1 解决了代码可读性差、程序修改和维护难的问题。

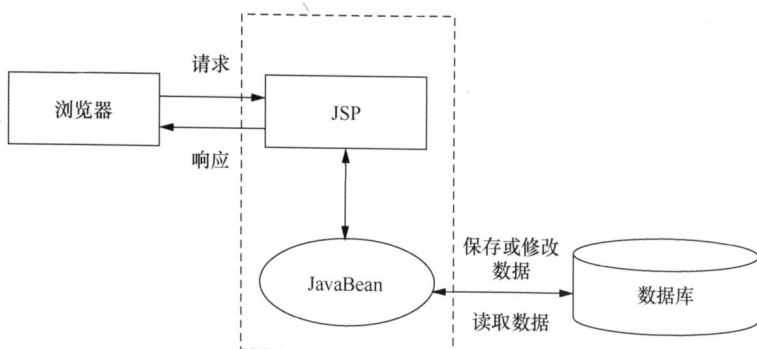

图 6-5 JSP Model1 工作原理

2. JSP Model2

使用 JSP Model1 模型开发时，JSP 页面需要负责流程控制和页面显示。对于业务流程复杂的大型应用程序，JSP 页面需要嵌入大量 Java 代码，Sun 公司在 JSP Model1 模型的基础上提出了 JSP Model2 模型，解决了 JSP 页面 Java 代码量大、项目管理复杂的问题。

JSP Model2 模型采用 JSP+Servlet+JavaBean 的技术。其中，Servlet 充当控制器的角色，负责接收浏览器发送的请求，根据请求信息实例化 JavaBean 对象，由 JavaBean 对象完成数据库操作并将操作结果进行封装，最后选择相应的 JSP 页面将响应结果显示在浏览器中。JSP Model2 的工作原理如图 6-6 所示。

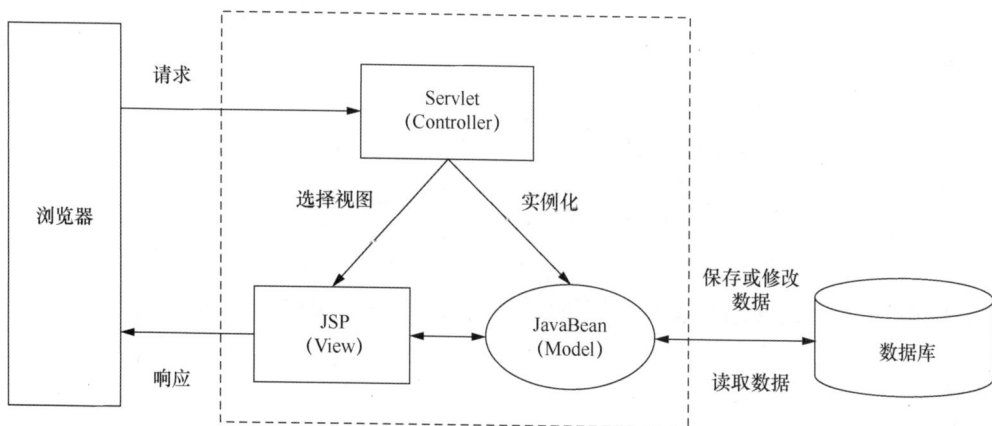

图 6-6 JSP Model2 的工作原理

6.2.2 MVC 设计模式

MVC 是 Model（模型）、View（视图）、Controller（控制器）的缩写。它是施乐帕克研究中心在 20 世纪 80 年代针对编程语言 Smalltalk-80 提出的一种软件设计模式，后来被推荐作为 Oracle 旗下 Java EE 平台的设计模式，并且受到越来越多开发者的欢迎。JSP Model2 模型采用的就是 MVC 设计模式，其中，控制器由 Servlet 实现，视图由 JSP 页面实现，模型由 JavaBean 实现。

6-4 MVC 设计模式

MVC 设计模式将软件程序分为 3 个核心模块，即模型、视图和控制器。

1. 模型

模型（Model）负责管理应用程序的业务数据、定义访问控制以及修改这些数据的业务规则。当模型状态发生变化时，它会通知视图进行界面更新，并为视图提供查询模型状态的方法。

2. 视图

视图（View）负责与用户进行交互，它从模型中获取数据并向用户展示，同时也能将用户请求传递给控制器进行处理。当模型的状态发生改变时，视图中向用户展示的数据会同步更新，从而保持与模型数据的一致性。

3. 控制器

控制器（Controller）负责应用程序中用户交互的部分，它从视图中读取数据，控制用户输入，并向模型发送数据。

MVC 设计模式 3 个核心模块的关系与功能如图 6-7 所示。

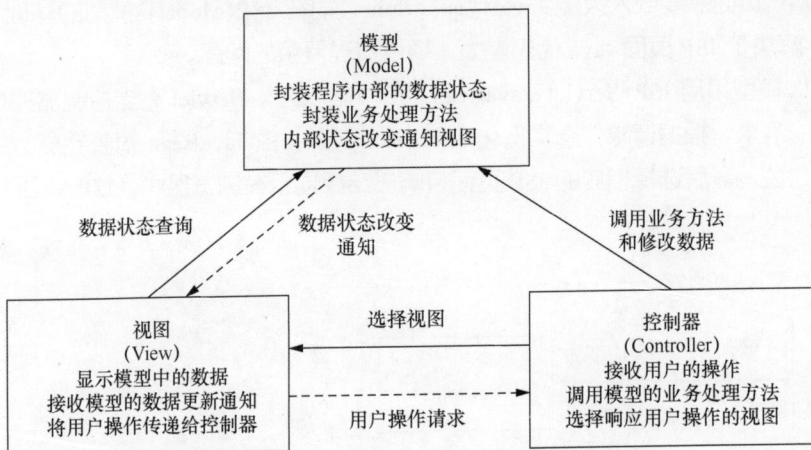

图 6-7　MVC 设计模式 3 个核心模块的关系与功能

当控制器接收到用户的请求后，会根据请求信息调用模型组件的业务方法，完成对业务方法的处理后，再根据模型的返回结果选择相应的视图组件显示处理结果和模型中的数据。

【任务实施】

1. 实现后台查看新闻列表功能

合法用户登录进入后台管理页面后，单击新闻详情可以查看所有新闻列表，实现后台查看新闻列表功能的步骤如下。

① 在 servlet 包下创建 Servlet 类 SearchNewsList。

SearchNewsList 类主要用于获取新闻相关信息，调用后台 NewsDaoImpl 对象的查询新闻方法。将查询的集合 newsList 存入 request 作用域，然后请求转发回 layUI_NewsList.jsp 新闻列表页面。SearchNewsList 的实现代码参考如下。

```
@WebServlet("/manager/News/SearchNewsList")
public class SearchNewsList extends HttpServlet {
```

```
        @Override
        protected void doPost(HttpServletRequest request, HttpServletResponse response)
throws ServletException, IOException {
                //创建 dao 对象，调用 dao 中对应的方法（查询所有新闻）
                NewsDaoImpl newsDao = new NewsDaoImpl();
                List<News> newsList = newsDao.search();
                //将 newsList 存入 request 作用域
                request.setAttribute("newsList",newsList);
                //跳转到 layUI_NewsList.jsp
        request.getRequestDispatcher( "/manager/News/layUI_NewsList.jsp").forward(reques
t,response);
        }
```

② 在 news_mvc 项目的 web/manager/News 目录下新建 layUI_NewsList.jsp 页面。在静态代码的基础上加入 Java 脚本段，从 request 作用域中获取新闻列表。如果用户直接访问该页面，而不是先访问 SearchNewsList 的 Servlet，则让用户重定向到 SearchNewsList。在 MVC 设计模式中，我们在 JSP 页面中尽可能不直接和 Dao 打交道。

```
<%
    //从 request 作用域中取出新闻列表
    List<News> list = (List<News>)request.getAttribute("newsList");
    if(list==null){ // list==null 说明用户直接访问该页面，不是先访问名为 SearchNewsList
    //的 Servlet，所以需要让用户重定向到名为 SearchNewsList 的 Servlet
    response.sendRedirect(request.getContextPath()+"/manager/News/SearchNewsList");
    }else if(list.size()==0){//暂无新闻
%>
        <div>暂无新闻</div>
<%
    }else{
%>
<!--主体内容-->
<table class="layui-table" lay-even="" lay-skin="row"
    style="text-align: center;">
    <colgroup>
        <col width="20%">
        <col width="20%">
        <col width="20%">
        <col width="20%">
        <col width="20%">
    </colgroup>
    <thead>
        <tr>
            <th>编号</th>
            <th>标题</th>
            <th>时间</th>
            <th>修改</th>
            <th>删除</th>
        </tr>
    </thead>
    <tbody>
```

```
<%
for (News news : list) {
%>
<tr>
  <td><%=news.getN_id()%></td>
  <td><%=news.getN_title()%></td>
  <td><%=news.getN_publishtime()%></td>
  <td><a href="ToUpdateNews?n_id=<%=news.getN_id()%>">
      <button type="button" class="layui-btn layui-btn-warm">修改</button>
  </a></td>
  <td><a href="javascript:checkDelete(<%=news.getN_id()%>)">
      <button type="button" class="layui-btn layui-btn-danger">删除</button>
  </a></td>
</tr>
<%
  }
}
%>
</tbody>
</table>
```

③ 新闻列表功能测试。

一种测试方法是直接在浏览器访问 http://localhost:8080/news_mvc_war_exploded/manager/News/layUI_NewsList.jsp，会跳转至 SearchNewsList，然后请求转发回 layUI_NewsList.jsp 页面，显示所有新闻列表。

另一种测试方法是直接在浏览器访问 http://localhost:8080/news_mvc_war_exploded/manager/News/SearchNewsList，请求转发至 layUI_NewsList.jsp 页面后显示所有新闻列表。

执行效果如图 6-8 所示。

图 6-8　执行效果

说明：整个项目完成后，新闻的增、删、改、查会整合到后台管理首页 bottom_index.jsp，在该首页中可以实现对新闻及新闻类别的统一管理，页面效果如图 6-9 所示。

图 6-9　后台新闻管理首页效果

bottom_index.jsp 页面参考代码如下。

```
<%
Object user = session.getAttribute("login_user");
if (user == null) {//说明用户尚未登录
    response.sendRedirect(request.getContextPath() + "/manager/login.jsp");
}
%>
<div class="layui-layout layui-layout-admin">
  <div class="layui-header">
    <div class="layui-logo">新闻发布系统后台管理页面</div>
    <!--
头部区域（可配合 Layui 已有的水平导航）-->
    <ul class="layui-nav layui-layout-left">
        <li class="layui-nav-item"><a
            href="./manager/News/SearchNewsTypeList" target="mainFrame">新闻类
别</a></li>
        <li class="layui-nav-item"><a href="./manager/News/SearchNewsList"
            target="mainFrame">新闻详情</a></li>
        <li class="layui-nav-item"><a
            href="./manager/News/SearchReviewList" target="mainFrame">评论管理
</a></li>
    </ul>
    <ul class="layui-nav layui-layout-right">
        <li class="layui-nav-item"><a href="javascript:;"> <img
            src="http://t.cn/RCzsdCq" class="layui-nav-img"> 管理员
        </a>
            <dl class="layui-nav-child">
                <dd>
                    <a href="">基本资料</a>
                </dd>
                <dd>
                    <a href="">安全设置</a>
                </dd>
```

```
            </dl></li>
                <li class="layui-nav-item"><a href="./manager/loginOut" target=
"_parent">退出</a></li>
            </ul>
        </div>

        <div class="layui-side layui-bg-black">
            <div class="layui-side-scroll">
                <!--
左侧导航区域（可配合 Layui 已有的垂直导航） -->
                <ul class="layui-nav layui-nav-tree" lay-filter="test">
                <li class="layui-nav-item"><a href="javascript:;">管理中心</a>
                    <dl class="layui-nav-child">
                    <dd>
                        <a href="./manager/News/SearchNewsTypeList" target="mainFrame">新闻类别</a>
                    </dd>
                    <dd>
                        <a href="./manager/News/SearchNewsList" target="mainFrame">新闻详情</a>
                    </dd>
                    <dd>
                        <a href="./manager/News/SearchReviewList" target="mainFrame">评论管理</a>
                    </dd>
                    </dl></li>
                    <li class="layui-nav-item"><a href="./manager/DoLoginOut"
                        target="_parent">退出后台</a></li>
                </ul>
            </div>
        </div>
        <div class="layui-body">
            <!--
内容主体区域 -->
                <iframe src="main.jsp" name="mainFrame" width="100%" height="100%"
                    frameborder="0" scrolling="0"> </iframe>
        </div>
        <div class="layui-footer">
            <!--
底部固定区域 -->
                <p>
                版权所有 &copy;<a href="http://www.sdcet.cn/" target="_blank">山东电子</a>
                </p>
        </div>
    </div>
```

2. 实现新闻添加功能

① 在 news_mvc 项目的 web/manager/News 目录下新建 layUI_NewsAdd.jsp 页面。在静态代码的基础上加入 Java 脚本段，调用 TypeDaoImpl 中的 search()方法获取所有新闻类别，实现新闻类别详情在下拉列表中显示。表单提交到路径为 DoAddNews 的 Servlet 中。

文件 layUI_NewsAdd.jsp 部分代码示例如下。

```
<form class="layui-form" action="<%=request.getContextPath()%>/manager/
News/DoAddNews" name="form1" method="post">
```

```
<div class="layui-form-item">
    <label class="layui-form-label">新闻标题</label>
    <div class="layui-input-block">
        <input type="text" name="n_title" required lay-verify="required"
            placeholder="请输入标题" autocomplete="off" class="layui-input">
    </div>
</div>
<%
TypeDaoImpl typeDao = new TypeDaoImpl();
List<Type> list = typeDao.search();
%>
<div class="layui-form-item">
    <label class="layui-form-label">新闻类别</label>
    <div class="layui-input-block">
        <select name="t_id" lay-verify="required">
            <%
            for (Type type : list) {
            %>
            <option value="<%=type.getT_id()%>"><%=type.getT_name()%></option>
            <%
            }
            %>
        </select>
    </div>
</div>
<div class="layui-form-item layui-form-text">
    <label class="layui-form-label">新闻内容</label>
    <div class="layui-input-block">
        <textarea name="n_content" placeholder="请输入内容"
            class="layui-textarea"></textarea>
    </div>
</div>
<div class="layui-form-item">
    <div class="layui-input-block">
        <button class="layui-btn" lay-submit lay-filter="formDemo">立即提交</button>
        <button type="reset" class="layui-btn layui-btn-primary">重置</button>
        <button type="button" class="layui-btn layui-btn-normal"
            onclick="back()">取消</button>
    </div>
</div>
</form>
```

> **说明** 在 MVC 设计模式下，不应该直接在 JSP 页面中调用 dao 接口，此处调用是为了在添加新闻时方便用户使用。合理的做法是使用 Ajax 技术获取所有新闻类别进行展示，Ajax 技术因篇幅限制，此处不讲解，读者可自行查阅了解。

② 在 servlet 包下创建 Servlet 类 DoAddNews。

DoAddNews 类主要用于获取用户提交的新闻相关参数，构建新闻对象，然后调用后台 NewsDaoImpl 对象的新闻添加方法实现新闻添加。如果添加成功，则跳转到 SearchNewsList 查看新闻列表；如果不成功，则请求转发回新闻添加页面。DoAddNews 的实现代码参考如下。

```java
@WebServlet("/manager/News/DoAddNews")
public class DoAddNews extends HttpServlet {
    protected void doPost(HttpServletRequest request, HttpServletResponse response)
            throws ServletException, IOException {
        request.setCharacterEncoding("UTF-8");
        //获取请求参数
        String n_title = request.getParameter("n_title");
        String n_content = request.getParameter("n_content");
        int t_id = Integer.parseInt(request.getParameter("t_id"));
        Date date = new Date();
        SimpleDateFormat sdf = new SimpleDateFormat("yyyy-MM-dd");
        String n_publishtime = sdf.format(date); //
        News news = new News(n_title, n_content, t_id, n_publishtime);
        //调用 dao 对象的新闻添加方法实现新闻添加
        NewsDao newsDao = new NewsDaoImpl();
        Boolean flag = newsDao.add(news);
        //添加成功，跳转到 SearchNewsList 进行展示
        if (flag) {
            response.sendRedirect(request.getContextPath() + "/manager/News/
SearchNewsList");
        } else {
            //添加不成功，回到新闻添加页面
            request.getRequestDispatcher("/manager/News/layUI_NewsAdd.jsp").
forward(request, response);
        }
    }
}
```

③ 新闻添加功能测试。

在 layUI_NewsAdd.jsp 页面中输入信息，单击"立即提交"按钮，会进入路径为/manager/News/DoAddNews 的 Servlet，对提交的数据进行处理。如果添加成功，则进入路径为/manager/News/SearchNewsList 的 Servlet，否则回到新闻添加页面 layUI_NewsAdd.jsp。新闻添加页面效果如图 6-10 所示。

图 6-10 新闻添加页面效果

3. 实现新闻修改功能

① 将新闻列表页面中 layUI_NewsList.jsp 的"修改"超链接设置为单击时跳转至路径/manager/
News/ToUpdateNews，具体代码如下。

```
<td><a href="ToUpdateNews?n_id=<%=news.getN_id()%>">
                <button type="button" class="layui-btn layui-btn-warm">修改</button>
    </a>
</td>
```

② 在 servlet 包下创建 Servlet 类 ToUpdateNews。

ToUpdateNews 类主要用于获取用户提交的新闻编号，然后调用后台 NewsDaoImpl 对象的根据
新闻编号查询新闻的方法 searchByNid() 查询该新闻的详细信息。将查询到的新闻对象 News 存入
request 作用域，然后请求转发至新闻修改页面 layUI_NewsModify.jsp。ToUpdateNews 类的实现代码
参考如下。

```
@WebServlet("/manager/News/ToUpdateNews")
public class ToUpdateNews extends HttpServlet {
    @Override
    protected void doPost(HttpServletRequest request, HttpServletResponse response)
throws ServletException, IOException {
        //获取请求参数
        String n_idStr = request.getParameter("n_id");
        int n_id = Integer.parseInt(n_idStr);;
        //创建dao对象，调用dao中对应的方法（searchByNid()）
        NewsDaoImpl newsDao = new NewsDaoImpl();
        News news = newsDao.searchByNid(n_id);
        //将news存入request作用域
        request.setAttribute("news",news);
        //跳转到新闻修改页面layUI_NewsModify.jsp
    request.getRequestDispatcher("/manager/News/layUI_NewsModify.jsp").forward
(request,response);
    }
}
```

③ 在 news_mvc 项目的 web/manager/News 目录下新建 layUI_NewsModify.jsp 页面。在静态代
码的基础上加入 Java 脚本段，从 request 作用域取出 News 对象，同时调用 TypeDaoImpl 中的 search()
方法获取所有新闻类别，实现新闻类别详情在下拉列表中显示。表单提交到路径为/manager/News/
DoUpdateNews 的 Servlet 中。

文件 layUI_NewsModify.jsp 部分代码示例如下。

```
<body>
    <%
    //从作用域中获取News对象
    News news = (News)request.getAttribute("news");
    //获取所有新闻类别
    TypeDaoImpl typeDao = new TypeDaoImpl();
    List<Type> list = typeDao.search();
    %>
    <div style="margin-top: 30px;">
        <form class="layui-form" action="DoUpdateNews" name="form1" method="post">
            <div class="layui-form-item">
```

```
                <label class="layui-form-label">新闻编号</label>
                <div class="layui-input-block">
                    <input value="<%=news.getN_id()%>" type="text" name="n_id" readonly
                        required lay-verify="required" placeholder="请输入标题"
                        autocomplete="off" class="layui-input">
                </div>
            </div>
            <div class="layui-form-item">
                <label class="layui-form-label">新闻标题</label>
                <div class="layui-input-block">
                    <input value="<%=news.getN_title()%>" type="text" name="n_title"
                        required lay-verify="required" placeholder="请输入标题"
                        autocomplete="off" class="layui-input">
                </div>
            </div>

            <div class="layui-form-item">
                <label class="layui-form-label">新闻类别</label>
                <div class="layui-input-block">
                    <select name="t_id" lay-verify="required">
                        <%
                        for (Type type : list) {
                        %>
                    <option value="<%=type.getT_id()%>"
                    <%=type.getT_id()==news.getT_id()?"selected":""%>><%=type.
getT_name()%></option>

                        <%
                        }
                        %>
                    </select>
                </div>
            </div>

            <div class="layui-form-item layui-form-text">
                <label class="layui-form-label">新闻内容</label>
                <div class="layui-input-block">
                    <textarea name="n_content" placeholder="请输入内容"
                        class="layui-textarea"><%=news.getN_content()%></textarea>
                </div>
            </div>
            <div class="layui-form-item">
                <div class="layui-input-block">
                    <button class="layui-btn" lay-submit lay-filter="formDemo">立即提
交</button>

                    <button type="reset" class="layui-btn layui-btn-primary">重置</button>
                    <button type="button" class="layui-btn layui-btn-normal"
                        onclick="back()">取消</button>
                </div>
            </div>
```

```
            </form>
        </div>
    </body>
```

新闻修改页面效果如图 6-11 所示。

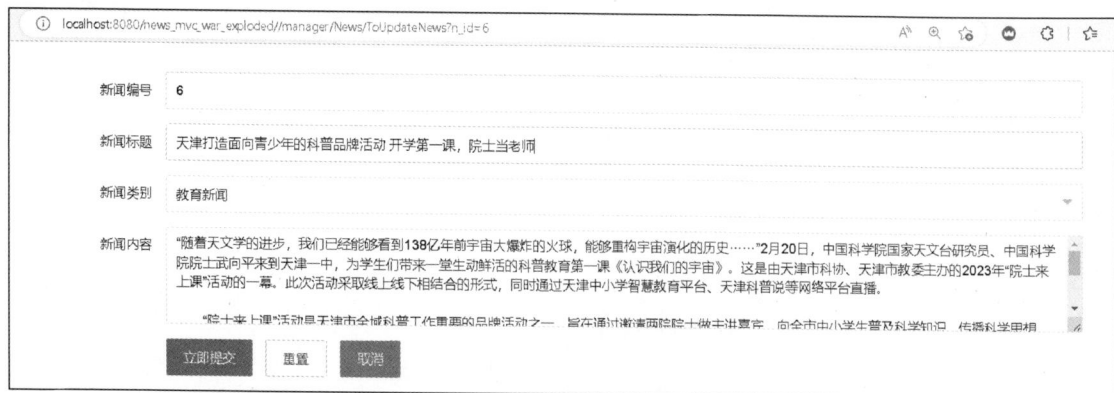

图 6-11　新闻修改页面效果

④ 在 servlet 包下创建 Servlet 类 DoUpdateNews。

DoUpdateNews 类主要用于获取用户提交的待修改新闻相关参数，构建新闻对象，然后调用后台 NewsDaoImpl 对象的新闻更新方法实现新闻修改。如果修改成功，则跳转到 SearchNewsList 查看新闻列表；如果不成功，则请求转发至新闻修改页面 layUI_NewsModify.jsp。DoUpdateNews 类的实现代码参考如下。

```java
@WebServlet("/manager/News/DoUpdateNews")
public class DoUpdateNews extends HttpServlet {
    @Override
    protected void doPost(HttpServletRequest request, HttpServletResponse response)
throws ServletException, IOException
        //设置字符集
        request.setCharacterEncoding("UTF-8");
        //获取请求参数
        String n_title = request.getParameter("n_title");
        String n_content = request.getParameter("n_content");
        int t_id = Integer.parseInt(request.getParameter("t_id"));
        int n_id = Integer.parseInt(request.getParameter("n_id"));
        //创建日期对象,对日期进行格式化
        Date date = new Date();
        SimpleDateFormat sdf = new SimpleDateFormat("yyyy-MM-dd");
        String n_publishtime = sdf.format(date); //
        //构建新闻对象
        News news = new News(n_id, n_title, n_content, t_id, n_publishtime);
        //创建 dao 对象,调用 dao 中对应的更新方法 (update())
        NewsDao newsDao = new NewsDaoImpl();
        Boolean flag = newsDao.update(news);
        if (flag) {
        //修改成功,重定向跳转至路径为/manager/News/SearchNewsList 的 Servlet
            response.sendRedirect(request.getContextPath() + "/manager/News/
SearchNewsList");
```

```
        } else {
            request.setAttribute("news", news);
        //修改不成功，回到新闻修改页面
            request.getRequestDispatcher("/manager/News/layUI_NewsModify.jsp").
forward(request, response);
        }
    }
}
```

4. 实现新闻删除功能

① 将新闻列表页面 layUI_NewsList.jsp 中的"删除"超链接设置为单击时执行 JavaScript 函数 checkDelete()，在 checkDelete()函数中询问用户是否确认删除，如果确认删除，则跳转至/manager/News/DoDeleteNews 路径，具体代码如下。

```
<td><a href="javascript:checkDelete(<%=news.getN_id()%>)">
                        <button type="button" class="layui-btn layui-btn-danger">
删除</button>
    </a>
</td>
<script>
    function checkDelete(n_id) {
            var flag = confirm("确认要删除吗？");
            if (flag) {
                location.href = "DoDeleteNews?n_id=" + n_id;
            }
        }
</script>
```

② 在 servlet 包下创建 Servlet 类 DoDeleteNews。

DoDeleteNews 类主要用于根据用户提交的新闻编号删除数据库中相应新闻的信息。删除操作完成后，回到路径为/manager/News/SearchNewsList 的 Servlet。为了让用户知道是否删除成功，此处采用弹出警告框的形式给用户提示删除结果。DoDeleteNews 类的实现代码参考如下。

```
@WebServlet("/manager/News/DoDeleteNews")
public class DoDeleteNews extends HttpServlet {
    @Override
    protected void doGet(HttpServletRequest request, HttpServletResponse response)
        throws ServletException, IOException {
        //获取请求参数 n_id
        String strNid = request.getParameter("n_id");
        int n_id = Integer.parseInt(strNid);
        //创建 dao 对象，调用其删除方法实现删除操作
        NewsDao newsDao = new NewsDaoImpl();
        Boolean flag = newsDao.delete(n_id);
        response.setContentType("text/html;charset=utf-8");
        PrintWriter out = response.getWriter();
        if (flag) {
            out.print("<script> alert('删除成功');location.href='"+request.
getContextPath() +"/manager/News/SearchNewsList'</script>");
        } else {
            out.print("<script> alert('删除失败');location.href='"+request.
getContextPath() +"/manager/News/SearchNewsList'</script>");
        }
```

```
    }
  }
```

③ 新闻删除功能测试。

在 layUI_NewsList.jsp 页面中单击某条新闻后的"删除"按钮，会弹出删除确认框，如图 6-12 所示。单击"确定"按钮后，会进入名为 DoDeleteNews 的 Servlet 中进行删除操作。若删除成功，则弹出删除成功警告框，如图 6-13 所示，并通过 location.href 属性指定新的地址/manager/News/SearchNewsList，单击"确定"按钮后返回新闻列表页；若删除失败，则弹出删除失败警告框，如图 6-14 所示，单击"确定"按钮后同样返回新闻列表页。

图 6-12　删除确认框

图 6-13　删除成功警告框

图 6-14　删除失败警告框

为测试删除失败的情况，可以在地址栏中直接访问名为 DoDeleteNews 的 Servlet，设置其参数 n_id 为数据库中不存在的新闻编号。

【任务实训】实现新闻类别管理功能

任务要求：使用 MVC 设计模式，实现对新闻类别的添加、删除、修改、查看。

▨▨▨ 单元评价

1. 团队自评

根据团队成员分工，由项目经理根据分工要求，对团队完成的任务进行自评，改进后提交项目。

2. 任务评审

项目负责人对新闻发布系统项目的结构、逻辑分层后的 JavaBean 类、Servlet、JSP 代码等进行评审，对功能实现完整性、正确性，以及界面的友好性进行评审。

团队演示项目的各项功能、汇报任务完成过程、制作过程视频，由用户代表、开发部门主管、测试部门主管等共同完成评审。

3. 任务复盘

通过本工作单元的任务实施，团队成员应掌握以下理论知识：①JavaBean 的基本概念和编写规范；②访问 JavaBean 的方法；③JSP 开发模型；④MVC 设计模式。团队成员应具备以下能力：①使用 JavaBean 技术开发项目的能力；②使用 MVC 设计模式开发新闻发布系统等项目的能力。

单元小结

通过本任务的实践，团队成员高质量地完成了各自的工作任务，团队成员之间积极合作，实现了新闻发布系统项目的注册验证、后台管理等功能，具备了使用 MVC 设计模式开发项目的能力，团队成员对项目逻辑分层的认识更加清晰，项目实战能力、沟通交流能力，以及团队协作能力均得到了提升。

> **①✉ 来自软件工程师的声音**
>
> MVC 设计模式在企业中的应用广泛且深入，其优点显著，但也存在一些局限性。
>
> ● **应用**
>
> MVC 设计模式在企业中主要用于构建复杂且可维护的应用程序。通过将应用程序分为 3 个核心部分——模型（Model）、视图（View）和控制器（Controller），MVC 设计模式使得开发团队能够专注于各自领域的开发，提高开发效率。这种模式在 Web 开发、桌面应用开发以及移动应用开发等领域均有广泛应用，如 Spring MVC、ASP.NET MVC 等框架都是 MVC 设计模式在 Java 和.NET 平台上的实现。
>
> ● **优点**
>
> **分工明确**：MVC 设计模式将应用程序的不同部分分离，使得开发、维护和测试更加容易。
>
> **可重用性高**：模型和视图可以在不同的应用程序中重用，避免了编写重复的代码。
>
> **可维护性和可扩展性强**：由于各个部分之间的耦合度低，应用程序更容易进行扩展和修改。
>
> **并行开发**：不同的开发人员可以同时开发模型、视图和控制器的不同部分，提高了开发效率。
>
> ● **缺点**
>
> **学习曲线较陡**：MVC 设计模式内部原理较为复杂，需要一定的时间来学习和理解。
>
> **可能降低系统性能**：视图不能直接访问数据库，需要通过控制器中转，可能会增加一些不必要的处理过程。
>
> **不适合小型项目**：对于规模较小的项目，使用 MVC 设计模式可能会增加开发成本和工作量。
>
> ● **未来发展**
>
> 随着技术的不断发展，MVC 设计模式在不断演进。未来，MVC 设计模式可能会更加注重与新兴技术的结合，如微服务架构、异步处理、RESTful API 等。同时，随着前后端分离的趋势日益明显，MVC 设计模式可能会与 MVVM（Model-View-ViewModel）等模式结合使用，以更好地满足现代 Web 应用的需求。此外，随着人工智能和大数据技术的兴起，MVC 设计模式也将在这些领域找到新的应用场景和发展方向。

单元拓展 　黄河云之旅网站后台管理功能

使用 MVC 设计模式实现黄河云之旅网站后台管理功能。

AI 技能拓展 　借助 AI 工具，精准生成代码注释

使用 AI 工具无须手工输入代码注释，通义灵码提供了生成注释功能，选中需要添加注释的代码，单击 IDE 侧边工具导航中的"通义灵码"唤起通义灵码智能问答助手，单击"生成注释"，或者无须选中代码，直接单击函数上方的快捷入口触发"生成注释"功能操作。单击智能问答窗口中的 器 按钮，可以将添加的注释插入源代码中，如图 6-15 所示。

6-5 　借助 AI
快速生成注释

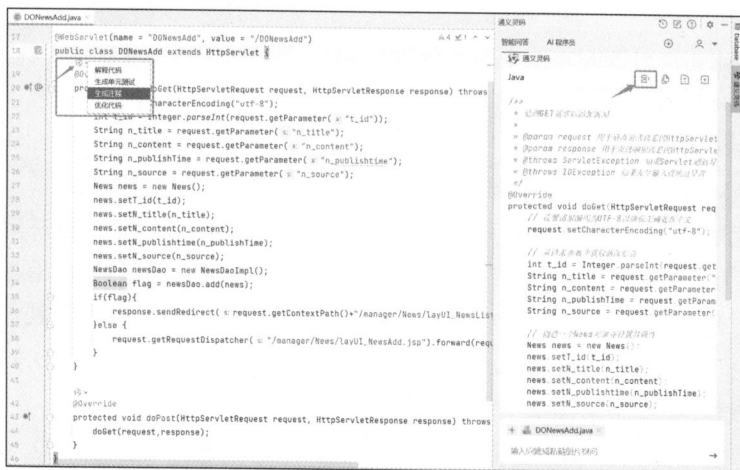

图 6-15　通义灵码"生成注释"工作界面

选中代码后使用通义灵码提供的"优化代码"功能，在智能问答窗口中能够给出潜在问题及风险提醒、优化建议以及优化后的代码，如图 6-16 所示。

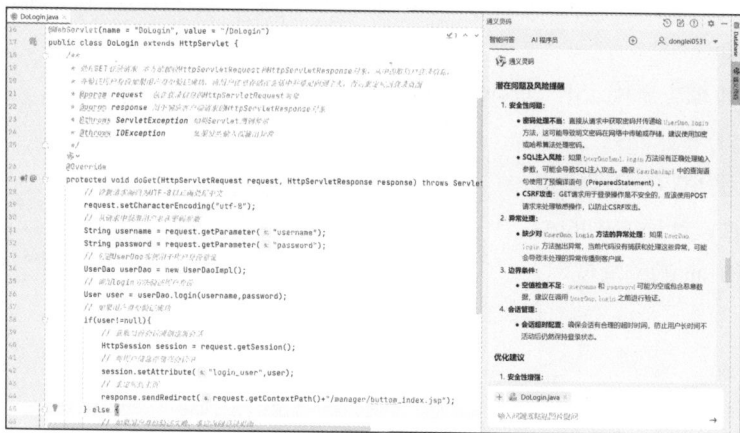

图 6-16　通义灵码"优化代码"工作界面

183

////// **思考与练习**

一、选择题

1. MVC 设计模式中负责与用户交互并展示模型中数据的模块是（　　　）。

    A. 模型　　　　　　　B. 表示层　　　　　　　C. 视图　　　　　　　D. 控制器

2. 下面关于 MVC 设计模式特点的描述中，错误的是（　　　）。

    A. 有利于开发中的分工　　　　　　　　　　B. 使程序结构的耦合度降低

    C. 有利于组件的重用　　　　　　　　　　　D. 适用于所有应用程序的开发

3. 下列选项中，哪个选项可以作为 MVC 设计模式中的 V（视图）？（　　　）

    A. JSP　　　　　　　B. Servlet　　　　　　　C. Action　　　　　　　D. JavaBean

4. Servlet 用于充当 MVC 设计模式中的（　　　）模块。

    A. 控制器　　　　　　B. 视图　　　　　　　C. 模型　　　　　　　D. 容器

5. 使用 JSP Model1 开发时会使用的标签有（　　　）。（多选题）

    A. <jsp:useBean>　　　　　　　　　　　B. <jsp:setProperty>

    C. <jsp:getProperty>　　　　　　　　　　D. <%@include file="ealativeURL"%>

6. 下面关于 MVC 设计模式中视图模块的说法正确的有（　　　）。（多选题）

    A. 负责与用户进行交互　　　　　　　　　B. 从模型中获取数据并向用户展示

    C. 将用户请求传递给控制器进行处理　　　D. 可以独立处理用户请求

7. MVC 设计模式将软件程序分为 3 个核心模块，分别是（　　　）。（多选题）

    A. 模型　　　　　　　B. 表示层　　　　　　　C. 视图　　　　　　　D. 控制器

8. MVC 设计模式中，可以作为视图的技术有（　　　）。（多选题）

    A. JSP　　　　　　　B. HTML　　　　　　　C. Servlet　　　　　　　D. JavaBean

二、判断题

1. 在 MVC 设计模式中，控制器负责从模型中读取数据，控制用户输入，并向视图发送数据。（　　　）

2. 当 MVC 设计模式中模型的状态发生改变时，它会通知视图进行界面更新，并为视图提供查询模型状态的方法。（　　　）

3. JSP Model1 模型采用 JSP+Servlet+JavaBean 技术，即 MVC 设计模式。（　　　）

三、简答题

1. 简述什么是 MVC 设计模式。

2. 简述 MVC 设计模式中的 M、V 和 C 各代表什么。

3. 简述 JavaBean 的编写规范。

工作单元7
新闻发布系统
——项目发布

07

【任务背景】

新闻发布系统开发完成后，需要将项目部署到服务器，方便用户、管理员等远程访问系统，提高用户对科技、教育等领域新闻的关注度。

【学习目标】

- 知识目标
  - ✓ 了解公有云环境部署流程
  - ✓ 了解云服务器的概念
  - ✓ 掌握云服务器环境部署与设置方法
  - ✓ 掌握项目打包的方式
  - ✓ 掌握项目部署与测试的方法
- 能力目标
  - ✓ 具备部署公有云环境的能力
  - ✓ 具备发布项目的能力
  - ✓ 具备借助 AI 工具部署项目的能力
- 素养目标
  - ✓ 提升沟通交流能力
  - ✓ 提升认识问题、分析问题和解决问题的能力
  - ✓ 提升团队协作能力
  - ✓ 具备文档撰写能力
  - ✓ 具备互联网创新思维
  - ✓ 具备认真、负责的工作态度

任务 7.1 新闻发布系统公有云环境部署

【任务描述】

软件工程师王小康收到发布新闻发布系统的工作任务，软件发布代表着项目开发接近尾声。为了完成项目发布任务，团队成员从云服务器选用、云服务器环境部署等方面入手，梳理项目发布过程中的注意事项，建立项目发布流程，完成新闻发布系统项目云服务器部署。

【知识准备】

公有云环境部署是项目发布过程中的重要环节，能够提高项目部署效率，降低成本，快速响应业务需求，公有云环境部署流程主要包括云服务器选用、云服务器环境部署。在云服务器选用阶段首先要明确项目对硬件的需求，通过市场调研、优缺点对比，选定云服务器的类型。云服务器环境部署阶段包括对云服务器进行初始化配置、登录云服务器、安装项目所需的各种依赖环境（JDK、数据库、Tomcat 服务器、软件工具等）、重启云服务器、检查依赖环境是否正常运行等环节。

7.1.1 云服务器选用

云服务器凭借其强大的性能、安全可靠的数据保护、友好的界面和易用性得到了众多企业和个人的认可。

7-1 云服务器选用

1. 云服务器的概念

云服务器是一种简单高效、安全可靠、处理能力弹性化的计算服务，也称为弹性计算服务（Elastic Compute Service，ECS），通过云计算平台提供远程计算资源，使用户能够在互联网上按需使用计算资源。云服务器的基本工作原理是通过虚拟化技术将物理服务器分割成多个虚拟服务器，每个虚拟服务器都拥有独立的操作系统和资源。简单地讲，云服务器就是虚拟的传统服务器，其管理方式比传统服务器更简单高效，用户无须提前购买硬件，可迅速创建或释放任意多台云服务器，解决了传统物理主机存在的管理难度大、业务扩展性弱的缺陷。

2. 云服务器与传统服务器的区别

云服务器在安全、技术、可靠性、性能、节能、灵活性、稳定性等层面均优于传统服务器，具体的区别如下。

（1）安全层面：云服务器由云服务提供商采用先进的硬件设备、网络安全技术、故障转移、容灾备份等多种手段来确保数据中心的安全稳定运行；传统服务器不具备这方面的功能。

（2）技术层面：云服务器利用虚拟化技术将计算资源、网络资源、存储资源等整合成一个庞大的资源池，动态地为用户或应用提供服务；传统服务器相对独立，不会整合资源。

（3）可靠性层面：云服务器是基于服务器集群的，硬件冗余度较高、故障率低，且整体采用高可用架构设计，提供完善的容灾备份方案；传统服务器则相对来说硬件冗余度较低，故障率较高。

（4）性能层面：与传统云服务器相比，云服务器的弹性、可扩展性、高可用、容错性、成本效益优化以及全球覆盖、低延迟等特性，使得企业能够更灵活、高效地应对业务变化，提升运维效率和用户体验。

（5）节能层面：云服务器利用云计算的自动迁移技术，在夜间低负载时能够集中应用并休眠多余服务器，实现显著节能效果，而传统服务器则通常保持恒定运行状态，难以达到同样的节能水平。

（6）灵活性层面：云服务器用户可以在线实时调整配置，无须停机即可轻松扩展计算资源、内存、存储空间等，从而支持业务的快速增长和灵活应对突发需求；传统服务器则在这方面有局限性。

（7）稳定层面：云服务器通过集群架构和故障自动迁移功能，提供比传统服务器更高的稳定性和可用性，确保业务在硬件故障时也能持续运行。

3. 云服务器与轻量应用服务器的区别

轻量应用服务器（Simple Application Server）是新一代开箱即用、面向轻量应用场景的云服务器产品，用于助力中小企业和开发者便捷、高效地在云端构建网站、小程序、小游戏，以及各类开发测试和学习环境。相比普通云服务器，轻量应用服务器更加简单易用，融合了热门开源软件以实现一键快速构建应用。

云服务器与轻量应用服务器在多个方面存在显著的区别，这些区别主要体现在系统镜像、可扩展性与资源管理、灵活性与自定义能力、可靠性与成本以及应用场景等方面。

（1）系统镜像

云服务器：系统镜像通常为纯净版，即只包含操作系统本身，不包含任何预装的应用程序。用户需要根据自己的需求自行安装和配置所需的应用程序。

轻量应用服务器：其系统镜像包含一系列预装的应用程序，如 LAMP、LNMP、宝塔面板等网站类应用程序。这种预装的应用程序大大简化了用户的配置工作，使用户能够更快地部署和管理应用程序。

（2）可扩展性与资源管理

云服务器：具有高度的可扩展性，用户可以根据业务需求自由组网，并根据实际情况动态调整计算资源，如 CPU、内存、存储空间等。这种灵活性使得云服务器能够适用于各种规模的应用和业务场景。

轻量应用服务器：在可扩展性方面能力相对有限，用户通常无法自由组网，且资源调整的空间也较小。这意味着轻量应用服务器可能更适合对资源需求较为固定的小型应用和开发测试环境。

（3）灵活性与自定义能力

云服务器：提供更高的灵活性和更强的自定义能力。用户可以根据需要随时增加或减少资源，并且可以自由选择操作系统和安装任意软件。这种灵活性使得云服务器能够满足各种复杂的业务需求。

轻量应用服务器：灵活性和自定义能力相对较低和较弱。由于预装了应用程序，用户的自定义空间可能受到限制。此外，由于资源相对固定，用户可能无法根据业务需求随时调整资源。

（4）可靠性与成本

云服务器：通常具有更高的可靠性，因为云服务器可以实现冗余和自动备份等功能。然而，由于提供了更高的灵活性和可控制性，云服务器的成本可能会相对较高。

轻量应用服务器：在可靠性方面略逊于云服务器，因为轻量应用服务器缺乏冗余和自动备份等功能。然而，由于其精简和优化了资源，轻量应用服务器的成本通常较低，更适合对成本敏感的用户或项目。

（5）应用场景

云服务器：适用于从小规模到大规模的各种复杂应用场景，如企业级应用、大数据处理、高并发网站等。

轻量应用服务器：更适合轻量级的应用和开发测试环境，如个人博客、小型网站、微服务平台等。这些场景对资源的需求相对较低，且更注重成本和易用性。

综上所述，云服务器与轻量应用服务器在多个方面存在明显的区别。用户在选择时应根据自己的实际需求和预算综合考虑。

4. 云服务器供应商选择

目前国内主流的云服务器包括腾讯云、阿里云、华为云等。对于学生和普通用户来说，这些云服务器能够满足大多数的业务需求。

（1）腾讯云

腾讯云是腾讯公司旗下的产品，为开发者及企业提供云服务、云数据、云运营等一站式服务方案，具体包括云服务器、云存储、云数据库和弹性 Web 引擎等基础云服务，具有腾讯云分析（MTA）、腾讯云推送（信鸽）等腾讯整体大数据能力，具有 QQ 互联、QQ 空间、微云、微社区等云端链接社交体系。

（2）阿里云

阿里云成立于 2009 年，是全球领先的云计算及人工智能科技公司，致力于以在线公共服务的方式，提供安全、可靠的计算和数据处理能力，让计算和人工智能成为普惠科技。阿里云是服务于制造、金融、政务、交通、医疗、电信、能源等众多领域的领军企业，包括中国联通、12306、中石化、中石油、飞利浦、华大基因等大型企业用户，以及微博、知乎等知名互联网公司。在天猫双 11 全球狂欢节、12306 春运购票等极富挑战的应用场景中，阿里云保持着良好的运行纪录。

（3）华为云

华为云成立于 2005 年，隶属于华为公司，专注于云计算中公有云领域的技术研发与生态拓展，致力于为用户提供一站式云计算基础设施服务。华为云立足于互联网领域，提供云主机、云托管、云存储等基础云服务，提供超算、内容分发与加速、视频托管与发布、企业 IT、云电脑、云会议、游戏托管、应用托管等服务和解决方案。

> **素养小贴士**
>
> 2024 年巴黎奥运会，阿里云全面支持巴黎奥运会并实现历史性突破，云计算首次超越卫星成为奥运主流转播方式，超三分之二的信号基于阿里云向全球分发。国际奥组委表示，这是 1964 年奥运会开始卫星电视转播以来，又一次重大技术进步。

腾讯云、阿里云和华为云的详细对比如表 7-1 所示。

表 7-1　腾讯云、阿里云和华为云的详细对比

云服务器	腾讯云	阿里云	华为云
优点	（1）高性能：腾讯云服务器采用高性能的计算和网络架构，可满足大规模并发处理和高带宽网络传输的需求。 （2）全面防护：腾讯云服务器提供全面的安全防护体系，包括防止 DDoS 攻击、防止 CC 攻击、数据加密等。 （3）灵活扩展：腾讯云服务器支持多种实例类型和规格，可根据业务需求灵活扩展资源。 （4）优质用户服务：腾讯云服务器用户支持团队可提供 7×24 小时的技术支持服务	（1）规模庞大：阿里云是全球最大的云计算平台之一，具有庞大的计算、存储和网络资源，可满足大规模业务的需求。 （2）多元应用场景：阿里云服务器适用于多种应用场景，包括 Web 应用、大数据处理、人工智能、视频处理等。 （3）创新技术领先：阿里云服务器采用多项创新技术，如容器化技术、无服务器架构等，可快捷构建和部署应用。 （4）完善的服务支持体系：阿里云提供完善的服务支持体系，包括电话支持、在线工单等，可及时帮助用户解决问题	（1）稳定可靠：华为云服务器具有高可用性和高稳定性，采用双层备份和快速恢复技术，确保业务不会因硬件故障而中断。 （2）安全可信：华为云服务器获有众多国内外安全认证和授权。 （3）灵活扩展：华为云服务器支持多种规格、多种实例类型，可满足不同业务需求，同时支持按需扩展和灵活缩减资源。 （4）高效便捷：华为云服务器提供丰富的管理工具和自动化部署工具，支持多种操作系统和应用软件
缺点	（1）市场份额和知名度相对较低：腾讯云相比阿里云和华为云，其市场份额和知名度有待进一步提升，这可能会影响到用户对其的信任度和选择意愿。 （2）部分产品和服务相对滞后：在某些领域，腾讯云的产品和服务相对滞后于一些竞争对手，可能在某些特定需求上无法提供最先进的解决方案	（1）价格相对较高：相对于其他云服务供应商，阿里云服务器的价格略高。 （2）定制化服务成本较高：如果需要定制化服务，则可能需要付出较高的成本	（1）市场份额相对较小：全球市场上的知名度和影响力有待提升。 （2）生态系统相对封闭：与其他厂商的产品和服务整合程度较低，可能限制用户的选择和集成能力
适用场景	适合对性能要求较高、需要全面防护和优质用户服务的企业和开发者	适合规模较大、应用场景多元的企业和开发者	适合对稳定性、安全性、灵活性有较高要求的企业和开发者

5. 云服务器配置选择

云服务器在配置选择时需要关注 CPU、内存容量、带宽、数据硬盘容量等参数。

（1）CPU：对于简单业务，2 核的 CPU 够用，但处理太多的并发任务还是有压力的。如果比较在意并发处理能力，则 4 核及以上的 CPU 是较好的选择。

（2）内存容量：常见的 CPU 与内存容量的比例有 1∶1、1∶2、1∶4。内存容量建议 2GB 或者 4GB，如果要部署较多的软件，建议内存选择 8GB 及以上，在 2GB、4GB、8GB 这 3 个范围内，性价比很高。

（3）带宽：常说的网速是 MB/s，云服务器的带宽要除以 8 得到最大的阈值，6MB 网速的理论下载最大值为 768KB/s 部署简单应用，1MB 的带宽就可以满足需求，一般来讲，合理的选择范围为 1～3MB。

（4）数据硬盘容量：对于一般应用，40GB 基本够用，能够满足大部分用户的需求。

云服务器的推荐配置如表 7-2 所示。

表 7-2 云服务器的推荐配置

应用程序使用情况	CPU	内存	带宽	数据硬盘
轻度使用	2 核	2GB	1MB	40GB
一般使用	2 核	2GB、4GB、8GB	1～5MB	40GB～100GB
重度使用	4 核	8GB 及以上	3～5MB	100GB 及以上

7.1.2 云服务器环境部署与设置

7-2 云服务器
基本设置

云服务器选好后，登录即可对云服务器环境进行部署，环境部署可参考工作单元 2（开发环境部署）进行，除此之外，可对云服务器的基本安全进行设置。

1．修改 root 密码

普通用户可以使用云服务器提供的操作面板来确保云服务器的安全性，把其他非法登录屏蔽，重置一个复杂度高的 root 密码。

2．修改防火墙

一般来讲，大多数云服务提供商的默认设置是遵循最小化开放端口原则，关闭大部分端口，仅保留少数必要的端口（如 SSH 远程登录端口 22），以支持基本的服务器管理和维护，因此防火墙端口的开放需谨慎。可以仅开放必要的端口，避免开放不必要的端口，以减小潜在的安全风险。

3．快照

当安装好项目依赖的软件环境后，建议对云服务器做一个快照，相当于对系统做一个备份，防止出现异常情况需要重新部署环境，耗费时间和精力。

【任务实施】

1．云服务器配置

（1）以阿里云（免费试用版）为例，登录官网，在官网中找到云服务器，单击进入，可申请试用云服务器，一般可试用 3 个月，如图 7-1 所示。

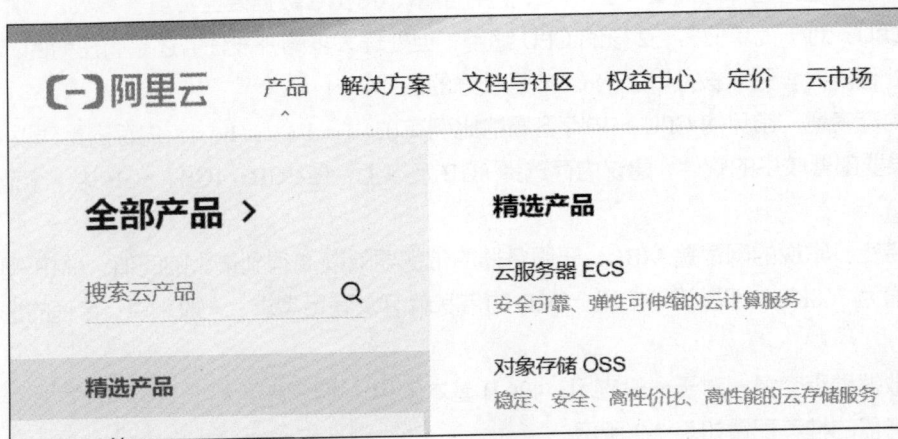

图 7-1 选择云服务器

（2）单击"立即试用"按钮进行个人认证，认证完成后配置云服务器。

（3）在云服务器配置中选择实例和系统盘（根据项目需要和免费时长选择）、操作系统（Windows Server），如图 7-2 所示。然后单击"立即试用"按钮，会自动跳转到阿里云控制台，至此配置完成。

图 7-2　云服务器配置

2. 云服务器登录

（1）在阿里云控制台的"我的资源"中，可以查看并操作或登录云服务器。云服务器资源界面如图 7-3 所示。

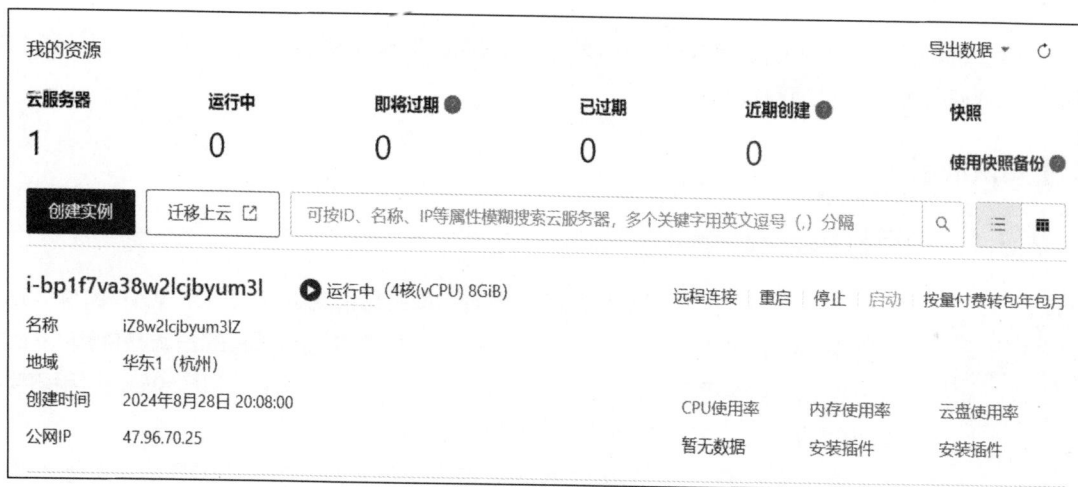

图 7-3　云服务器资源界面

（2）单击"远程连接"链接，输入密码，即可登录云服务器，云服务器系统界面如图 7-4 所示。

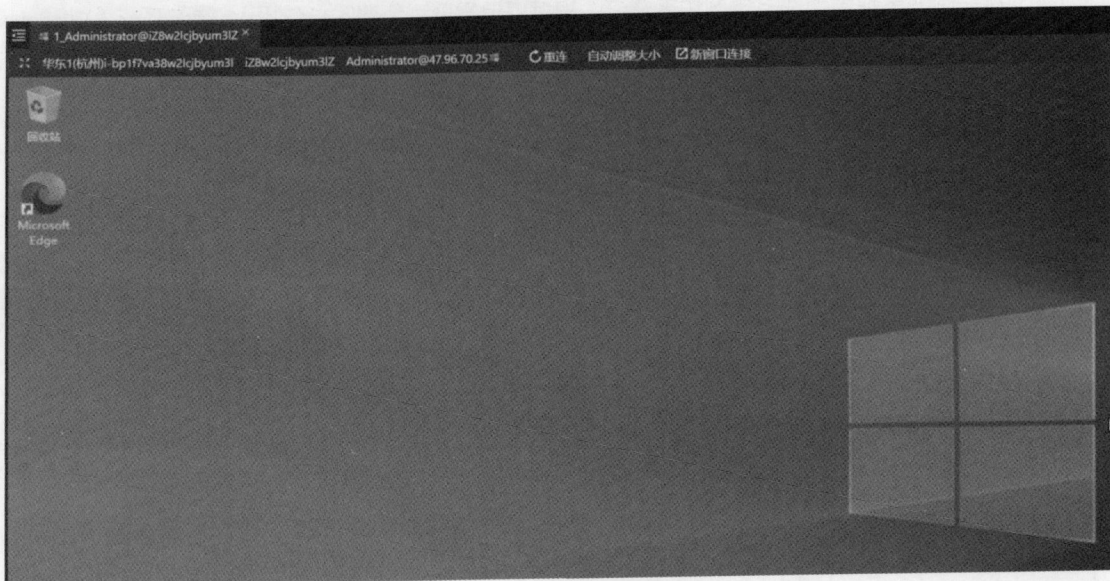

图 7-4　云服务器系统界面

3. 云服务器环境部署

云服务器环境部署与本地环境部署相似，可参考本书工作单元 2 的任务实施步骤进行。

【任务实训】申请云服务器并完成云服务器环境部署

请申请云服务器并登录系统，完成云服务器环境部署。

任务 7.2　新闻发布系统项目发布

【任务描述】

软件工程师王小康带领团队完成云服务器环境部署后，继续完成项目打包、项目部署与测试等任务，确保新闻发布系统项目顺利发布。

【知识准备】

7.2.1　项目打包

7-3　项目打包

为了完成项目的部署和发布，需要把项目打包成 JAR 文件或 WAR 文件。JAR 文件和 WAR 文件的打包方式是不同的：JAR 文件包含所有的资源文件和 Java 类文件；war 文件用于打包和部署 Web 应用程序的标准格式，包含 Web 应用程序所需的组件。

在项目部署方面，JAR 文件可以在任何包含 Java 虚拟机的环境中运行，可以通过 java-jar 命令来启动应用程序，也可以将 JAR 文件放置在 Web 服务器的类路径下来部署 Web 应用程序，但由于 JAR 文件不包含 Web 应用程序所需的 web.xml 文件，所以无法直接在 Web 容器中部署；WAR 文件则专门用于 Web 应用程序部署，它可以直接部署在 Web 容器中，Web 容器可以根据 web.xml 文件中的配置信息来部署和管理 Web 应用程序，WAR 文件可以通过将 WAR 文件复制到 Web 容器的 webapps 目录下来部署 Web 应用程序，Web 容器会在启动时自动解压 WAR 文件，并将其中的资源文件和 Java 类文件放置在合适的目录下。

通过 JAR 文件和 WAR 文件的对比，很明显 WAR 文件更加适合 Java Web 项目，因此需要在开发工具中导出新闻发布系统项目的 WAR 文件。

7.2.2 项目部署与测试

在项目打包完成后，WAR 文件要放在云服务器 Tomcat 安装目录的 webapps 文件夹下，导入数据库数据，启动 Tomcat 服务器，即可完成项目的云服务器部署。

项目部署完成后，需要对项目进行测试，在此阶段，测试用例的设计较为重要。测试用例的设计可以参考以下几个方面。

1. 界面测试

界面测试用例设计要点如下。

（1）布局是否合理，按钮和文本框是否对齐。

（2）文本框和按钮的长度、高度是否符合要求。

（3）界面的设计风格是否与 UI 的设计风格统一。

（4）界面中的文字是否简洁易懂、没有错别字。

2. 功能测试

以登录功能为例，功能测试用例设计要点如下。

（1）输入正确/错误的账号和密码，单击提交按钮，验证是否能登录。

（2）登录成功后，能否跳转到正确的页面，页面中的功能是否能正常使用。

（3）运行系统中的各项业务功能并查看是否达到预期需求。

3. 性能测试

性能测试用例设计以响应速度与资源占用情况为主，设计要点如下。

（1）打开登录页面、登录跳转页面等，等待时间不超过 5s。

（2）测试多种页面提示信息跳出的时间。

（3）网络带宽、CPU、内存等的占用情况。

4. 压力测试

压力测试用例设计主要考虑并发量，设计要点如下。

（1）并发登录系统的最大用户数。

（2）同时访问网站的最大用户数。

5. 安全性测试

安全性测试用例设计以账号和密码的验证、加密、试错次数等为主，设计要点如下。

（1）账号和密码是否通过加密的方式发送给 Web 服务器。

（2）账号和密码应该是用服务器端验证。

（3）账号和密码的输入框应该屏蔽 SQL 注入。

（4）错误登录的次数限制（防止暴力破解）。

6. 易用性测试

易用性测试用例更关注用户的体验感，设计要点如下。

（1）是否可以全用键盘操作，是否有快捷键。

（2）输入账号、密码后按 Enter 键，是否可以登录。

（3）输入框是否可以按 Tab 键切换。

7. 兼容性测试

兼容性测试用例设计主要考虑浏览器和不同分辨率的设备访问项目的效果，设计要点如下。

（1）主流浏览器能否正常显示页面。

（2）不同分辨率的设备能否正常显示页面。

【任务实施】

1. 项目打包

以 WAR 文件为例，使用 IntelliJ IDEA 将 Java Web 项目打包成 WAR 文件。

（1）在 IDEA 中选择 File→Project Structure（Open Module Settings）→Artifacts 命令来导出 WAR 包，如图 7-5 所示。

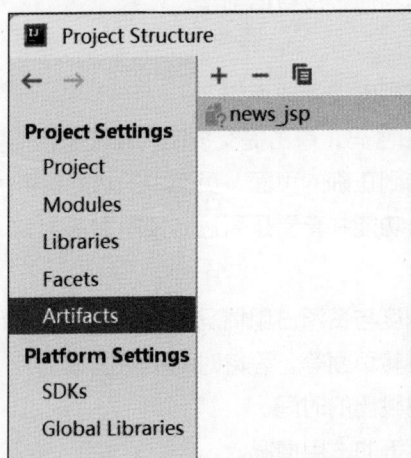

图 7-5 选择 Artifacts 命令

（2）单击+按钮，选择 Web Application: Archive 命令，如图 7-6 所示，再选择 For '<your_project_name>:war exploded'命令，创建一个新的 WAR 包构建配置。

（3）在 Output directory 中设置 WAR 包的输出路径，默认为 target 目录下的 artifacts 文件夹，确保 Include in project build 选项被勾选，这样当构建整个项目时，IDEA 会自动构建 WAR 包，如图 7-7 所示。

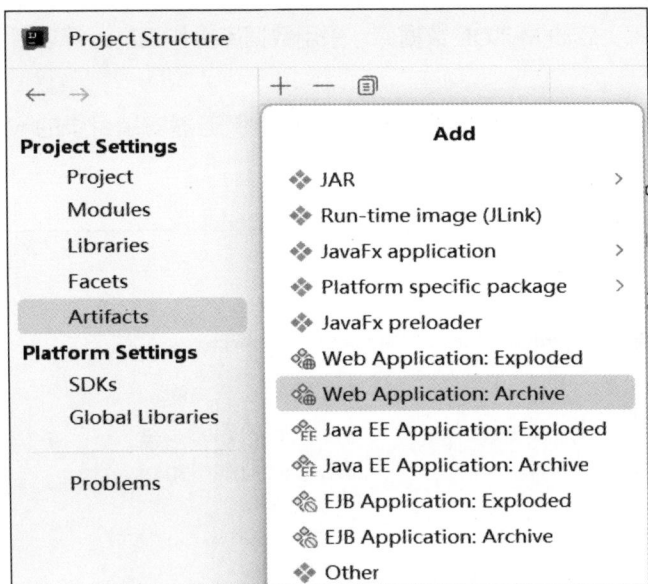

图 7-6　选择 Web Application: Archive 命令

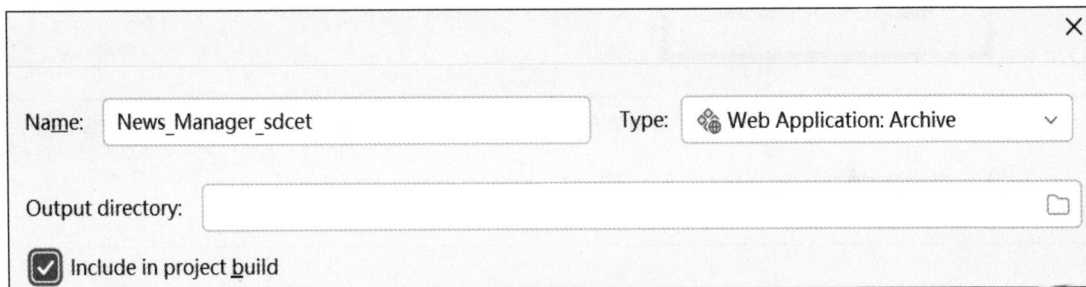

图 7-7　输出路径设置界面

（4）选择 Build→Build Artifacts 命令，如图 7-8 所示，然后选择创建的 WAR 包配置，单击 Build，等待 IDEA 构建完成，构建完成后可在输出目录中找到生成的 WAR 文件。

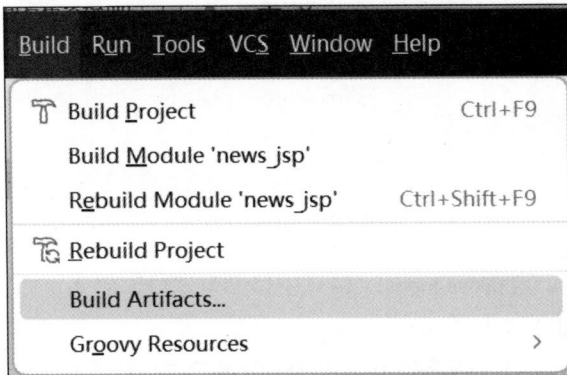

图 7-8　选择 Build Artifacts 命令

2. 项目部署与测试

（1）项目数据导入。启动 MySQL 数据库，采用数据库操作工具运行项目 SQL 语句，完成项目数据的导入。

（2）部署 WAR 文件。将 WAR 文件复制到 Tomcat 服务器安装目录的 webapps 文件夹中，如图 7-9 所示。

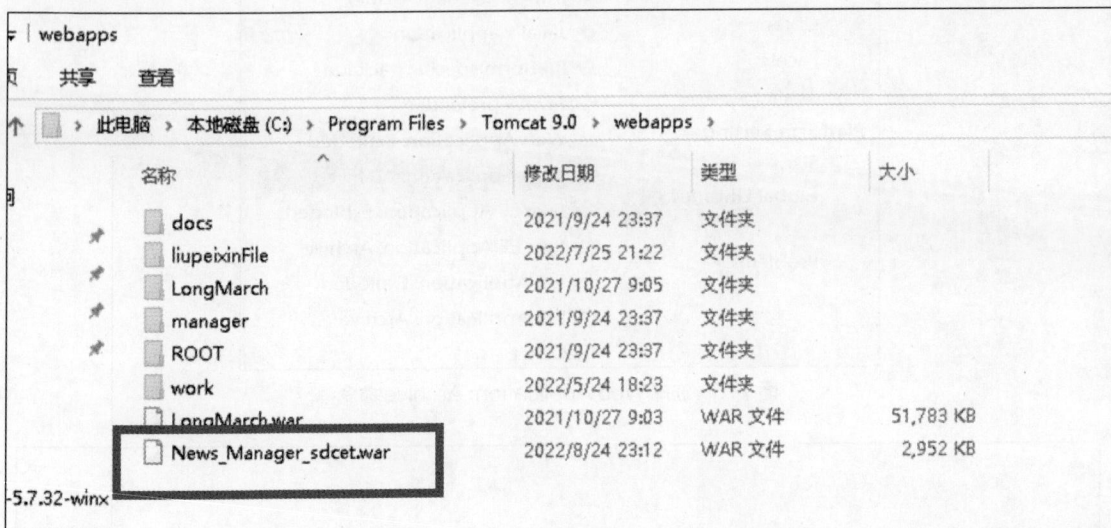

图 7-9　复制 WAR 文件到 webapps 文件夹

双击 bin 文件夹中的 startup.bat 文件，启动 Tomcat，如图 7-10 所示。

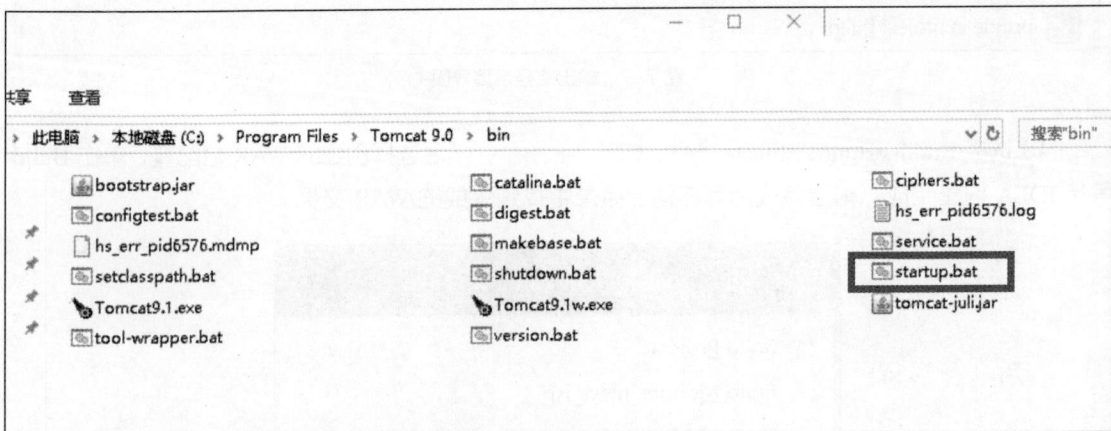

图 7-10　启动 Tomcat

（3）查看项目文件夹。查看 webapps 文件夹中是否有项目文件夹，如果有，则表示项目已经部署到 Tomcat 服务器上，如图 7-11 所示。

（4）在浏览器地址栏中输入云服务器 IP 地址及项目路径来访问系统页面，如 http://121.40.114.240/News_Manager_sdcet/web/index.jsp，根据测试用例，多角度测试项目发布情况。

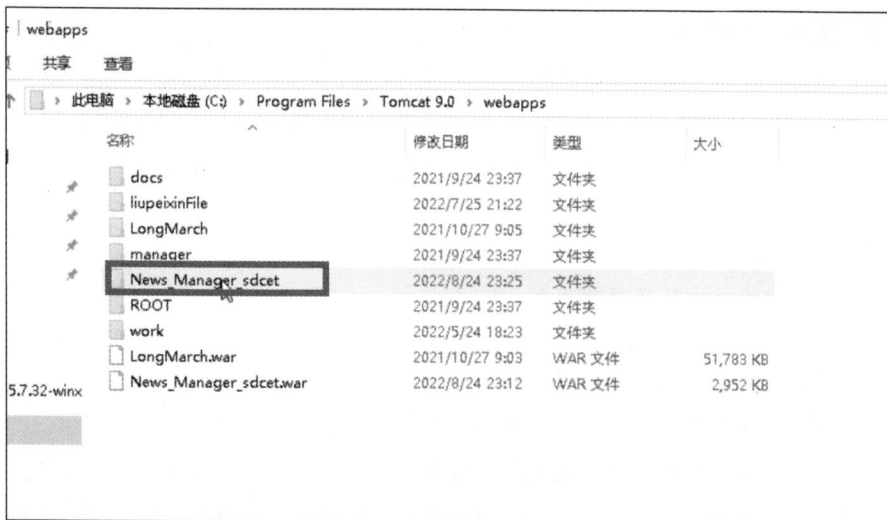

图 7-11　查看项目文件夹

【任务实训】项目打包并完成项目部署与测试

请完成新闻发布系统项目打包，并完成项目部署与测试。

单元评价

1.　团队自评

根据团队成员分工，由项目经理根据项目发布分工要求，对团队完成的任务进行自评，自评完成，修改项目后提交。

2.　任务评审

项目负责人对新闻发布系统项目发布环节使用的云服务器、项目打包效果、项目部署规范性、测试用例实用性等进行评审，根据评审结果决定是否进入下一阶段。

3.　任务复盘

任务结束后，王小康带领团队成员召开项目总结会议，总结在任务实施过程中掌握了哪些理论知识，汇总如下：①公有云环境部署流程；②云服务器环境部署与设置；③项目打包的方式；④项目部署与测试方法。鼓励每位成员分享在项目开发过程中个人能力如何得以锤炼与升华，探讨技术精进、团队协作技巧乃至项目管理能力等各方面的成长足迹，深刻反思并分享合作过程中的点滴心得，熟练掌握项目发布过程。

单元小结

通过本任务的实践，王小康及团队成员高质量地完成了项目发布工作任务，团队成员之间积极合作，在新闻发布系统项目发布中实现了云服务器选用、云服务器环境部署、项目打包、项目部署与测试等，团队成员在理解分析、实战操作、沟通协作等核心能力上均实现了显著提升。

脚踏实地、持之以恒，做好项目发布

在 Java Web 开发过程中，部署和发布是项目开发生命周期中相对靠后的阶段，也是我们在平时的学习、工作中容易忽视的环节，项目开发阶段的工作做得很好，但是轻视项目的部署与发布部分会导致项目"虎头蛇尾"（注重研发而轻视发布），直接影响到用户的体验，关系到项目的质量评价，从而导致甲方在项目验收过程中不满意。做项目需要具备持之以恒的工作态度，在项目开发生命周期没有结束前，不可盲目乐观。

在企业中，当 Java Web 项目历经精心开发与严格测试之后，为确保项目能够跨越地域限制，通过公网便捷地服务于广大用户，同时兼顾项目的展示效果与实用价值，并使基础网络设施与运维成本得到有效控制，采取云部署策略已成为行业内的主流选择。因此，熟练掌握云服务器管理相关的操作命令及项目基础环境的搭建技巧，对项目的成功部署与高效运维是不可或缺的。这不仅能够加快项目从开发到上线的进程，还能确保项目在云端环境中稳定运行，以最优的资源配置满足不断变化的市场需求。

单元拓展　黄河云之旅网站云服务器环境配置与项目发布

小组调研分析后，完成黄河云之旅网站项目发布中云服务器的选用，并逐步开展云服务器环境部署、项目打包、项目部署与测试工作。

AI 技能拓展　借助 AI 工具，自动生成单元测试

7-4　借助 AI 进行单元测试

系统功能开发完成后，可以借助 AI 工具自动生成单元测试。通义灵码"生成单元测试"分为以下两种方式。

第一种是智能问答，生成的是单元测试的完整描述以及示例，程序开发者完整复制测试用例类代码，粘贴至新建测试类中并执行完成单元测试，如图 7-12 所示。

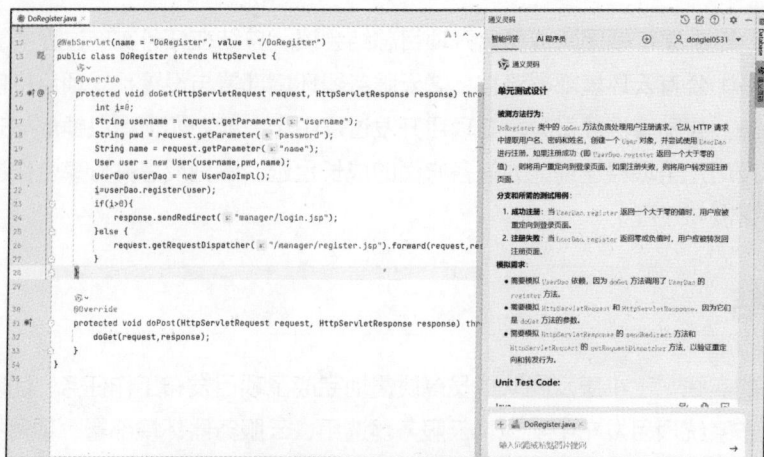

图 7-12　通义灵码"生成单元测试"工作界面

第二种是使用 AI 程序员，程序开发者输入被测内容与生成要求之后，AI 程序员即可自动生成测试计划、测试用例，编译、运行以及根据错误信息进行自动修复，大幅提升测试用例覆盖度和用例的生成质量，降低程序开发者编写单元测试用例的成本。

在项目运维过程中经常会使用 Shell 脚本完成项目的部署与系统迭代更新。利用通义灵码能够自动编写 Shell 脚本。例如，在智能问答窗口最下方的文本框中输入："请生成一个 Shell 脚本，用于自动停止正在运行的 jar 包进程，并重新启动 jar 包"，按 Enter 键后，通义灵码生成脚本文件，并列举使用说明与注意事项，程序开发者根据提示进行相关操作即可，如图 7-13 所示。

7-5 借助 AI 快速生成 Shell 脚本

图 7-13　通义灵码"生成 Shell 脚本"工作界面

思考与练习

一、填空题

1. 项目发布流程包括＿＿＿＿＿＿＿、＿＿＿＿＿＿＿＿、＿＿＿＿＿＿＿＿、＿＿＿＿＿＿＿＿＿等环节。

2. 目前国内主流云服务器包括＿＿＿＿＿＿＿＿＿＿、＿＿＿＿＿＿＿＿＿＿、华为云等，这些云服务器能够满足大多数的需求。

3. 完成 Java Web 项目的部署和发布，需要把项目打包成＿＿＿＿＿＿＿＿＿＿＿＿＿。

二、选择题

1. Java Web 项目发布过程中，云服务器部署的软件环境不包括（　　　）。

    A. JDK   B. Tomcat   C. 数据库   D. Builder

2. 以下不属于国内云服务器产品的是（　　　）。

    A. 阿里云   B. 腾讯云   C. 亚马逊云   D. 华为云

三、简答题

1. 云服务器和传统服务器有何不同？

2. 简述 JAR 文件和 WAR 文件的应用场景。

3. 总结项目发布过程，简述你认为比较重要的环节。